低变质煤分级提质与增值利用新技术

宋永辉　兰新哲　马胜强　著

化学工业出版社

·北京·

内容简介

《低变质煤分级提质与增值利用新技术》概述了我国低变质煤资源的特点及利用现状，系统介绍了以陕北低变质煤为原料采用SJ型内热式直立方炉制备兰炭、微波热解与共热解、粉煤成型热解制备型焦与煤基电极材料等新型煤炭转化技术与理论，提出了粉煤成型热解制备型焦与煤基电极材料技术及基于煤基电极的电吸附处理氰化废水技术，重点分析讨论了陕北低变质煤微波热解、共热解、成型热解过程气相产物析出特性、产品结构优化与分布特征、热解过程反应机制等关键科学问题，为我国低变质煤资源高效清洁转化及增值利用奠定了良好的理论基础。

《低变质煤分级提质与增值利用新技术》内容丰富、数据翔实、技术先进、专业理论强，可供煤化工专业领域的科研工作者和工程技术人员借鉴与参考，也可作为高等院校煤化工专业的教学用书与参考资料。

图书在版编目（CIP）数据

低变质煤分级提质与增值利用新技术／宋永辉，兰新哲，马胜强著. —北京：化学工业出版社，2022.4

ISBN 978-7-122-40572-2

Ⅰ.①低… Ⅱ.①宋… ②兰… ③马… Ⅲ.①煤炭利用-研究 Ⅳ.①TD849

中国版本图书馆CIP数据核字（2022）第016011号

责任编辑：陶艳玲　　文字编辑：苗　敏　师明远
责任校对：杜杏然　　装帧设计：韩　飞

出版发行：化学工业出版社（北京市东城区青年湖南街13号　邮政编码100011）
印　　装：北京七彩京通数码快印有限公司
710mm×1000mm　1/16　印张15½　字数260千字　2022年6月北京第1版第1次印刷

购书咨询：010-64518888　　售后服务：010-64518899
网　　址：http：//www.cip.com.cn
凡购买本书，如有缺损质量问题，本社销售中心负责调换。

定　　价：98.00元

前 言

陕北地区低变质煤资源具有低灰、低硫、低磷、高发热量、高挥发分、高化学活性的特点，在我国能源结构中占有至关重要的地位。以循环经济理念为指导，将兰炭生产、煤焦油加工、焦炉煤气利用置于同等重要的位置，打造以兰炭产业为龙头的多联产技术与产业园区，是引领我国煤化工产业健康有序发展的重要举措。作者对多年来承担的国家支撑计划、国家973计划预研、国家自然科学基金、陕西省科技统筹计划及其他各类项目的研究成果进行梳理总结，介绍了微波热解、共热解、成型热解等低变质煤清洁转化与分级提质新技术和新理论，以期为我国低变质煤的高效、清洁转化及资源综合利用提供理论支持和帮助。

全书共分六章，第一章主要介绍我国低变质煤资源的特点及其利用现状；第二章讲述了SJ型内热式直立方炉制备兰炭技术及相关理论计算；第三章介绍了低变质煤与液化残渣微波热解技术及其相关基础理论；第四章主要介绍低变质煤与液化残渣、重质油、沥青等的共热解技术与理论；第五章主要介绍低变质粉煤成型热解制备型焦技术及其相关理论；第六章主要介绍低变质粉煤制备煤基电极材料及其电吸附处理氰化提金废水新技术和新理论。研究表明，微波热解具有升温速率与热解速率快、热解焦油和煤气收率高的特点，微波场中“热效应”与“非热效应”共同作用可促进低变质煤、液化残渣热解过程中沥青质热分解，有助于气相产物快速释放与焦油产品轻质化。共热解过程中供氢作用与协同效应共同作用导致氢重新分配，使得液相产物收率增大，热解气中 H_2 含量降低，有助于热解产品进一步加工利用。以低变质粉煤为主要原料通过成型热解技术生产型焦及煤基电极材料是陕北低变质粉煤清洁转化与增值利用的一种新思路，既可以解决粉煤热解转化面临的瓶颈问题，又可以提高煤焦油收率、改善焦油组成，同时可获得性能优良的型焦及煤基电极材料，进一步提升了低变质煤的利用价值。基于煤基电极的电吸附处理技术可有效去除氰化废水中的氰化物及有价金属离子，电吸附过程是离子定向迁移、吸附及富集沉淀三者共同作用的结果，值得进行系统深入的应用基础研究。

本书由西安建筑科技大学宋永辉、兰新哲与西安交通大学马胜强撰写，主要内容基于课题组多年来在低变质煤资源综合利用方面的研究成果，同时也受益于学术同仁提出的中肯意见与建议，博士生尹宁参与了全书的文字整理工作，在此一并表示感谢。

本书出版得到国家自然科学基金（51774227）与陕西省自然科学基金陕煤联合基金项目（2019JLM-44）的资助，也获得了陕西省黄金与资源重点实验室、陕西省冶金工程技术研究中心与西安建筑科技大学冶金工程学院的大力支持。

本书虽经多方面努力，但由于作者研究及撰写水平有限，在基础理论及专业技术的理解方面难免出现偏颇与疏漏，敬请本领域内的专家和广大读者批评指正。

编者

2021 年 8 月

目　录

第1章
绪 论

中国是一个以煤炭为主要能源的国家，煤炭在能源生产和消费中的比例一直维持在70%左右，富煤、贫油、少气的化石能源禀赋条件和可再生能源技术突破的历史进程，决定了我国能源消费结构必然以煤炭为主，并将维持相当长的阶段[1]。我国目前正处于高速发展时期，对能源和有机原料的依赖，以及面临的能源安全和碳减排压力，都要求必须在煤炭高效转化利用理念和工艺技术上尽快取得突破。煤炭作为大自然为人类造就的化石能源和有机原料的统一载体，最高效的利用途径就是以物质和能量消耗最少的方式，实现气-液-固态清洁能源和有机化工原料的同步获取[2]。

1.1 我国低变质烟煤资源及其分布

根据第三次全国煤田预测资料统计，除台湾以外，我国垂深2000m以内的煤炭资源总量为55697.49亿吨，其中探明保有资源量10176.45亿吨，预测资源量45521.04亿吨。低变质烟煤（长焰煤、不黏煤、弱黏煤）资源量28535.85亿吨，占全国煤炭资源总量的51.23%，探明保有资源量4320.75亿吨，占全国探明保有资源量的42.46%，成煤时代以早、中侏罗纪为主，其次是早白垩纪、石炭二叠纪，主要分布于我国新疆、陕西、内蒙古、宁夏等省区[3]。

我国低变质烟煤一般具有灰分低、硫分低及发热量高、可选性好等特点。各主要矿区原煤灰分含量均在15%以内，硫分小于1%。不黏煤的平均灰分含量为10.85%，平均硫分为0.75%；弱黏煤平均灰分含量为10.11%，平均硫分为0.87%。根据71个矿区统计资料，长焰煤收到基低位发热量为16.73～20.91MJ/kg，弱黏煤、不黏煤收到基低位发热量为20.91～25.09MJ/kg。我国低变质烟煤主要产地分布如表1-1所示[4]。

表1-1 我国低变质烟煤的主要产地

省、市、自治区	矿区及煤产地
内蒙古	准格尔
	东胜、大青山、营盘湾、阿巴嘎旗、昂根、北山、大杨树
	双辽、金宝屯、拉布达林
新疆	乌鲁木齐、乌苏、干沟、南台子、西山、南山、鄯善、巴里坤、艾格留姆、他什店、伊宁、哈密、克尔碱、布雅、吐鲁番七泉湖、哈南、和什托洛盖
陕西	神木、榆阳、横山、府谷、黄陵、焦坪、彬长
山西	大同
宁夏	碎石井、石沟驿、王洼、炭山、下流水、窑山、灵盐、磁窑堡
河北	蔚县、下花园
黑龙江	集贤、东宁、老黑山、宝清、柳树河子、黑宝山-罕达气
	依兰
辽宁	阜新、八道壕、康平、铁法、宝力镇-亮中、谢林台、雷家、勿欢池、冰沟
	抚顺
河南	义马

陕西低变质烟煤主要分布于榆林市府谷、神木、榆阳、横山等县（区），主要有榆神、榆横、神府三大矿区，埋藏1000m以内浅的煤炭资源1412亿吨。煤层总厚度15～20m，单层厚度平均3～6m，煤层稳定，构造简单，煤质优良，煤种为长焰煤、不黏煤和弱黏煤，具有特低灰、特低硫、特低磷、高发热量、高挥发分、高化学活性，即“三低三高”的特点，有“天然洁净煤”的称号。近年来，榆林侏罗纪煤已被全国许多城市指定为环保专用煤，是国内外罕见的优质动力、液化、化工用煤[5~7]。榆林地区各主要生产矿井煤的工业分析与元素分析如表1-2所示[8]。

表1-2 榆林地区各主要生产矿井煤的工业分析与元素分析

矿井名称	水分 M_{ar}	灰分 A_d	挥发分 V_d	碳 C_{ad}	氢 H_{ad}	氮 N_{ad}	氧 O_{ad}	全硫 $S_{t.d}$	发热值
	%								MJ/kg
王家沟	6.03	2.32	36.07	75.03	4.62	1.04	9.79	0.24	30.69
大柳塔	6.84	3.28	35.97	73.84	4.97	0.98	10.16	0.15	28.92

续表

矿井名称	水分 M_{ar}	灰分 A_d	挥发分 V_d	碳 C_{ad}	氢 H_{ad}	氮 N_{ad}	氧 O_{ad}	全硫 $S_{t.d}$	发热值
	%								MJ/kg
榆树湾	6.97	2.08	33.68	73.97	5.02	0.96	10.31	0.25	30.47
大保当	5.68	3.16	38.44	74.84	4.99	1.38	10.78	0.32	30.39
均值	6.38	2.71	36.04	74.42	4.90	1.09	10.26	0.24	30.12

1.2 陕北低变质煤煤质特征

1.2.1 宏观特征

按GB 5751—2009《中国煤炭分类》国家标准，陕北地区煤田主要可采煤层煤的类别为不黏煤，个别井田煤层为长焰煤。表1-3、表1-4分别为主要生产矿井煤的工业分析及元素分析，表1-5、表1-6为煤灰成分及熔融性分析[7]。

表1-3 陕北地区各主要生产矿井煤的工业分析

矿井名称	工业分析/%			发热值/(MJ/kg)
	水分 M_{ar}	灰分 A_d	挥发分 V_d	
王家沟	6.03	2.32	36.07	30.69
大柳塔	6.84	3.28	35.97	28.92
榆树湾	6.97	2.08	33.68	30.47
大保当	5.68	3.16	38.44	30.39
均值	6.38	2.71	36.04	30.12

表1-4 陕北地区各主要生产矿井煤的元素分析 单位：%

矿井名称	元素分析				
	碳 C_{ad}	氢 H_{ad}	氮 N_{ad}	氧 O_{ad}	全硫 $S_{t.d}$
王家沟	75.03	4.62	1.04	9.79	0.24
大柳塔	73.84	4.97	0.98	10.16	0.15
榆树湾	73.97	5.02	0.96	10.31	0.25
大保当	74.84	4.99	1.38	10.78	0.32
均值	74.42	4.90	1.09	10.26	0.24

表 1-5 陕北地区各主要生产矿井煤的煤灰成分分析 单位:%

矿井名称	煤灰组成									
	SiO_2	Al_2O_3	TiO_2	Fe_2O_3	CaO	MgO	Na_2O	K_2O	SO_3	P_2O_5
王家沟	31.32	18.37	0.38	6.48	12.42	0.98	1.23	0.74	6.58	0.058
大柳塔	32.51	12.38	0.58	5.44	26.53	0.84	1.77	0.36	6.13	0.064
榆树湾	31.39	14.30	0.38	7.38	30.23	1.12	0.75	0.58	5.96	0.053
大保当	31.84	17.54	0.51	6.29	18.44	1.06	1.02	0.43	6.62	0.053
均值	31.76	15.65	0.46	25.59	21.90	1.00	1.19	0.53	6.32	0.057

表 1-6 陕北地区各主要生产矿井煤的煤灰熔融性分析 单位:℃

矿井名称	变形温度 DT	软化温度 ST	流动温度 FT
王家沟	1100	1175	1230
大柳塔	1120	1200	1250
榆树湾	1150	1180	1220
大保当	1120	1200	1250
均值	1118	1189	1238

陕北低变质煤的一个很重要的煤质特征就是灰熔融温度较低，ST 平均值只有 1189℃，这在我国动力煤中是很少见的。煤灰熔融温度与煤的灰成分密切相关，陕北低变质煤灰成分中 CaO 含量高是导致其灰熔点低的主要原因。CaO 含量不仅对煤的灰熔点有重要影响，而且对煤的各种加工利用也有一定的影响。煤在燃烧过程中，CaO 与 SO_2 等反应生成硫酸钙而使煤中的硫固定下来，降低燃煤过程中 SO_2 等污染物的排放。另外，CaO 在煤干馏和气化过程中对某些化学反应具有一定的催化作用。与此同时，煤中 CaO 含量高又可能会促使锅炉内积灰和结渣，煤液化过程中 CaO 有可能与煤中的其他成分发生反应生成鳞片状物质，沉积在反应器表面影响热量传递。参照动力用煤和化工、冶金用煤的各种工业用煤对煤炭质量的要求，不难发现，除煤灰熔融温度外，陕北煤的各项煤质指标均可很好地满足其质量要求。

1.2.2 岩相特征

表 1-7 所列为陕北煤的岩相特征[7]。从煤化程度上看，陕北煤属于低变质烟煤。从岩相组成上看，其惰质组含量较高，平均含量为 42.88%，远高于全

国动力煤的平均值 29.50%。惰质组含量高会使其挥发分含量比同等煤化度的煤稍低一些，液化及气化反应性等也会受到一定程度的影响。此外，由于惰质组的孔隙相对比较发育，吸附能力较强，其表面吸氧量也较高，从而导致陕北低变质煤容易发生自燃。

表 1-7　陕北地区各主要生产矿井煤的岩相特征分析　　单位：%

矿井名称	化验项目			
	镜质组	惰质组	壳质组	反射率
王家沟	55.29	43.83	1.07	0.51
大柳塔	55.90	42.70	1.30	0.53
榆树湾	56.00	42.60	1.40	0.53
大保当	56.50	42.40	1.10	0.51
均值	55.92	42.88	1.22	0.52

综上所述，陕北地区低变质煤的主要煤质特点可简要地概括为低灰、低硫、低磷、低灰熔点和高发热量、高惰质组含量、高 CaO 含量。毫无疑问，这“四低”和“三高”的煤质特点对陕北煤炭资源的加工利用将会产生较大的影响，值得进行系统深入的研究工作。

1.3　陕北低变质煤的利用途径

(1) 建坑口电站

从煤种上看，陕北地区低变质煤大多为不黏煤，少数为长焰煤，这两种都是优质的动力煤种。从挥发分上看，陕北低变质煤的无水无灰基挥发分 V_{daf} 大都在 35%以上。从发热量上看，陕北低变质煤的低位发热量 $Q_{net,ar}$ 大都在 24MJ/kg 以上。从灰分上来看，陕北低变质煤的灰分 A_d 大多小于 10%，硫分也很低，从而燃烧后灰渣排放少，向大气中排放的 SO_2 等有害气体也少，是一种洁净、高效的优质动力煤。从地域分布来看，主要分布在经济不发达的地区，建电站后可以向发达地区供电，符合国家的电力发展战略，有利于这些地区的经济发展。但是，低变质煤的直接燃烧并没有充分利用该煤种活性好、挥发分高的优点，其增值利用程度比较低。

(2) 液化

直接液化是在氢气和催化剂作用下，通过加氢裂化将固体煤直接转变为液体燃料的过程，亦称为煤的加氢液化法。陕北侏罗纪煤变质程度较低，灰分含量低，镜质体反射率在0.50%左右，是直接液化比较理想的原料。但是，煤直接液化技术复杂、生产消耗高，目前在经济上还不能与天然气、石油竞争，仅属于具有战略意义的前瞻性、技术储备型工作，短期内还看不到较大的应用前景。

(3) 气化

煤的气化是指在特定的设备内，在一定温度及压力下使煤中有机质与气化剂发生一系列化学反应，将固体煤转化为含有 CO、H_2、CH_4 等可燃气体和 CO_2、N_2 等非可燃气体的合成气的过程。根据不同的目标产品可有不同的气化方法，这种转化利用途径已广泛应用于工业生产中。陕北低变质煤的反应性好、灰分含量低、无黏结性、灰熔点低，而且块煤的抗碎强度高，热稳定性好，是良好的固定床气化原料之一，也是德士古气化工艺及所有液态排渣用煤设备理想的气化原料。

(4) 干馏

煤的干馏是指在隔绝空气条件下对其加热并产生各种气、液、固体产物的过程。陕北低变质煤的挥发分高、活性好、H/C 比高等独特性质决定了它是极其适合的干馏原料。在400～800℃范围内对其进行中低温干馏的同时可获得高热值煤气、烃类气体、合成气、焦油、兰炭等产品。陕北低变质煤的中低温干馏技术将资源利用效率放在首位，对我国低变质煤的分级提质和综合加工利用具有重要的意义，是一种科学合理的煤炭利用方式，应用前景广泛。

(5) 冶金

陕北低变质煤灰分、硫分低，而且煤灰中硅铝化合物含量较低，因此原煤及其低温干馏产物兰炭都是理想的高炉喷吹原料，可替代部分无烟煤。陕北低变质煤的反应性好、灰分低、硫分低、发热量高，是良好的冶金还原剂。另外，其在铜火法精炼过程中可作为脱氧剂，在铜材加工过程中浮在铜液表面产生保护性气体，生产 CS_2 可制备浮选药剂，在锡精炼中作为吸附剂使浮渣与主金属分离彻底。

参考文献

[1] 艾保全，马富泉，杨扬，等．榆林市兰炭产业发展调研报告［J］．中国经贸导刊，2010，18：20-23.

[2] 尚建选，王立杰，甘建平．陕北低变质煤分质利用前景展望［J］．煤炭转化，2011，34（1）：92-99.
[3] 宋永辉，汤洁莉．煤化工工艺学［M］．北京：化学工艺出版社，2016.
[4] 毛节华，许惠龙．中国煤炭资源分布现状和远景预测［J］．煤田地质与勘探，1999，27（3）：1-4.
[5] 兰新哲．榆林兰炭科技创新与产业升级换代［C］．2008 中国兰炭产业科技发展高层论坛文集，2008，9：13-28.
[6] 虎锐，李波，张秀成．榆林地区兰炭产业发展现状及其前景［J］．中国煤炭，2008，34（5）：69-72.
[7] 王英，高世贤．陕西省煤种分布及其地质背景分析［J］．西安科技学院学报，2003，23（4）：400-404.
[8] 申毅．陕北低变质煤干馏特性及应用研究［D］．西安：西安建筑科技大学，2006.

第2章
低温干馏生产兰炭技术

兰炭是以长焰煤、不黏煤、弱黏煤等低变质煤为原料，采用低温干馏工艺生产的一种低灰分、高固定碳含量的固体物质。由于燃烧的时候不会冒烟，只产生小小的蓝色火苗，因此当地人就称之为兰炭。实践表明，采用内热式中低温干馏技术生产兰炭，是实现陕北低变质煤分级提质与清洁转化的科学思路。经过三十多年的不断探索和发展，兰炭产业目前已经成为具有明显地域特色的支柱产业，值得进一步深入研究与大力推广。

2.1 概述

20世纪70年代末，神府东胜煤田开始建设，地方小煤矿也随之开始发展。为了摆脱当时市场低迷、外运困难的局面，煤炭企业首先尝试土法炼焦。煤矿将难以销售的块煤堆成约2m宽、4～5m长，约0.6m高的平堆，然后用柴火把煤堆引燃让其露天明火燃烧。这种煤挥发分大、含油多，很容易着火燃烧，当大火焰变成小火苗时，用水熄灭而制得兰炭。尽管该生产工艺简单、落后，但因为煤质优良，其产品还是为广大用户所认可，并且在电石、铁合金生产中已经成为一种不可替代的优质碳素材料，这种土法冶炼的兰炭称为“土炼兰炭”。

20世纪90年代，为了加强环境保护，国家专门出台了一系列法律法规来规范工业发展的秩序。“土炼兰炭”虽然具有工艺简单、投资较少、生产成本低、销售价格相对低廉的特点，但是因其生产工艺落后，人工操作只能依靠经验观察火候灭火，兰炭质量不稳定，而且资源浪费严重，产生的废气、废水严重污染环境，因此在国家“五小企业”整顿中，“土炼兰炭”被取缔。此后，经不断研究试验，用直立炭化炉低温干馏生产兰炭、提取煤焦油，并综合利用尾气的生产工艺逐步成熟，兰炭产业初具雏形，采用机械化炉窑生产兰炭已经为大多数生产者所接受并逐渐形成规模生产。这一阶段，在市场强力拉动下，榆林及周边地区 3 万～5 万吨的小兰炭炉迅速发展，并带动了电石、铁合金和载能工业的快速扩张。但是，由于自身工艺的局限性，兰炭产业一度游走在国家产业政策的边缘，面临被随时关停的窘境。虽然如此，由于采用了较为先进的干馏工艺，该法生产的兰炭比“土炼兰炭”收率提高了 5%～10%，灰分和挥发分降低了 3%～5%，炉内装有可控的测温设备，兰炭的质量比较稳定。另外，采用干馏煤气二次燃烧烘干兰炭，不仅兰炭水分含量降低，而且其机械强度也有了明显的提高，这一阶段生产的兰炭称为“机制兰炭”[1,2]。

21 世纪以来，伴随着社会经济的迅猛发展，循环经济、节能减排等已经成为资源综合利用领域最引人注目的问题。兰炭生产过程中仍然存在炉型小、煤气利用效率低以及焦油产率低等问题，同时受矿区产煤品种的限制，兰炭质量调整难度较大，干法熄焦、烟尘集中处理等新技术尚未应用到生产过程中，大多数企业在技术进步及现代化管理水平等方面与其他行业同类工厂相比仍有较大差距。为了解决以上问题，2006 年经过陕西省科技厅立项，由西安建筑科技大学、神木三江煤化工有限责任公司及西安交通大学承担的陕西省重大科技专项计划项目（2006KZ01，G4），成功研制出 SJ 型系列低温干馏直立方炉，设计开发了 30 万吨/年兰炭生产成套技术和装备。整体工艺具有技术装备水平高、工艺设计先进、环保节能等优点，实现了煤、焦的封闭运行，成功地解决了油水不分离、炉体挂渣等关键技术难题。2007 年 11 月，陕西省科技厅组织专家对“洁净兰炭生产与资源综合利用成套技术及其装备”研究成果进行验收鉴定，认为该技术处于“国际先进、国内领先”水平。该成果 2008 年获榆林市科学技术一等奖，2009 年获陕西省科学技术一等奖，这对我国现有兰炭生产技术升级换代和行业技术进步具有重要的示范意义。

2008 年 12 月，兰炭产业被国家工业和信息化产业部正式列入国家产业目录，《焦化行业准入条件》（2008 年修订本）中指出，从 2009 年 1 月 1 日起，兰炭正式纳入焦化类产品管理，这标志着我国兰炭产业获得了国家产业政策的支持与认可，迎来了新的发展机遇。同年，由陕西省技术监督局研究所、陕西省冶金工程技术研究中心、陕西省煤炭化工集团公司和神木县三江煤化工有限责任公司等单位合作起草的陕西省兰炭标准（DB 61/362—2008）颁布实施。

另外，由榆林市与北京煤炭科学总院、陕西省冶金工程技术研究中心等多家单位合作起草的《兰炭用煤技术条件》（GB/T 25210—2010）、《兰炭产品品种及等级划分》（GB/T 25212—2010）、《兰炭产品技术条件》（GB/T 25211—2010）3项国家标准，也于2011年2月1日正式颁布实施。直至今日，全国范围内已经建成了多条年产百万吨以上的兰炭生产线，兰炭产业已经逐步发展成为承接原煤生产和载能、化工、电力工业的特色产业，成为了推动区域经济发展的重要支柱。

2.2 低变质煤低温干馏产品

低变质煤经破碎、筛分后，在干馏炉内进行热解，得到的兰炭经水淬后干燥，运往焦场。产生的荒煤气经集气罩、上升管和集气管后进入初冷器、终冷器和电捕焦油器进行煤气和焦油的分离，净煤气增压后排出，焦油则进入焦油储槽。

2.2.1 兰炭

2.2.1.1 结构与性质

低变质煤在隔绝空气的条件下升温，大量挥发分析出会使其内部形成一系列不同大小的孔隙，同时也打开了煤粒中原有的封闭孔。煤与反应体系中存在的CO_2、CO及H_2O等介质进一步发生活化反应，使兰炭产品的微孔结构更加发达。侏罗纪煤具有低灰、低硫、低磷的显著特征，干馏后得到的兰炭产品同样具有低灰、低硫、低磷的特点。

兰炭与真正意义上的焦炭具有本质区别。首先，焦炭生产原料以黏结性较强的焦煤、肥煤等炼焦煤为主，炼焦时一般需要配煤，而兰炭生产的原料为长焰煤、弱黏煤等低变质烟煤，单煤生产，不需要配煤。其次，炼焦是高温干馏过程，一般采用外热式焦炉，而兰炭生产则大多采用内热式低温干馏炉。第三，兰炭具有高化学活性、高比电阻、高固定碳、低灰、低硫、低磷、低三氧化铝等特性，与焦炭相比，其机械强度较差。兰炭广泛应用于电石、铁合金、合成氨、碳素等行业，而焦炭则多用于高炉炼铁和铸造行业。最后，兰炭的价格远低于焦炭，具有较高的市场竞争力。表2-1为兰炭与焦炭国家标准对比表。

表 2-1　兰炭与焦炭国家标准对比表

序号	性质	焦炭国家标准				兰炭
		指标	优级	一级	二级	
1	灰分 A_d/%	≯	9.00	13.00	16.00	6.57
2	Al_2O_3/%	≯	3.00	3.00	5.00	0.20
3	磷 P/%	≯	0.04	0.04	0.04	0.003
4	电阻率(950℃)/(Ω·m)	10^{-6}≥	2200	2000	1100	6583
5	硫 $S_{t,d}$/%	≤	0.80	0.90	1.30	0.18
6	水分 M_t/%	≤	8.00	8.00	8.00	5.21
7	固定炭(FC_d)/%	≥	86	83	80	83
8	挥发分 V_{daf}/%	—	—	—	—	4.59
9	抗碎强度 M_{40}/%	—	—	—	—	3.00
10	耐磨强度 M_{10}/%	—	—	—	—	31.20
11	显气孔率/%	—	—	—	—	41.57
12	相对密度 d_A/(g/cm^3)	—	—	—	—	0.90

2.2.1.2　兰炭的用途

兰炭是一种良好的工业原料和燃料，可广泛应用于电石、铁合金、化肥造气、高炉喷吹和城市居民洁净用煤等生产生活领域。

(1) 冶金领域

兰炭比电阻高、反应活性好，在铁合金生产上可以降低电耗，提高产品质量，实际生产数据表明，使用其作还原剂生产 1t 硅铁可降低电耗 500kW·h，硅铁产量可提高 1.5%[3]。利用兰炭冶炼 75%硅铁能使电极深插、给足负荷，有利于降低单位电耗和生产成本，但要取得好的技术经济指标，还必须保证兰炭成分与水分稳定，并辅之合理的工艺和操作。另外，兰炭在化学反应性、机械破碎性能、燃烧性能等方面均优于无烟煤，以兰炭末替代无烟煤粉作为高炉喷吹燃料，可以有效节能，降低炼铁成本。酒泉钢铁公司[4]在 1000m^3 高炉中实施兰炭粉代替部分无烟煤喷吹，有效降低了生铁燃料成本，吨铁成本可降低 3.25 元。兰炭产品中粒度小于 3mm 的兰炭末占总量的 10%左右，其灰分含量(A_d) 小于 12%，挥发分含量 (V_{daf}) 为 7%～9%，固定碳 (FC_d) 大于 78%，以此替代无烟煤作为烧结用燃料，各项指标均优于无烟煤，兰炭末可以不用破碎直接和精矿混配后进入烧结机，节能、降耗显著。

(2) 化工领域

传统的电石生产工艺采用冶金碎焦作还原剂，随着焦炭价格不断上涨，高能耗而又薄利的电石生产急需一种廉价的新型碳素材料来代替冶金焦，因此，固定碳含量高、比电阻大、出厂价格仅为冶金焦价格20%～30%的兰炭自然而然地成为首选对象[5]。实践证明，兰炭的比电阻为普通冶金焦的两倍，为电炉稳定深入电极创造了极好的工作条件。炉料电阻增大，使得电炉能在较高的电压下稳定运行，电石生产成本明显下降。另外，兰炭发热量高、含硫低、化学反应性高、呈块状时热稳定性好、制粉时可磨性好，挥发分一般在10%以下，因此可用作固定床或流化床、气流床气化的原料[6]。

(3) 新材料领域

兰炭挥发分低，杂原子少，微观结构致密，可用作生产低灰高强度活性炭的原料[7]。煤炭科学研究总院北京煤化工研究所曾先后用甘肃天祝气煤半焦、陕西神木兰炭经过制粉、成型、炭化和活化几道工序后制成了中孔发达的粒状活性炭，在药品、制糖、饮料的脱色净化及食品保鲜等方面有较好的应用效果。研究表明[8]，将60%左右的兰炭和20%主焦煤、10%无烟煤、10%沥青混配粉碎、搅拌、混捏后，用冲压成型的方法压制成型煤，再经炭化炉高温炭化处理后，即可生产出广泛应用于冶炼、化工、锅炉燃烧等行业的型焦产品。

(4) 热能领域

兰炭挥发分低，燃烧性能好，可直接作为铁矿粉烧结、锅炉、水泥窑、陶瓷窑等的燃料，也可用作民用燃料。

2.2.2 煤焦油

兰炭生产过程中，自干馏炉内出来的荒煤气由上升管进入桥管和文氏管塔，喷洒热循环水初步冷却，随后煤气进入旋流板塔与通入塔内的冷循环水逆向运行完成最终冷却。冷却后气液分离，冷却下来的液体经管道流到循环水池，通过静置、沉淀油水分离，得到的低温焦油由泵打到焦油贮槽，循环水经管壳式换热器换热冷却后循环使用，循环水池封闭运行。煤气中的焦油雾在冷凝冷却过程中，除大部分进入冷凝液中外，尚有一部分以焦油气泡或粒径1～7μm的雾滴悬浮于煤气气流中，为保证后续净化系统正常运行，在冷凝鼓风工段设计中，应选用电捕焦油器清除煤气中的焦油雾。经过电捕焦油器的煤气通过煤气风机加压一部分回炉加热燃烧和供烘干用，剩余煤气可用于生产甲醇、合成氨、金属镁，或用于发电、供城市煤气等。

2.2.2.1　煤焦油的组成与性质

兰炭生产的副产品低温煤焦油是一种黑褐色黏稠液体，相对密度小（0.85～1.05g/cm^3），芳烃含量低，酚含量高于高温煤焦油，而且大部分为高级酚。具有较高的 H/C 比，低沸点组分含量较高，高沸点组分含量低。低温煤焦油对光和热不稳定，在储油过程中光及空气中氧的作用使焦油黏度增加，颜色变深，胶质、沥青质成分增加，遇热易于分解。低温煤焦油中高沸点酚类以及酸性沥青在热加工（蒸馏、裂化、焦化）过程中极易分解、缩合生焦[9]。

从利用角度讲，低温煤焦油具有以下特点：①苯不溶物含量低，一般不高于 2%，基本不含喹啉不溶物，有利于焦油沥青制取。②酚含量较高，一般含量为 14%（无水基），其中甲酚、二甲酚含量约占 30%～50%。③<330℃的馏分中除酚类含量较高外（20%），其他组分中酚含量均较低，有利于集中提取酚类物质。④含有较多的脂肪烃，一般在 15%左右，所含芳烃中侧链较多，热缩聚过程中可发生聚合反应，生成黏结性较强的中等分子组分，这对制取沥青黏合剂有重要意义[10]。低温煤焦油和高温煤焦油在组成上有很大差别，如表 2-2 所示。

表 2-2　低温煤焦油和高温煤焦油的性质

类别		低温煤焦油	高温煤焦油
收率/%		10.0	3.0
相对密度		0.85～1.05	1.18～1.22
水分/%		1.1～2.0	4～6
馏出物/%	<170℃	9.6	1.5～3.0
	170～230℃	21.7	3.5～8.0
	230～270℃	13.2	4～6
	270～330℃	20.7	21～31
	>330℃	35.7	55～64
酚/%		15.7	1.5～3.0
萘/%		2.2	5～9
蒽/%		1.6～1.8	3～6
游离碳/%		0.6～0.8	5～10

由表 2-2 可以看出，低温煤焦油有较低的密度、较高的 H/C 原子比和凝固点，其主要成分为长链脂肪烃、酚类化合物、芳香烃及其衍生物，分布相对集中。脂肪族化合物主要存在于萘油、洗油和蒽油中，酚类化合物主要在轻油和酚油中，萘的衍生物主要存在于萘油中，洗油和蒽中也有较高的分布。含氧化合物醇主要分布于萘油、洗油和蒽油中，含氮化合物在各馏分中都有分布，但含量较低。

2.2.2.2 低温煤焦油的用途

低温煤焦油可制取清洁燃料油，也是合成塑料、染料、纤维、橡胶、农药、医药、耐高温材料等有机化工的重要原料[11~13]。低温煤焦油组成复杂，相比石油具有高的芳香烃含量（相对于高温煤焦油其芳烃含量较低），含有大量酚类，烯烃及含氧、含氮、含硫化合物，热稳定性差。制造燃料油时必须除去其中的酸性油、碱性油成分，一般可采用轻度裂化法、催化裂化法、加氢裂化法。

低温煤焦油密度低、H/C 比高，具有优良的可加工特性。轻油和酚油可主要用于提取作为化工原料的酚类化合物，萘油在提取了酚类化合物和芳香烃后可与洗油、蒽油一起进行催化加氢，来制取高级动力燃料（柴油、汽油等）。

低温煤焦油中酚类化合物以高级酚为主，中性化合物为多烷基芳烃衍生物、脂肪族链状烷烃和烯烃。芳烃组成分散，多为芳烃烷基取代衍生物，脂肪族长链烷烃、烯烃含量较高，大约为 13.40%。提取酚后的馏分是加氢制取高十六烷值柴油的优良原料，可以从焦油中提取酚类作为化工原料或将其加工成各种燃料油。

低温煤焦油中重质焦油馏分氧化后可制成铺路沥青、铺路油及沥青涂料等。另外，低温煤焦油还可以用于炼焦配煤、生产低温沥青、制作防腐防水用的环氧煤焦油和油毛毡。

2.2.3 煤气

兰炭生产过程中产生气体物质，其中大部分碳氢化合物和氨被综合回收，余下的气体、化学物质的蒸气和悬浮雾滴的混合物称为兰炭炉煤气。煤气可用于发电，冶金，制取氢气，合成氨、甲醇、苯等化工产品以及工业煅烧用热源等。

由于原料煤中含有一定数量的有机硫和无机硫，干馏过程中一部分硫留在了兰炭和煤焦油中，大部分硫会以 H_2S 的形式进入煤气中，H_2S 燃烧后转化成 SO_2，空气中 SO_2 含量超标会形成局域性酸雨，危害人们的生存环境。因此，在进行煤气的综合利用之前，首先必须脱硫。

2.2.3.1　煤气的组成与性质

兰炭炉煤气密度一般为 0.9～1.2kg/m^3，主要成分为 CH_4、CO、H_2 及 N_2，每生产 1 吨兰炭将产生 600～700m^3 煤气，热值约为 1700～2000kcal (1kcal=4186.8J)。煤气组成因原料煤性质及干馏工艺不同有较大差异，典型组成如表 2-3 所示。一般情况下，煤气主要用作本企业的加热燃料，多余的煤气也可作民用煤气或化学合成原料气。榆林地区广泛采用的 SJ 型干馏炉，采用净煤气循环的内热式干馏技术，以空气作为助燃剂，因此煤气中含有较大比重的 N_2，大大降低了煤气热值，给煤气进一步综合利用造成了困难，这是兰炭行业亟待解决的关键问题之一。

表 2-3　兰炭炉煤气的典型组成

气体组成	H_2	CO	CO_2	CH_4	O_2	N_2	C_nH_m
含量/%	27.62	12.70	3.39	7.00	—	46.98	0.48

2.2.3.2　煤气的利用途径

(1) 用作工业和民用燃料

兰炭炉煤气作为工业燃气可用于铝矾土、金属镁、水泥、建材及耐火材料等诸多生产领域。国内占主导地位的兰炭生产工艺，产生的部分煤气就是作为燃料气被返回干馏炉内，在花墙内与助燃的空气接触后燃烧，燃烧后的废气携带大量热量进入煤层，使煤料温度达到 600℃以上。其属内热式加热，炉内热传递效率较高，温度分布均匀。从资源利用角度来看，这不失为一种简单有效的方法，既实现了煤气的综合利用，又降低了兰炭生产的成本。兰炭炉煤气作为热源，可用于煅烧白云石和硅热法还原金属镁。皮江法炼镁过程可分为白云石煅烧、原料制备、还原和精炼四个阶段，在高温和真空条件下，通过硅还原煅烧后的菱镁矿、白云石中的氧化镁生成镁蒸气，与反应生成的硅酸二钙炉渣分离，并经冷凝得到纯镁[14,15]。目前，我国晋、陕、蒙、宁地区大多采用兰炭炉煤气作为白云石煅烧和真空热还原的燃料，这可以大量节约原料煤，降低生产成本，经济效益显著。以兰炭炉煤气作为热源煅烧石灰，可以替代优质煤炭，既可节约能源又有利于环保。唐山市裕丰冶金炉料有限公司研究开发了气烧石灰竖窑工艺，该工艺可使煤气中的 SO_2 及其他有害物质含量大大降低，既减少了用煤烧石灰形成的有害烟气排放污染，又减少了剩余兰炭炉煤气排放的污染。另外，气体在炉内燃烧均匀，燃烧效果好，石灰质量好、成品率高，经济效益显著。

兰炭炉煤气中 H_2、CO 和 CH_4 含量一般可达到 50%～70%，因此可用作民用燃料，也可使用兰炭炉煤气发电，一般有三种方式，即蒸汽发电、燃气轮机发电和内燃机发电。蒸汽轮机发电是一种传统的技术，它利用锅炉直接燃烧煤气生产蒸汽，利用蒸汽轮机驱动发电机发电，热效率可达 90%。兰炭炉煤气发电的主体设备是燃气轮机与余热锅炉。燃气轮机具有起停快、效率高、功率大、体积小、投资省、运行成本低和寿命周期较长等优点[16]。余热锅炉将燃气轮机做功后温度为 539℃、压力高于大气压的气体变为常压下 110℃的烟气。燃气轮机的叶轮式压缩机从外部吸收空气，压缩后送入燃烧室，同时气体燃料喷入燃烧室与高温压缩空气混合，在定压下进行燃烧，燃料的化学能在燃气轮机的燃烧器中通过燃烧转化为烟气的热能，高温烟气在燃气轮机中做功，带动燃气轮机发电机组转子转动，使烟气的热能部分转化为推动燃气轮机发电机组转动的机械能，燃气轮机发电机组转动的部分机械能通过带动发电机磁场在发电机静子中旋转转化为电能，做功后的中温烟气在余热锅炉中与水进行热交换将其热能转化为蒸汽的热能，蒸汽膨胀做功，将热能转换为机械能，汽轮机带动发电机，将机械能转化为电能，再经配电装置由输电线路送出。

（2）用作化工原料和还原剂

通过重整反应可将兰炭炉煤气转化为合成气，进而用于生产甲醇、乙酸等化工产品。以合成气为原料采用 F-T 合成技术可以生产燃料油。另外，兰炭炉煤气也可作为还原性气体直接还原含杂质较少的高品位铁矿生产海绵铁。

（3）用于制氢和合成氨

内热式兰炭炉产生的煤气中 H_2 含量约为 30%～50%，而外热式煤气中 H_2 组分高达 44%～52%，采用变压吸附技术（PSA）可从煤气中分离出 H_2。兰炭炉煤气的变压吸附可参考较为成熟的焦炉煤气提氢工艺，主要包括煤气压缩、TSA（变温吸附）预处理、变压吸附、脱氧及 TSA 干燥四个工序[17,18]。

采用变压吸附装置分离兰炭炉煤气中的甲烷及部分氮气，随后进行蒸汽富氧转化，形成的富氢转化气送回合成氨装置作为原料气的一部分，从而使兰炭炉煤气生产合成氨装置中氢氮比达到合理的水平。送至转化装置中的部分氮气则作为生产合成氨装置的部分氮源。该工艺可以将兰炭炉煤气中的 CH_4、C_2H_4 和 C_2H_6 等通过蒸汽富氧转化全部转化为氨合成的有效气体[19]。

目前，大多数兰炭企业产生的煤气除企业自用外，多余部分未加有效利用，而是直接排空或燃烧后排空，造成了严重的环境污染和资源浪费，只有极个别企业用来发电或作为金属镁生产的燃料气，利用效率非常低。因此，应尽快研究开发新型干馏炉或干馏技术，提高兰炭炉煤气的综合利用效率，真正实现兰炭生产过程的节能减排和循环经济，降低产业成本，提高产品的附加值。

2.3 内热式兰炭生产装置及工艺

2.3.1 SJ 型系列低温干馏方炉

SJ 型系列低温干馏方炉是由神木县三江煤化工有限责任公司尚文智等在复热式立式炉和三八方炉的基础上经过大量实践设计而成的一种内热式低温干馏炉[20,21]。经过 40 多年的应用实践，已经开发出了第五代干馏炉，其结构如图 2-1 所示。炉体结构采用更大空腔设计，从而提高了兰炭和煤焦油的产量；设置护炉钢板，杜绝烟气和污水等跑冒滴漏；双层支管供气，加热更均匀，进一步提高了兰炭和焦油产率；往复式推焦，刮板机将兰炭从水槽内刮出，经二级烘干后集中筛分送至焦场；上煤、出焦系统使用封闭式皮带通廊输送，增设卸料皮带，杜绝粉尘和噪声污染；煤气全部回收利用，用于供电厂发电或其他工业用户使用。该炉型采用计算机自动化控制，机械化程度高、节能节地，可有效降低操作劳动强度，提高生产效率，具有热效率高、生产能力大、炉顶温度低、焦油产率高、易操作等优点。

2.3.2 内热式直立炉干馏工艺

内热式直立干馏炉内采用大空腔设计，干燥段、干馏段没有严格的界限，干馏、干燥气体热载体不分。炽热的兰炭进入炉底水封槽，用水冷却，采用拉盘和刮板机导出干馏产品。部分荒煤气和空气混合进入炉内花墙，经花墙孔喷

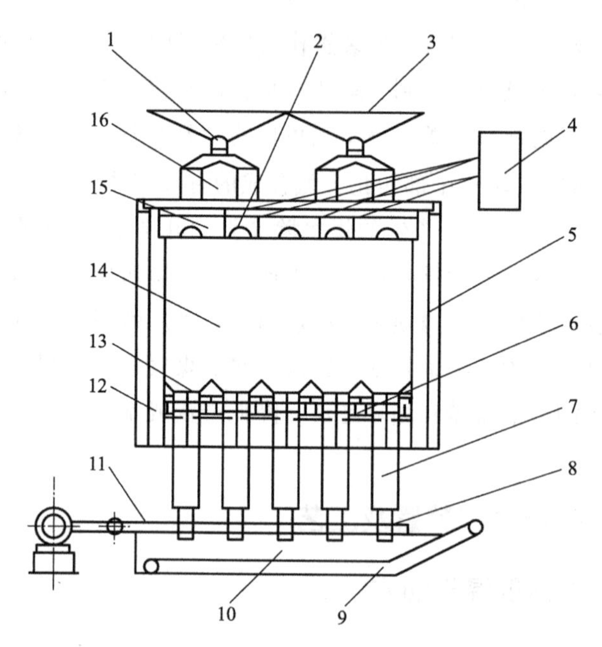

图 2-1　SJ-V 型低温干馏方炉

1—放煤阀；2—上升管；3—煤斗；4—桥管；5—炉体；6—支管混合器；7—排焦箱；8—导焦槽；9—刮板机；10—水封槽；11—推焦机；12—弓形墙；13—布气花墙；14—炉腔；15—集气阵伞；16—辅助煤仓

出燃烧，生成干馏用的气体热载体将煤块加热干馏。煤气经由炉顶的集气阵伞引出进入冷却系统。整体工艺封闭运行，煤气、焦油经除尘、脱水后全部回收利用，过程能耗低，环境友好、无污水外排。存在的主要问题是对原料要求较高，需采用粒度为 25mm 以上的块煤。内热式直立炉生产过程包括备煤、干馏、煤气冷凝和筛焦储焦四个工段，主体工艺流程如图 2-2 所示[22]。

内热式直立炉兰炭生产过程主要包括备煤、干馏、净化冷却和储焦四个工段。

(1) 备煤工段

主要设施及设备包括备煤场、装载机、受煤地坑、输送皮带、筛煤楼、除尘设备、面煤仓、皮带计量秤、料斗、可逆式皮带和地磅。要求入炉原料煤为 20～120mm 的块煤，总含水率（包括内在和外在水分）不大于 10%。原料煤通过胶带运输运至筛煤楼，经圆滚筛筛选，合格煤由胶带运输机运至方炉炉顶煤仓，不合格的粉煤运至发电厂，合格煤经炉顶布料皮带机运至炉顶储煤仓，

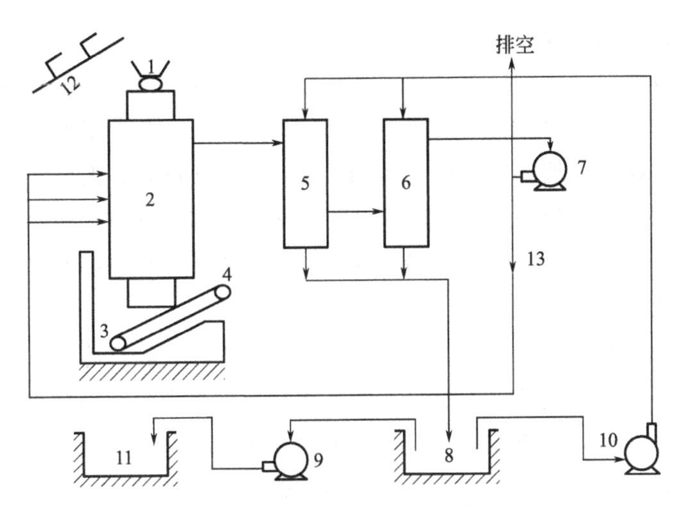

图2-2　内热式直立炉干馏工艺流程

1—储煤仓；2—直立干馏炉；3—熄焦池；4—刮板机；5—文氏管塔；6—旋流板塔；7—鼓风机；8—油水分离池；9—加油泵；10—氨水泵；11—焦油池；12—提升机；13—回炉煤气管道

块煤由进料口进入炉顶辅助煤仓再进入干馏炉。

（2）干馏工段

主要设施和设备包括直立干馏炉、集气阵伞、钢结构炉顶盖、辅助煤箱、上升管、桥管、煤气水封箱、排焦箱、推焦机、刮板机、水封槽、回炉加热设施、熄焦清水池、清水泵。低温干馏方炉采用连续机械化生产工艺流程，炉顶用可逆式胶带机定期将煤料加入炉顶辅助煤箱，再随炉料下移经过干燥段逐渐进入干馏段，最后由炉底推焦机、刮板机排出。

在方炉上部预热段将煤预热之后，煤料逐步下移进入干馏段，与布气花墙送入炉内的加热气体逆向接触，逐渐加热升温至650～700℃完成煤的低温干馏，煤气经上升管从炉顶到净化回收系统，炉顶温度范围在80～100℃。最后，兰炭通过炉底部的水封将温度降至60℃左右，再由方炉底部推焦机、刮板机排出，通过烘焦设备烘干后再经皮带机运至储煤场。加热用的煤气经过煤气净化工段进一步冷却和净化，空气由鼓风机供给。煤气和空气经支管混合器混合后，通过炉内布气花墙的布气孔均匀喷入炉内燃烧。采用可逆式胶带机定期、定量向炉顶煤仓加料，煤仓顶安装皮带秤计量。炉底出焦采用可调式推焦机，由一套调速电机传动推焦机将炉内兰炭排出，可灵活地调控炉子运行状况，控制兰炭的质量和产量。

(3) 净化冷却工段

净化工段主要设施和设备包括：文氏管塔、旋流板塔、电捕焦油器、煤气风机、空气风机、循环水泵、焦油泵、清水循环池、热循环水池、冷循环水池、管式换热器、玻璃钢冷却塔、焦油贮槽、焦油中间槽、配电控制柜、仪表柜、测试压力温度流量仪表、循环水泵房、焦油泵房、配电仪表室。煤气采用文氏管初冷塔、旋流板终冷塔、静电捕焦油器冷却、净化、回收煤焦油和冷凝液的三段净化流程。

炉内出来的荒煤气，通过集气罩由上升管进入文氏管初冷塔，喷洒热循环氨水进行初步冷却，随后进入旋流板终冷塔与通入塔内的冷循环水逆向运行完成最终冷却，冷却后气液分离，冷却下来的液体经管道进入焦油氨水澄清分离池，通过静置、沉淀油水分离，焦油由泵打到焦油贮槽，分离出来的氨水经管式换热器换热冷却后循环使用，循环水池封闭运行。从冷却塔出来的煤气经管道进入静电捕焦油器吸附气体中携带的小分子焦油及粉尘，回收率达 98%，通过静电捕焦油器处理后的煤气纯净度很高。煤气通过鼓风机加压后，一部分返回干馏炉作为燃料，一部分供应兰炭烘干系统，剩余部分煤气经洗氨、脱硫后，进入煤气柜。

(4) 储焦工段

该工段由兰炭烘干、运输、筛焦和贮焦系统组成，主要设施和设备包括皮带机、缓冲仓、筛焦楼、振动筛、除尘器、卸焦皮带、焦场、地磅及装载机。从干馏炉炉底通过水封槽、刮板机排出的兰炭，因水分较高需要进行干燥处理，采用刮板式烘干机进行烘干作业，烘干所需热量由干馏炉自产剩余煤气燃烧供给。烘干后的兰炭进入中间贮焦仓储存，贮焦仓的兰炭由胶带运输机运送到筛焦楼进行筛分，将兰炭筛分为不同粒度等级的成品兰炭。成品兰炭分别由胶带运输机送到各自的贮焦场堆放。

2.3.3 低温干馏过程的物料平衡与热量平衡

以 1000kg 湿煤为基准进行兰炭生产过程物料平衡及热量平衡计算，计算过程相关数据和参数均来源于神木县三江煤化工有限责任公司的实际生产技术统计数据[23~25]。表 2-4 为入炉煤的工业分析和元素分析数据。兰炭产率约占原料煤质量的 50%～70%，其工业分析和元素分析如表 2-5 所示，煤气组成如

表 2-6 所示。

表 2-4　入炉煤工业分析和元素分析　　单位：%

工业分析			元素分析				
M_{ad}	A_{ad}	V_{ad}	S_{ad}	C_{ad}	H_{ad}	N_{ad}	O_{ad}
6.38	4.15	36.04	0.24	74.42	4.9	1.09	10.26

表 2-5　兰炭工业分析和元素分析　　单位：%

工业分析			元素分析				
M_{ad}	A_{ad}	V_{ad}	S_{ad}	C_{ad}	H_{ad}	N_{ad}	O_{ad}
3.96	6.43	5.41	0.11	85.77	1.63	0.32	3.19

表 2-6　煤气组成　　单位：%

成分	H_2	CH_4	CO	C_mH_n	CO_2	N_2	O_2
含量	28	8.2	13	1.0	4.6	45	0.2

物料平衡的入方包括入炉煤及煤自身带入的水分、加热煤气与对应的空气。生产过程的物料平衡，即进料与支出的各项计算结果见表 2-7，物料平衡差值为入方物料量总和与出方物料量总和的差。热量平衡的计算不考虑入炉煤在低温干馏过程中的碳氢化合物分解、聚合热效应[23～25]，结果如表 2-8 所示，热平衡差值为收入热量的总和与已测支出各项热量总和之差。

表 2-7　物料平衡表

收入			支出		
名称	数值/kg	比例/%	名称	数值/kg	比例/%
干煤	936.20	93.62	半焦	639.26	33.37
入炉煤中水	63.80	6.38	焦油	45.63	2.38
回炉煤气	501.42		粗苯	13.42	0.70
空气	414.42		纯氨	1.74	0.09
			化合水	37.82	1.97
			煤气燃烧水	63.04	3.29
			全煤气	1049.50	54.78
			入炉煤的水	63.80	3.33
			差值	1.63	0.09
合计	1915.84	100	合计	1915.84	100

表 2-8 低温干馏炉内热量平衡表

热收入				热支出			
序号	项目	数值		序号	项目	数值	
		MJ/t	%			MJ/t	%
1	加热煤气的燃烧热 Q	1399.73	93.89	1	兰炭带走热量	510.78	34.26
2	加热煤气的显热	46.25		2	焦油带走热量	27.17	1.82
3	空气显热	10.59		3	粗苯带走热量	7.68	0.52
4	干煤带入的显热	27.62		4	氨带走热量	0.45	0.03
5	煤中水分带入的显热	6.68		5	煤气带走热量	243.18	16.31
				6	水分带走热量	515.08	34.55
				7	炉体表面散热量	71.86	4.82
				8	不完全燃烧热	24.77	1.66
					差值	89.90	6.03
	总计	1490.87	100		总计	1490.87	100

内热式干馏过程热量收支差值较大，这可能是由于过程换热比较复杂，如入炉混合气与兰炭之间的换热与燃烧反应，由于空气本身不足，加上部分原料煤参与了燃烧反应，使得加热煤气的理论燃烧热偏高。化学产品（包括水蒸气）与混合煤气一起从炉中逸出，存在气化潜热的差值等，另外可能还存在熄焦后产生的水蒸气进入炉体的问题，这些都会导致热量差值增大。

2.3.4 炭化炉的热效率和炭化耗热量

(1) 热效率和热工效率[23]

热效率是指炭化炉吸收的热量与供给总热量的百分比。一般传统大型焦炉的热效率（η'）为 79%～85%，热工效率（η''）为 70%～75%。SJ 型炭化炉为内热式干馏炉，原料煤进入炉体生成的焦油和水分都随混合煤气一起出炉。供给炭化炉的全部热量（Q），一部分传给了炭化炉，另一部分由燃烧后的混合气体带出（Q_f）。为简化计算，忽略水蒸气的影响，把出炉总煤气的量（G_{QMQ}）与热解净煤气之差（G_{JMQ}）视为混合气体的量，则其带出的热量近似为：

$$Q_f = Q_{QMQ} \times \frac{G_{QMQ} - G_{JMQ}}{G_{QMQ}} - Q_{mq} - Q_{kq} = 243.18 \times 0.8126 - 46.25 - 10.59$$

$$= 140.77 \text{MJ/t} \tag{2-1}$$

式中，Q_{mq} 和 Q_{kq} 分别指入炉燃烧煤气和空气的显热，考虑煤气不完全燃烧的热量，炭化炉热效率（η'）为：

$$\eta' = \frac{Q - Q_f}{Q} \times 100 = \frac{1490.87 - 140.77 - 24.77}{1490.87} \times 100 = 88.90\% \tag{2-2}$$

考虑炭化炉表面的散热损失（Q_S），则炭化炉热工效率（η''）为：

$$\eta'' = \frac{Q - (Q_f + Q_S)}{Q} \times 100 = \frac{1490.87 - 140.77 - 24.77 - 71.86}{1490.87} = 84.08\% \tag{2-3}$$

（2）炭化耗热量

湿煤耗热量是指入炉的 1kg 湿煤炼成兰炭实际消耗的热量，用 q_s 表示，按式（2-4）计算：

$$q_s = \frac{V_L Q_{DW}^q}{G_S} = 1399.73 \text{kJ/kg} \tag{2-4}$$

式中，V_L 为标准状况下煤气的消耗量，m^3/kg；Q_{DW}^q 为煤气的低位发热量，kJ/m^3；G_S 为炭化炉装入的实际湿煤量，kg/h。

相当耗热量（q_x）即换算为含水量为 7% 的湿煤耗热量，为统一计算基准，将实际湿煤（含水量为 W）耗热量换算为水分含量相同的湿煤耗热量。

$$q_x = q_s - 29.13(W - 7) = 1417.90 \text{kJ/kg} \tag{2-5}$$

综上所述，兰炭带走的显热为 34.26%，混合煤气带走的热量为 53.23%（包括焦油和水带走的显热和潜热），而且其热效率为 88.90%，高于传统焦炉的热效率，这正是内热式炭化炉的特征。热效率高但后续热处理工序庞杂，油水混合难以分离，且带走了大部分的显热（其中水带走的潜热、显热达到 34.55%），使煤气降温回收余热以及分离焦油和粗苯等工序变得烦琐。因此，改善炉内煤料分布以及化工产品的出口路径，就可以进一步提高炉子的热效率，简化焦油分离过程，同时促进后续焦油深加工，提高整个产业的经济效益。此外，SJ 型直立方炉的热工效率高达 84.08%，由于其内部为双层绝热材料加裹铁板支承保护，有足够炭化容积以提高产量，而且散热损失仅为

4.82%，比传统炉体的散热损失低8%～10%，兰炭生产过程相当炭化耗热量很低，仅有1417.90kJ/kg。

2.3.5 炭化过程能耗分析

由物料衡算结果可知，1000kg的煤（低发热值为28.36MJ/kg）进入炭化炉，将产生639.26kg兰炭、60.79kg焦油（包括粗苯）和598.17m³放散煤气，其低位发热值分别为27.42MJ/kg、33.5MJ/kg与8.314MJ/m³，则：

$$Q_{入}=M_{煤}\times Q_{gr,d}=1000\times 28.36=28360\text{MJ} \tag{2-6}$$

$$Q_{出}=Q_{兰炭}+Q_{焦油}+Q_{煤气}=639.26\times 27.42+60.79\times 33.5+598.17\times 8.314=24538.2\text{MJ} \tag{2-7}$$

根据现场统计数据，每吨兰炭的平均耗电量为22度（1度为1kW·h），耗水量300kg，则耗水、电量分别为：

$$Q_{水}=300\times 7.14\times 0.63926=1369.3\text{MJ} \tag{2-8}$$

$$Q_{电}=22\times 11.82\times 0.63926=166.2\text{MJ} \tag{2-9}$$

所以，理论总能耗为：

$$\Sigma Q=Q_{入}-Q_{出}+Q_{电}+Q_{水}=28360-24538.2+1369.3+166.2=5357.3\text{MJ} \tag{2-10}$$

能耗百分比为：$\Sigma Q\div Q_{入}=17.92\%$。能耗分布计算结果如表2-9所示。

表2-9 理论转化1000kg煤的能耗分布

项目	输入			输出			总能耗
	煤	水	电	兰炭	焦油	煤气	
能耗/MJ	28360	1369.3	166.2	17528.5	2036.5	4973.2	5357.3
百分比/%	94.86	4.58	0.56	58.63	6.81	16.64	17.92

对实际生产统计结果分析发现，1000kg煤进入炭化炉，将产生606.03kg兰炭、79.92kg焦油（包括粗苯）和785.77m³放散煤气，对应1t兰炭耗电量为22度、300kg循环水，计算各能耗，则实际总能耗为：

$$\Sigma Q=Q_{入}-Q_{出}+Q_{电}=28360-25827.5+157.6+1298.1=3988.2\text{MJ} \tag{2-11}$$

能耗百分比为：$\sum Q \div Q_{入} = 13.38\%$。对应计算结果如表2-10所示。

表2-10　实际转化1000kg煤的能耗分布

项目	输入			输出			总能耗
	煤	水	电	兰炭	焦油	煤气	
能耗/MJ	28360	1298.1	157.6	16617.3	2677.3	6532.9	3988.2
百分比/%	95.12	4.35	0.53	55.73	8.98	21.91	13.38

由此可知，SJ型低温干馏炉生产兰炭过程的理论能耗为17.92%，即能量的利用率为82.02%，而实际生产中能耗仅为13.38%，即能量利用率为86.62%[23]。其中电能消耗主要用于鼓风机、水泵等动力消耗及照明，热量损失主要包括炉体散热、回炉煤气温度变化等方面。

2.4　基于兰炭生产的多联产技术

多联产技术是近年提出的能源转化和化工产品相结合的技术体系，目的是实现污染物低排放或无排放，实现资源综合利用和能源有效利用。多联产系统中原来单独生产的系统在重新组合中可能被简化，对原料的要求降低，通过不同工艺的互补而提高总体效率，最终使产品成本降低。对晋、陕、蒙、宁地区的低变质煤资源而言，采用内热式低温干馏技术生产兰炭是目前发展的重点，而以兰炭生产为龙头的多联产技术的完善与应用是实现低变质煤资源清洁转化、分级提质、节能减排的科学路径[26]。

低变质煤生产兰炭过程中产生的煤气除了一部分返回兰炭炉作为燃料外，多余部分可作为金属镁生产、发电的燃料，同时可作为原料气进一步合成甲醇、二甲醚、合成油等洁净燃料或其他高附加值化工产品[27]。未来需要时也可以将合成气通过水蒸气变换反应转化为氢气和二氧化碳，并进行分离，氢气可以集中生产电力或供分散式燃料电池使用，而高浓度二氧化碳则可加以利用或集中埋存。兰炭多联产技术路线示意图如图2-3所示。

2.4.1　煤-兰炭-硅铁-金属镁多联产

大量的兰炭炉煤气燃烧或排空不仅污染环境而且会造成资源浪费，利用兰炭炉煤气作为白云石焙烧及还原炉燃料生产金属镁是一种有效利用煤气生产高

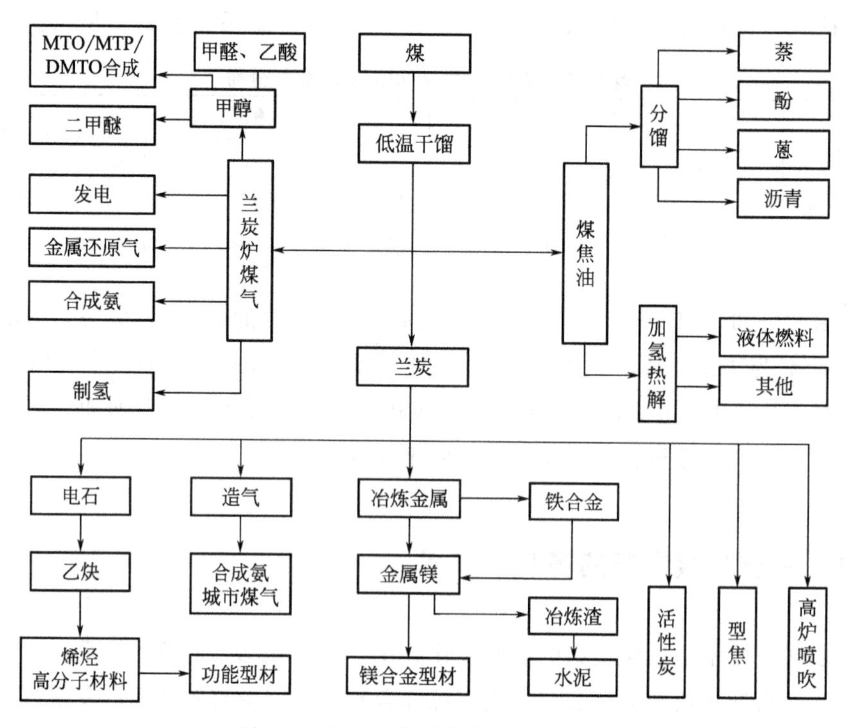

图 2-3 兰炭多联产技术路线示意图

耗能金属镁的方法。经焙烧的白云石与还原剂硅铁磨碎、压球送还原炉，在高温、真空条件下将镁从其化合物中还原出来。利用兰炭炉煤气作为热源和还原气具有投资省、冶炼工艺过程简单、煤气综合利用率达 95%的优势。以兰炭为原料生产的硅铁直接用于炼镁，节省中间环节，降低了生产成本。

2.4.2 煤-兰炭-电石-聚氯乙烯多联产

兰炭具有灰分低、反应性高、电阻率大等特性，完全可以替代冶金焦用于电石的生产。相比之下，兰炭比冶金焦具有更大的价格优势，采用大容积、高效、密闭式电石炉生产技术环境污染小、经济效益好。在电弧热和电阻热的高温（1800～2200℃）作用下，兰炭和石灰石经过一系列复杂的反应，生成熔融状态的碳化钙。电石再进一步与水反应生成乙炔，同时利用陕北丰富的岩盐资源，发展氯碱工业，电解产生的氯化氢与乙炔反应生成氯乙烯，氯乙烯经聚合制成聚氯乙烯。

2.4.3　煤-兰炭-化工产品-电多联产

兰炭炉煤气富含 H_2、CO、CH_4 等有效成分，经过除尘、净化后，可送至甲醇合成反应器生产甲醇或经费托合成生产油品。另外，净化气经 CO 分离后可用于合成乙酸、乙酐，反应后的剩余气体可送至燃气联合循环发电系统。余热锅炉回收从燃气轮机排出的热量，产生中压蒸汽输送给蒸汽管网，进入汽轮机做功，或供空分系统推动压缩机。甲醇工段和乙酸工段未反应的气体直接送联合循环发电系统，节省压缩气做功，有利于降低成本。同时，余热锅炉还产生低压蒸汽，燃气轮机和汽轮机产生的电力经变压后并网，供工厂自用或外送。该工艺是从整体最优的角度、跨越行业界限所提出的一种高度灵活的化工公用工程一体化系统，从某种意义上讲，真正做到了“吃光榨尽”、清洁生产、环境友好、成本低廉。

2.4.4　循环流化床热电煤气三联产技术

热电煤气三联产技术是在热电联产的基础上发展起来的一种煤制气方法，与其他工艺相比，综合节能效果十分明显[28]。热电联产技术实现了热能的梯级利用，节能降耗效果明显，而低温干馏制气技术则实现了低变质煤的梯级利用，在原料煤进入锅炉前先行析出挥发分，产出焦油和煤气，生成的兰炭则可作为循环流化床锅炉的燃料。热电煤气三联产技术巧妙地利用了循环流化床锅炉循环热灰的显热产出干馏煤气，产出的荒煤气及其附加物显热的大部分，又可以在后续的净化系统中加以回收，用于热电联产工艺。

采用内热式直立方炉技术生产兰炭是目前我国低变质煤资源清洁转化与分级提质的科学路径之一，具有工艺简单、投资小、能耗低等优势。与燃烧、发电、液化制油、气化制甲醇等多种原煤利用路径相比，兰炭生产过程热利用效率最高，而且可以得到其他多种产品，可以说兰炭产业既是煤化工，又是油化工，具有极为广阔的应用发展前景。目前，兰炭产业已成为上接原煤开采，下连载能、化工、电力等产业循环经济链条中的重要环节，并带动了交通运输业、服务业等第三产业的快速发展，成为地方经济发展的重要支柱。因此，以陕北低变质煤为主，结合当地的石灰石、石英砂和岩盐等矿产资源，发展规划煤电联产、煤焦化工联产、煤化工联产以及煤电铝和镁联产等产业，最终形成以兰炭多联产技术为主导的现代循环经济工业园区，是陕北低变质煤综合利用的主要发展方向之一。

参考文献

[1] 宋永辉，汤洁莉．煤化工工艺学［M］．北京：化学工艺出版社，2016.

[2] 艾保全，马富泉，杨扬，等．榆林市兰炭产业发展调研报告［J］．中国经贸导刊，2010，18：20-23.

[3] 陈其明．用窑街兰炭做还原剂冶炼硅铁的探讨［J］．甘肃冶金，1995，61（3）：31-33.

[4] 焦阳，胡宾生，贵永亮．兰炭作为酒钢高炉喷吹用煤的可行性分析［J］．冶金能源，2011，30（6）：20-22.

[5] 曲思建，关北锋，王燕芳，等．我国煤温和气化（热解）焦油性加工利用现状与进展［J］．煤炭转化.1998，21（1）：15-20.

[6] 林金元．兰炭在电石生产中的应用［J］．化工技术经济，2004，22（12）：23-25.

[7] 张彩荣，叶道敏，崔永君，等．用废弃的半焦焦粉制活性炭工业性试验研究［J］．煤炭转化，1999，22（2）：75-78.

[8] 张光建，李爱启．铸造型焦的性能与应用［J］．铸造技术，2002，23（5）：267-268.

[9] 水恒福，张德祥，张超群．煤焦油分离与精制［M］．北京：化学工业出版社，2007.

[10] 陈昔明，彭宏，林可泓．煤焦油加工技术及产业化的现状与发展趋势［J］．煤化工，2005，33（6）：26-29.

[11] 刘志云．云南解化集团鲁奇法中低温煤焦油的组成分析［J］．云南大学学报（自然科学版），2009，31（6）：608-615.

[12] 徐印堂，聂长明，杨倩，等．煤焦油深加工现状、新技术和发展方向［J］．应用化工，2008，37（12）：1496-1499.

[13] 孙会青，曲思建，王利斌．低温煤焦油生产加工利用的现状［J］．洁净煤技术，2008，14（5）：34-38.

[14] 徐日瑶．硅热法炼镁理论与实践［D］．中南工业大学．1996.

[15] 罗黎．皮江法炼镁原料制备过程的工艺控制［J］．轻金属，1999，（4）：38-40.

[16] 倪维斗，李政，薛元．以煤气化为核心的多联产能源系统-资源／能源／环境整体优化与可持续发展［J］．中国科学工程，2000，（8）：59-67.

[17] 王树奇．焦炉煤气变压吸附制氢工艺技术应用评述［J］．新疆钢铁，2007，101（1）：25-26.

[18] 戴四新．变压吸附技术在焦炉煤气制氢中的应用［J］．山东冶金，2002，24（2）：65-66.

[19] 田玉虎．兰炭煤气生产合成氨工艺探究［J］．纯碱工业，2001，（4）：17-19.

[20] 张仁俊，曾福吾．煤的低温干馏［M］．北京：当代中国出版社，2004.

[21] 尚文智．SJ 煤低温干馏方炉技术报告［J］．神木市煤化工责任有限公司，2006，24（2）：2-5.

[22] 赵杰，陈晓菲，高武军，等．内热式直立炭化炉干馏工艺及其改进方向［J］．冶金能源，2011，30（3）：31-33.

[23] 兰新哲，杨勇，宋永辉，等．陕北半焦炭化过程能耗分析 [J]．煤炭转化，2009，32 (2)：18-21.
[24] 廖汉湘．现代煤炭转化与煤化工新技术新工艺实用全书 [M]．合肥：安徽文化音像出版社，2004.
[25] 贺永德．现代煤化工技术手册 [M]．北京：化学工业出版社，2003.
[26] 张驎，何媛．应用循环经济理论构建煤炭生态工业园 [J]．中国矿业，2006，15 (12)：14-18.
[27] 兰新哲．榆林兰炭科技创新与产业升级换代 [C]．2008 中国兰炭产业科技发展高层论坛文集，2008. 9：13-28.
[28] 胡中铎，孙育新．循环流化床热、电、气三联产装置的设计及应用 [J]．应用能源技术，2001，26 (2)：14-16.

第3章

低变质煤微波热解技术及产品分析

微波加热是将微波能转化为热能而使物料温度升高的过程，与常规加热技术相比具有可直接对大尺寸物料进行加热、快速同步均匀加热、加热效率高的特点。作为一种全新的加热方式，微波加热技术已经开始在化工、冶金、材料等多种行业中广泛使用，而以微波为热源对原煤进行干燥、脱硫、热解等的研究也是目前微波技术应用的一个热点。针对现有兰炭生产过程中存在的煤气热值低、焦油产率低、粉煤利用率低等关键瓶颈问题，西安建筑科技大学陕西省冶金工程技术研究中心提出了具有自主知识产权的低变质煤微波热解制备兰炭新技术[1~4]，在国家支撑计划与国家973计划等项目的支持下，进行了微波热解基础理论及热解工艺、装置的研究开发工作，为我国低变质煤资源的高效清洁转化与分级提质奠定了良好的基础。

3.1 微波加热技术

微波是指频率在300MHz～300GHz区间，波长在1mm～1m之间的一种电磁波，我国用于加热、干燥的微波频率主要为915MHz和2450MHz。

3.1.1 微波加热原理与特点

微波的频率极高，当一端带正电、一端带负电的分子（或偶极子）的介质置于微波场中时，外加电场的正负极方向高速变化，就会导致物质分子的极化方向也高速变化。分子本身无规律的热运动和相邻分子间的相互作用使得分子的转动受到干扰和阻碍，产生类似摩擦的作用而以热的形式表现出来，这就是微波加热，其本质就是电场能转化为势能，再转化为热能[5]。微波照射在理想导电金属表面上将被全反射，照射在介质表面则有一小部分被反射，而大部分能穿透介质内部，并在内部逐渐被介质吸收而转变为热能，其穿透深度主要取决于介质的介电常数和电磁波的频率，介电损失是微波频率的函数。

与传统的加热方式相比，微波加热具有以下特点[6,7]。

① 加热速度快　常规加热为外部加热，利用热传导、对流、热辐射将热量首先传递给被加热物的表面，再通过热传导逐步使中心温度升高，需要一定的热传导时间才能使中心部位达到所需的温度。微波加热为整体加热，电磁能直接作用于介质分子转换为热能，可使物料内外同时受热，所以微波加热也被叫作介电加热。

② 均匀加热　外加热方式主要通过热传导、热辐射进行传热，物料与加热介质之间温差梯度大，传热不均匀，靠近加热区的物料温度高，容易造成二次热解。微波加热时不论物料形状如何，微波都能均匀渗透，产生热量，加热均匀性大大改善。

③ 节能高效　微波加热时，加热室对电磁波来说是个封闭的腔体，电磁波不能泄漏，只能被物料吸收，而外部环境并不被加热，热效率高。

④ 易于控制　微波功率由开关、旋钮调节，即开即用，无热惯性，控制精度高，功率连续可调，易于自动化调节。

⑤ 选择性加热　不同物料具有不同的吸波性，对微波的吸收损耗不同，可对各组分进行选择性加热，达到对特殊组分的加热要求。

⑥ 安全无害　微波能在金属制成的封闭加热室、波道管内传输。微波不属于放射性射线，又无有害气体排放，是一种十分安全的加热技术。

3.1.2　微波加热技术的应用

(1) 冶金领域

微波技术在冶金领域中的应用研究始于 20 世纪 80 年代，美国、英国、澳大利亚、加拿大、日本以及中国等均在矿物微波处理领域进行了相关研究工作，认为微波能在诸如加热、干燥、氧化物还原、难浸金矿预处理等矿物加工方面具有极大的应用潜力。1967 年，Pei 和 Ford[8] 在微波场中加热处理黑色和有色金属矿物，前者的温度能够在较短的时间内达到1000℃，升温速率远远快于后者。南非有学者[9] 研究了微波场中矿物的加热特性，结果表明微波场中矿物的本身性能对温度有很大的影响，除了脉石以外大多数矿石都能吸收微波。Chen等[10] 在2450MHz的微波场中对40种矿物进行加热处理，发现大多数硅酸盐、碳酸盐、硫酸盐以及一些氧化物和硫化物不能被微波加热，同时矿物基本性能并没有发生改变，而大多数硫化物、砷化物、天然合成的黄钾铁矾以及一些金属氧化物（磁铁矿、锡石以及赤铁矿）均能被微波加热。彭金辉等[11] 研究表明，相对于传统干燥，微波干燥能在较短时间内让相同质量的钛精矿达到基本相同的脱水率，所用时间是传统干燥的1/105。

(2) 农业领域

美国加州大学[12] 用微波真空干燥技术生产脱水膨化葡萄，不仅能很好地保持鲜葡萄风味和色泽，而且不会萎缩。由于微波干燥温度低，干燥时间短，维生素 B_1、B_2 及维生素C均能得到较高的保留率。蔺海兰等[13] 利用远红外和微波干燥组合作为橡胶干燥介质热源，对橡胶干燥系列工艺进行研究，发现微波干燥的脱水效率是红外干燥的4.7倍，是燃油热风干燥的17.7倍，同时微波干燥能够除去普通干燥方法不能去除的低水分。于秀荣等[14] 应用微波对粳稻种子进行微波干燥，发现微波干燥不仅可以降低水分，而且能保证稻谷的种用品质，同时可以实现稻谷干燥自动化控制，便于连续作业。

(3) 医疗卫生领域

鞠兴荣等[15] 研究表明，微波加热银杏叶时，可以迅速地将银杏叶的水分含量控制在10%以下。微波功率越高，脱水速率越大，但微波功率过高，黄酮苷和萜类内酯等主要有效成分受到高强度微波辐射将部分发生降解。马俊峰等[16] 采用微波干燥灭菌设备，对不同丸剂进行微波干燥灭菌，发现丸剂中的水分子能够很好地吸收微波，干燥速度快，灭菌效果好，丸剂受热均匀，干燥后不会发生变形。

(4) 煤热解领域

T. Uslu等[17] 研究表明，当有氧化铜、四氧化三铁等吸波物质存在时，煤在微波场中会快速升温，3min即可达到1000℃以上。K. El. harfia等[18] 发现，在微波辐射条件下油页岩热解产生的焦油中轻质烃含量较常规加热大。F. Mermoud[19] 研究认为煤微波热解过程中高升温速率下产生的挥发分更多，而且主要由大分子组成，C/H比比较高。E. Jorjania等[20] 研究认为粒度 $<300\mu m$ 的煤样在微波辐射后，硫铁矿中硫的脱除率从49.9%增加到86.6%，

有机物硫从 23.8%增加到 35%，总硫从 36%增加到 61.9%。J. A. Dominguez 等[21] 研究表明，微波热解可以大幅度提高热解速率，有效控制热解煤气的组成，有助于低温热解煤气进一步深加工与利用。

3.2　工艺过程与研究方法

3.2.1　原料

实验所用煤样为陕北地区的低变质煤，分别为王家沟煤（WJG）、碱房沟煤（JFG）、孙家岔煤（SJC）以及某企业的煤直接液化残渣（DCLR），原料经自然干燥后进行破碎、筛分，其工业分析和元素分析结果如表 3-1 所示。

表 3-1　原料的工业分析和元素分析　　单位：%

原料	工业分析					元素分析				
	M_t	M_{ad}	A_{ad}	V_{ad}	FC_{ad}	C_{ad}	H_{ad}	O_{ad}	N_{ad}	$S_{t,ad}$
JFG	4.80	2.60	11.26	37.14	49.00	70.42	4.20	10.38	0.88	0.26
SJC	9.60	3.41	2.64	37.79	56.16	76.38	4.71	11.61	0.99	0.26
WJG	5.80	1.04	6.90	34.38	57.68	74.84	4.56	11.26	1.02	0.38
DCLR	—	0.14	17.74	33.75	48.37	75.00	4.22	17.83	0.79	2.16

3.2.2　常规热解与微波热解

常规热解实验在型号为 GXL1400X 的真空管式电炉中进行，准确称取 50g 样品放入石英管中，通入 N_2 作为保护气，设定热解的终止温度和停留时间，开启加热，反应结束后自然冷却至室温。微波热解实验在自行改装的微波炉中进行，准确称取 50g 样品放入石英管中，通入 N_2 作为保护气，设定热解的微波功率和加热时间，开启加热，反应结束后自然冷却至室温。热解煤气通过置于冷水中的锥形瓶（装有水）及 U 形管两级冷却后分离焦油与煤气。

3.2.3　分析与表征

热重实验采用德国 Netzsch 公司生产的 STA449F3 型热综合分析仪进行。

采用氮气作为载气，流量为 50mL/min。固体焦的工业分析和元素分析采用 GB/T 2001—2013 和 GB/T 214—2007 中所述方法进行，C、H、N、S 和 M_{ad}、A_{ad}、V_{ad} 含量为两次或三次平行样的平均值，氧含量与固定碳含量采用差减法计算。固体焦、焦油、煤气采用 JSM-6360LV 型扫描电子显微镜、IR Prestige-21 型傅立叶红外光谱仪、GCMS-QP2010Plus 型气相色谱-质谱联用仪（岛津）及 Gasboard-3100 型在线红外煤气分析仪进行分析表征。气相色谱-质谱测试条件为 Rtx-5MS 型色谱柱（30.0m×0.25mm×0.25μm），以 He 作为载气，EI 源，70eV 的离子化电压，进样口温度为 300℃，离子源温度则为 230℃，质量的扫描区间为 30～500amu。

3.3 低变质煤常规热解及其主要影响因素

对陕北低变质煤进行外热式常规热解实验，主要研究了热解过程影响因素及其热解特性[22～24]。

3.3.1 TG-DTG 分析

选择加热速率为 15℃/min、25℃/min、35℃/min 和 45℃/min 进行热重实验，终温为 800℃，三种煤的 TG-DTG 曲线如图 3-1，热解特性参数如表 3-2 所示。

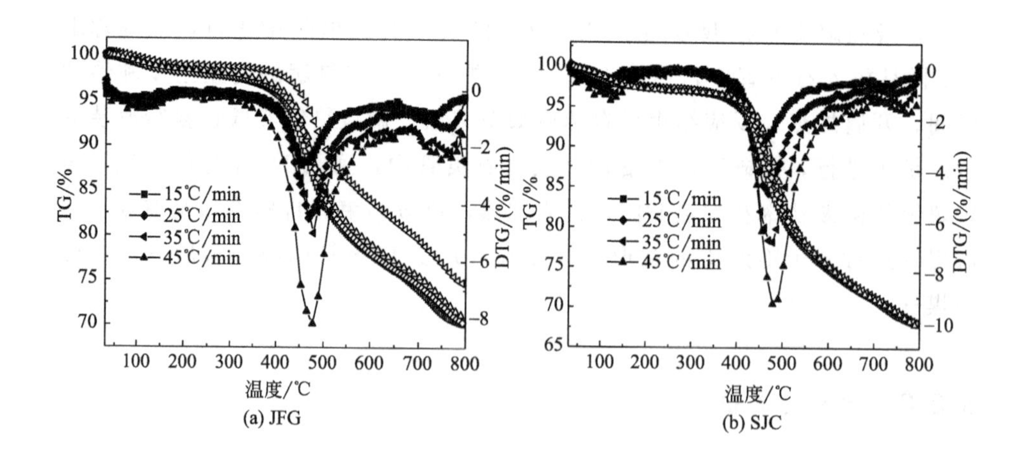

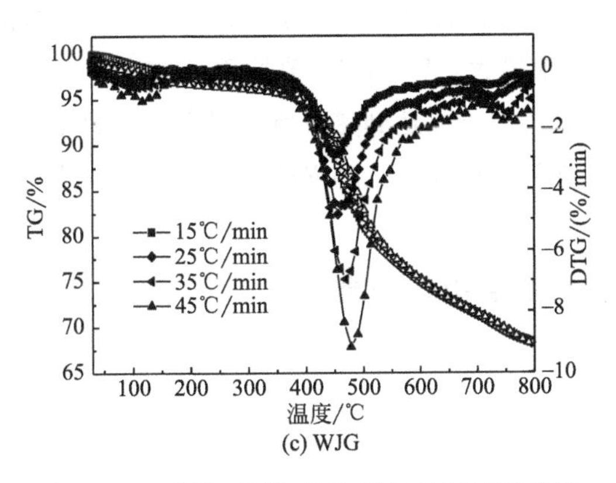

(c) WJG

图 3-1　三种煤不同加热速率的 TG-DTG 曲线

由图 3-1 可以看出，DTG 曲线上均出现了三个速率峰值，最大失重速率出现在 450℃附近。100℃附近的峰值归属于煤中物理水的去除和吸附气体的释放，煤中水分越大，失重速率越大。750℃附近的失重速率峰则是由分子间缩聚和黄铁矿、碳酸盐等矿物质分解引起的。

表 3-2　煤热解特性参数

煤样	R_t/(℃/min)	T_b/℃	T_f/℃	T_∞/℃	R_∞/(%/min)	V_f/%
WJG	15	356	551	448	2.98	21.97
	25	367	565	457	4.99	23.39
	35	371	582	471	7.05	23.48
	45	375	605	482	9.32	24.66
JFG	15	327	548	451	2.72	19.99
	25	344	557	464	4.61	20.07
	35	360	562	475	5.23	20.60
	45	363	598	481	8.28	20.73
SJC	15	342	547	452	3.19	23.47
	25	353	568	467	4.96	23.90
	35	362	593	476	6.86	24.32
	45	367	616	485	9.24	26.74

表 3-2 中，R_t 为煤料的升温速率，℃/min；T_b、T_f、T_∞ 分别为煤料的起始反应温度、终止反应温度和最大失重速率所对应的温度，℃；R_∞ 为煤料的最大失重速率，(%/min)；V_f 为原料煤达到终温时所对应的失重百分率，%。

结合图 3-1 及表 3-2 可以看出，三种煤样的热解特性基本相近。热解终温为 800℃时，随着加热速率增大，V_f 与 T_∞ 值均逐渐增大，SJC 的失重率最大。一般情况下，升温速率增大，样品达到热解所需温度的时间变短，但同时颗粒内外温差变化大，产生传热滞后效应，三种煤的最大失重速率峰均向高温区迁移。

3.3.2 常规热解的主要影响因素

3.3.2.1 热解终温

图 3-2 为 JFG 在不同加热终温 600℃、700℃、800℃时及 JFG、WJG、SJC 在 800℃终温时的升温曲线。

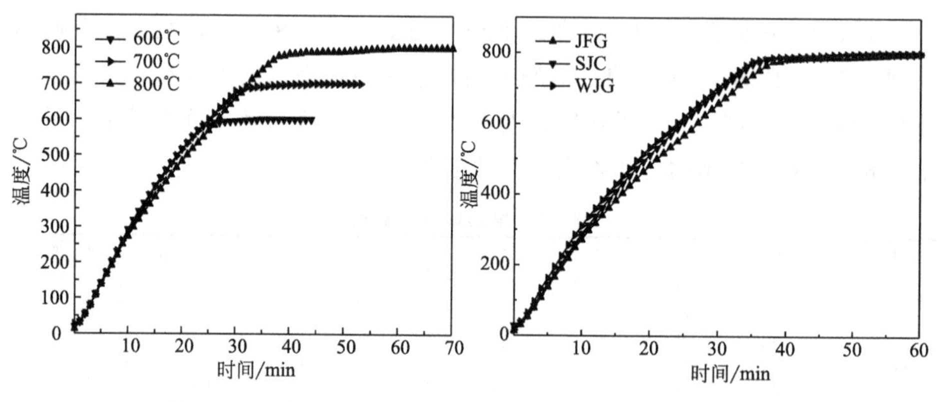

图 3-2 不同终温（JFG）及 800℃下三种煤的升温变化曲线

从图 3-2 可以看出，热解终温并不会对升温速率造成太多的影响，终温越高所需的加热时间就越长。升温曲线第一阶段为斜率较大的上升直线，大量挥发分逸出将带走部分热量，实际上温度与时间并不是标准的线性关系。第二阶段为近似水平的直线，此时温度已经达到了设定温度。800℃时三种煤样的升温曲线基本重合。三种煤在不同热解终温时产品收率如表 3-3 所示。

表 3-3 不同热解终温下热解产品的收率

煤种	温度/℃	兰炭/%	煤气/%	焦油/%
JFG	600	72.6	9.20	13.4
	700	70.8	11.8	12.6
	800	68.4	13.2	13.6

续表

煤种	温度/℃	兰炭/%	煤气/%	焦油/%
SJC	800	62.8	12.4	15.0
WJG	800	67.0	12.0	15.2

由表 3-3 可以看出，热解终温越高，煤中挥发分析出得越彻底，兰炭收率逐渐降低，煤气收率则逐渐增加，焦油收率变化不大。另外，高温下挥发分的二次热解作用较强，导致气体产品收率增加。兰炭的工业分析和元素分析结果如表 3-4，煤气组成如表 3-5 所示。

表 3-4 兰炭的工业分析和元素分析

煤种	温度/℃	工业分析/%				元素分析/%				
		M_{ad}	A_{ad}	V_{ad}	FC_{ad}	C_{ad}	H_{ad}	O_{ad}	N_{ad}	$S_{t,ad}$
JFG	600	1.41	17.00	12.22	69.37	71.80	2.60	5.91	0.96	0.32
	700	1.13	21.73	7.94	69.20	70.44	1.84	3.56	0.88	0.42
	800	0.88	22.20	3.78	73.14	73.00	1.28	1.48	0.74	0.42
SJC	800	0.86	19.02	3.53	76.59	76.20	1.22	1.54	0.72	0.44
WJG	800	0.72	20.26	2.71	76.31	89.56	1.30	2.09	0.80	0.27

表 3-5 不同终温热解气体的主要组成

煤种	温度/℃	热解气体组成/%(体积分数)				
		H_2	CH_4	CO	CO_2	C_nH_m
JFG	600	6.64	19.74	6.34	6.36	4.83
	700	20.48	18.31	8.09	6.05	3.16
	800	30.20	21.77	12.00	5.41	2.77
SJC	800	37.60	21.98	11.30	4.25	2.62
WJG	800	39.88	16.71	7.18	3.93	2.51

随着热解终温升高，兰炭挥发分的含量显著降低。800℃时三种煤的挥发分均为 3%左右，JFG 在 600℃时高达 12.22%，这说明挥发分的大量析出主要在 600～800℃区间。由表 3-5 可以看出，JFG 热解过程中煤气中 H_2、CH_4、CO 的含量随温度升高而增加，H_2 变化最为明显，800℃时这三种成分总和达

到63.97%，CO_2和烃类气体产物含量较少且随热解温度升高而略有降低。高温条件下，烃类物质会发生二次热解，CO_2会与C发生氧化还原反应生成CO，导致CO_2含量减小，CO含量升高。在JFG、SJC及WJG 800℃热解气中CH_4、CO、CO_2和烃类气体产物含量均逐渐降低，H_2含量均有所增加，但SJC与WJG热解气中H_2含量比较相近，这主要和原煤特性及热解后固体产物中H/C比的变化有关。

3.3.2.2 煤种对热解气体析出的影响

选择终温800℃进行JFG、WJG与SJC的热解实验，热解过程中煤气各组分的变化曲线如图3-3所示。由图3-3结合升温曲线可以看出，除CO以外其他组分的逸出规律基本一致，15min左右煤料温度低于300℃，主要是水分的释放以及少量吸附气体的逸出。CO的大量析出出现在约400℃，SJC在30min（约700℃）、WJG在40min（约800℃）、JFG在45min（约800℃）时热解气中CO出现最大值。值得注意的是，700℃以后SJC热解气中CO含量逐渐降低。一般认为，煤中含氧官能团的热稳定顺序为：—OH>—C═O>—COOH>—OCH_3，热解过程中CO主要来自煤中酚羟基、醚键和羰基的断裂，羟基不易脱除，在700～800℃时可生成水，醚键断裂需要在800℃以上，羰基断裂温度高于400℃。另外，含氧杂环在500℃以上有可能开环裂解放出CO，短链脂肪酸也会产生CO。说明三种煤均含有羰基，而SJC中醚键或含氧杂环结构含量较低，导致在30min以后CO含量逐渐下降。

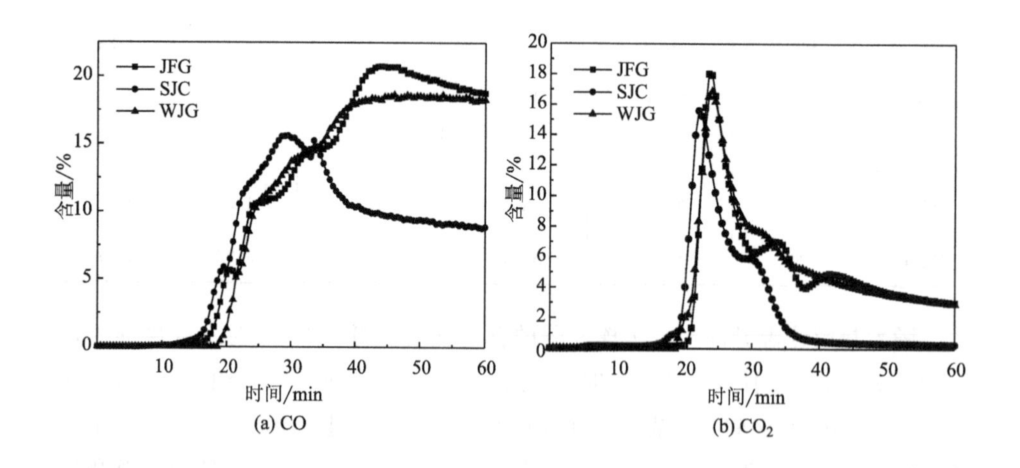

(a) CO

(b) CO_2

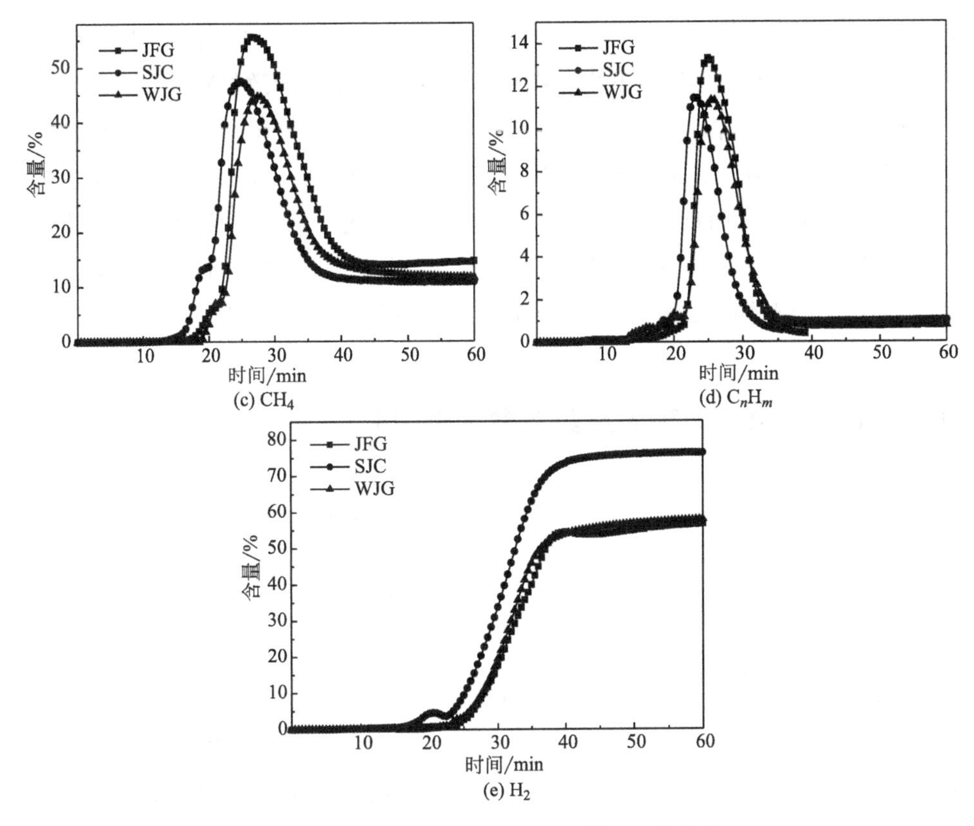

图 3-3　不同煤样热解过程中气体的析出曲线

热解初始就有 CO_2 逸出，这可能是吸附气体被释放的结果。随着热解温度升高，CO_2 析出量逐渐增加，主要逸出区间为 500～800℃，JFG、SJC 及 WJG 的最大析出峰分别出现在 526℃、521℃和 595℃。40min 之后 JFG 与 WJG 的析出规律基本一致，SJC 不再有 CO_2 析出。羧基在高于 200℃时就可裂解产生 CO_2，在 400～600℃范围内煤中脂肪烃、部分芳香烃之间的弱键及醚键，羧基等含氧官能团断裂，一部分以 CO 形式逸出，还有一部分与煤中氧原子结合形成 CO_2，三种煤在 25min 左右均出现 CO_2 最大逸出峰。

H_2 在 25min（约 600℃）之前缓慢析出，随后大量生成，随着温度升高三种煤的氢气生成量也逐渐增加，最高逸出峰几乎同时在 40min（约 800℃）出现。SJC 热解气中氢气含量最高可达到 80%，而 JFG 和 WJG 则只有 60%。800℃以前氢化芳香结构脱氢、煤中 C 与 H_2O 的反应以及 CO 与 H_2O 的反应均可生成 H_2，800℃以后 H_2 主要是热解后期缩聚反应生成的，环数较小的芳环变成环数更大的芳环，期间伴随着氢气的释放。另外，一次热解产物在析出过程中受到高温作用会继续发生二次裂解反应[13]，也会导致氢释放。

烃类气体的逸出曲线基本相同。三种煤在 15min（约 400℃）都开始大量析出烃类气体，在 25min（约 600℃）附近达到最大值，随后开始下降，在 35min（约 700℃）附近达到最小值后不再发生变化，此时甲烷含量要比其他烃类气体高。煤中芳环脂肪烃侧链受热容易裂解产生烃类气体，如甲烷、乙烯、乙烷等，侧链越长越不稳定，芳环数越多其侧链越不稳定。

3.4 低变质煤微波热解及其主要影响因素

主要对陕北低变质煤微波热解过程及其热解产品的析出特性进行了研究[25~29]。

3.4.1 微波场中的升温特性

微波功率 800W 时低变质煤的升温曲线与升温速率曲线如图 3-4 所示。可以看出，微波场中按升温速率变化大致可以分为三个阶段，第一阶段为快速升温阶段，最高升温速率可以达到 600℃/min；第二阶段为缓慢升温阶段，升温速率在 200℃/min 左右；第三阶段升温速率基本趋近于 0。JFG 和 SJC 的升温特性比较接近，WJG 的升温速率明显较低，这可能与其相对较低的水分含量有关。另外，煤中灰分和挥发分含量也可能对微波场中的升温行为造成影响，这三种煤均为低灰低硫煤，灰分中的 Al_2O_3、SiO_2、Fe_2O_3 等属于不吸波物质，对升温特性影响不大。

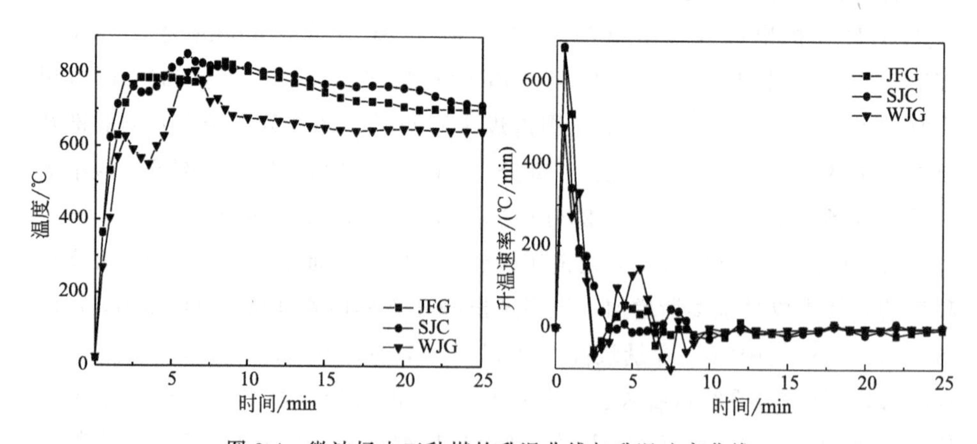

图 3-4 微波场中三种煤的升温曲线与升温速率曲线

微波加热升温速率很快，2min 左右达到 600℃，7min 左右就达到了最高温度，而常规加热 30min 左右达到 600℃，40min 才能达到最高值，升温所用时间较长。另外，常规加热时 WJG、SJC 的升温曲线基本重合，JFG 的升温速率稍低于前二者，而在微波场中 JFG 与 SJC 升温特性相差不大，WJG 的升温速率明显较低，这在一定程度上说明热解过程中微波可能不仅仅具有加热作用。

微波功率 800W 时不同质量 JFG 的升温曲线与升温速率曲线如图 3-5 所示。可以看出，升温速率随着煤质量增加而降低，物料量越大升温速率越慢，最大升温速率峰出现的时间就越长。

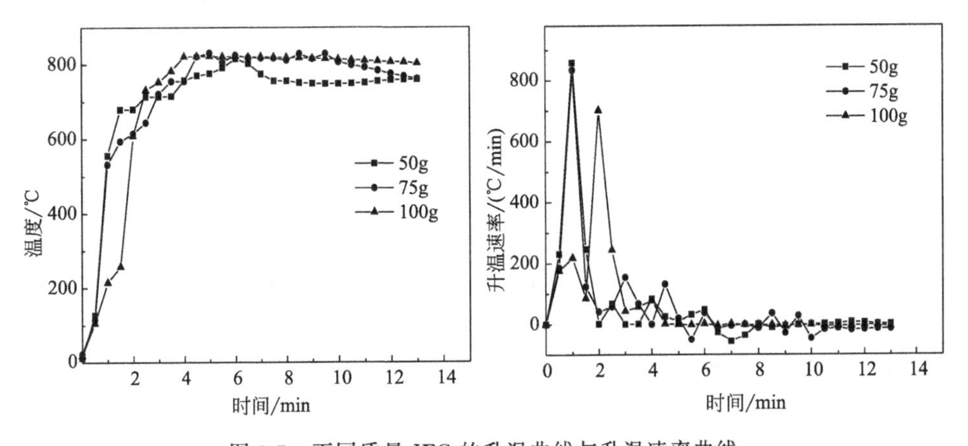

图 3-5 不同质量 JFG 的升温曲线与升温速率曲线

式（3-1）为微波加热功率与被加热物质量之间的关系式，可以看出在微波加热功率不变的情况下，随着被加热物料量增加，物料的升温速率逐渐减小，这与实验测定结果一致。

$$\frac{\Delta T}{t}=\frac{860P}{cm} \tag{3-1}$$

式中，P 为微波功率，kW；ΔT 为物料的温升，℃；c 为物料的比热容，kcal/kg·℃；m 为物料的质量，kg；t 为微波作用时间，h。

图 3-6 是微波功率不同时 JFG 的升温曲线与升温速率曲线。微波功率的变化对最终温度影响不是很明显，但物料的升温速率有一定差异，微波功率越大，升温速率越大。

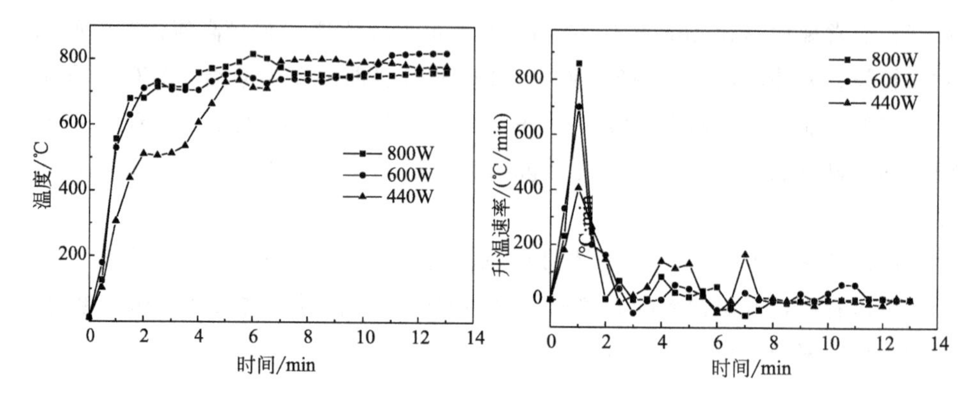

图 3-6 不同微波功率时 JFG 的升温曲线与升温速率曲线

3.4.2 工艺条件对微波热解过程的影响

3.4.2.1 原料粒度对热解的影响

准确称量粒度＜5mm、5～10mm、10～15mm、15～25mm、＞25mm 的 WJG 各 50g，在功率为 800W、微波频率 2450MHz 条件下热解 22min。热解过程中的失重曲线及热解产物收率如图 3-7，产物收率随时间的变化如图 3-8 所示。

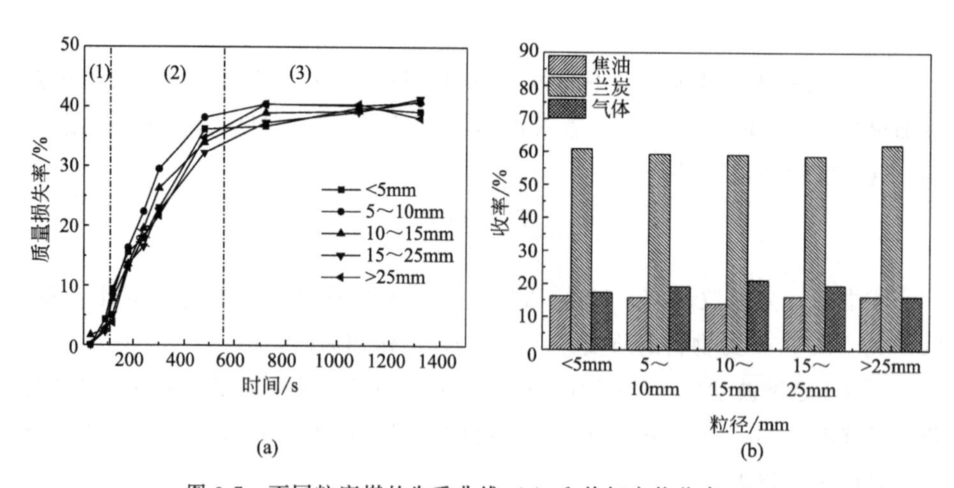

图 3-7 不同粒度煤的失重曲线（a）和热解产物收率（b）

图 3-7(a) 结果表明，微波加热过程中煤在 10min 左右失重达到最大，此后不再发生明显变化，粒度对失重曲线并没有太大的影响。微波热解过程主要可分为三个阶段：第一阶段为脱水阶段，100s 以前失重曲线基本上呈线性关系，失重速率较小，如图 3-7(a) 中 (1) 区域，此时主要是外在水逐渐脱出，同时煤表面吸附的 CH_4、CO_2 以及氮气等也开始脱出；第二阶段为热解阶段，此时失重速率急剧增大，如图 3-7(a) 中 (2) 区域，煤气与焦油大量析出，至 9min 左右失重达到最大；第三阶段焦油和煤气的析出已经结束，失重曲线不再产生大的波动，此时仍然有少量气体产生，主要可能是氢气。由图 3-7(b) 可以看出，不同粒度煤微波热解得到的兰炭、焦油和煤气产品的收率基本没有太大波动，焦油与煤气的平均收率均为 15%左右（焦油中含有水）。

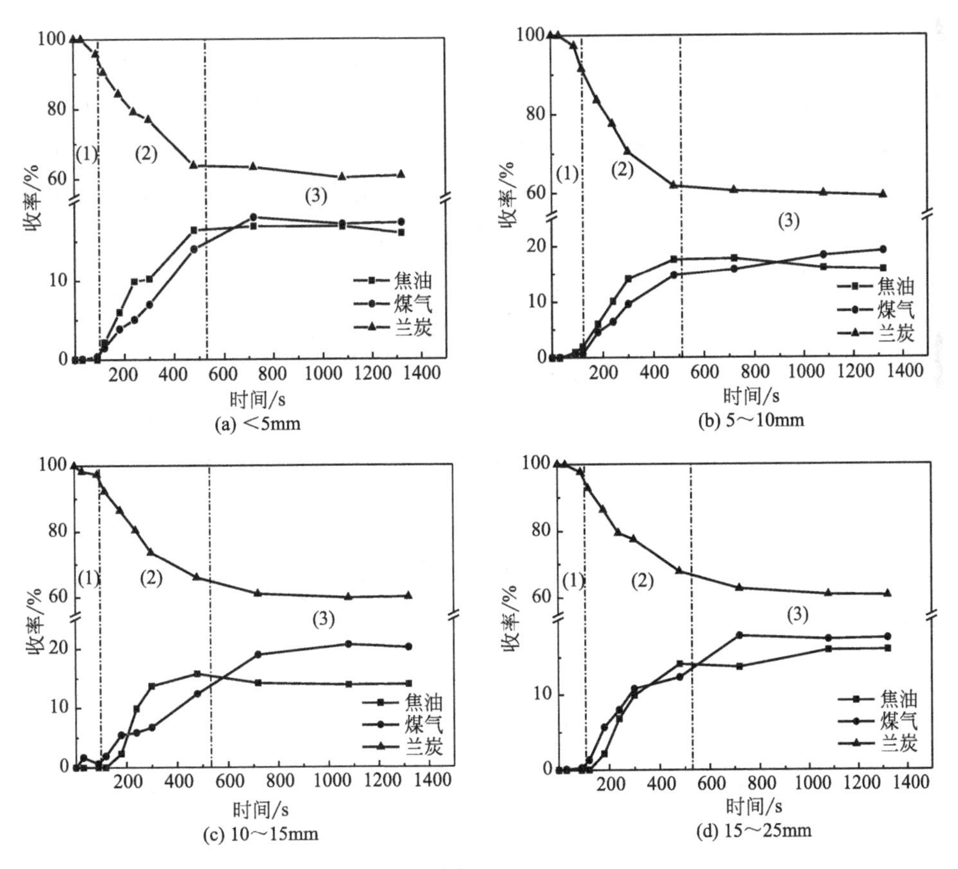

图 3-8

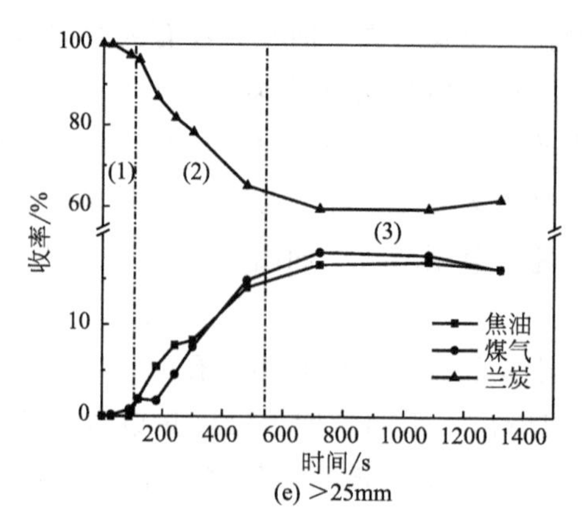

(e) >25mm

图 3-8 原料煤粒度对产物收率的影响

由图 3-8 可以看出，随着热解时间延长，微波热解过程中兰炭收率逐渐减小，煤气、焦油收率逐渐增大，在 550s 左右兰炭收率达到 60%，随后不再发生明显的波动，煤气、焦油收率达到最大值。热解产品收率随时间的变化同样出现了三个阶段，与其失重曲线刚好对应，第一阶段（0～100s）焦油收率没有明显变化，煤气收率有少量增加，说明此时温度较低，焦油未析出，煤中少量水分转化为气体；第二阶段（100～550s）焦油、煤气收率同时增大，兰炭收率出现大幅度下降，说明大量挥发分逸出，焦油开始大量形成；第三阶段（550s～结束），三种产物收率均保持稳定，不再发生明显变化，挥发分的析出已经完成。煤粒度的变化对煤气、焦油的收率影响不是很大，但热解第二阶段焦油、煤气收率均产生较大波动。兰炭的工业分析与元素分析结果如表 3-6，煤气组成如表 3-7 所示。

表 3-6 兰炭的工业分析与元素分析

粒度/mm	工业分析/%			元素分析/%				
	M_{ad}	A_{ad}	V_{daf}	$S_{t,ad}$	H_{ad}	C_{ad}	N_{ad}	O_{ad}
<5	1.42	10.48	3.95	0.55	0.85	83.34	0.78	2.58
5～10	0.66	8.44	4.07	0.37	1.33	86.14	0.85	2.21
10～15	0.54	6.15	3.39	0.47	0.92	89.84	0.78	1.30
15～25	0.61	6.06	5.11	1.32	1.15	87.84	0.69	2.33
>25	1.41	5.82	4.44	0.20	1.12	87.52	0.78	3.14

表 3-7　热解煤气成分分析

粒度/mm	热解气体组成/%(体积分数)					
	CO_2	CO	CH_4	C_nH_m	H_2	$CO+CH_4+H_2$
<5	6.54	14.00	25.11	3.13	39.48	78.59
5～10	5.18	14.13	23.43	3.10	42.06	79.62
10～15	5.23	13.86	24.61	3.41	40.97	79.44
15～25	4.05	13.11	23.07	3.04	42.23	78.41
>25	4.72	13.82	23.62	3.32	40.18	77.62
平均值	5.14	13.78	23.97	3.20	40.98	78.74

从表 3-6 可以看出，随着原煤粒度增大，微波热解兰炭的灰分含量逐渐减小，其余指标均有一定的波动，但变化不是太大。原煤 H/C 比为 0.06，兰炭的 H/C 比均在 0.01 左右，说明粒度变化对 C、H 元素分布没有显著影响。原煤 O/C 比为 0.15，兰炭的 O/C 比随粒度变化存在一定的变化，<5mm、>25mm 时在 0.03 左右，10～15mm 时仅为 0.01，粒度越大或者越小时兰炭的氧含量越高，这可能与煤中灰分含量有关。表 3-7 结果表明，原煤粒度变化对煤气成分影响不是很大，煤气中 H_2 含量最高，平均为 40.98%，$CO+CH_4+H_2$ 总量平均达到了 78.74%，煤气热值为 4786kcal/m^3。

WJG 与兰炭的红外特征曲线如图 3-9 所示。在图 3-9（a）中，煤粒度的变化伴随着部分吸收峰的微弱变化，3395～3471cm^{-1} 处归属于氢键键合—OH 的伸缩振动，2350cm^{-1} 处比较微弱的吸收峰代表的是羧基，1380cm^{-1}、1460cm^{-1} 附近归属于甲基与亚甲基，而 2920cm^{-1} 处为环烷烃或脂肪烃的—CH_3。小于 1200cm^{-1} 区域出现的 1106cm^{-1}、1034cm^{-1}、1009cm^{-1}、914cm^{-1}、698cm^{-1} 及 539cm^{-1} 处的特征峰，主要是由煤中矿物质的吸收引起的，但也有部分取代芳烃—CH 存在。1150～1060cm^{-1} 之间存在脂肪醚 C—O 的一个强吸收峰值。1650cm^{-1} 处吸收峰代表的是羧基族群和 C═C，芳香结构中氢的吸收峰出现在 900～700cm^{-1} 处。图 3-9（b）中 2920cm^{-1} 处饱和烷基吸收峰已经消失，而 3395～3471cm^{-1} 处的—OH，1380cm^{-1}、1460cm^{-1} 处的—CH_3、—CH_2，1650cm^{-1} 处的羧基族群和 C═C 的吸收峰仍然存在，强度均有减弱，说明热解过程这些有机基团发生了变化。煤热解后灰分会有一定的富集，1200cm^{-1} 以下一系列吸收峰强度明显减小主要由于取代芳烃—CH 分解。

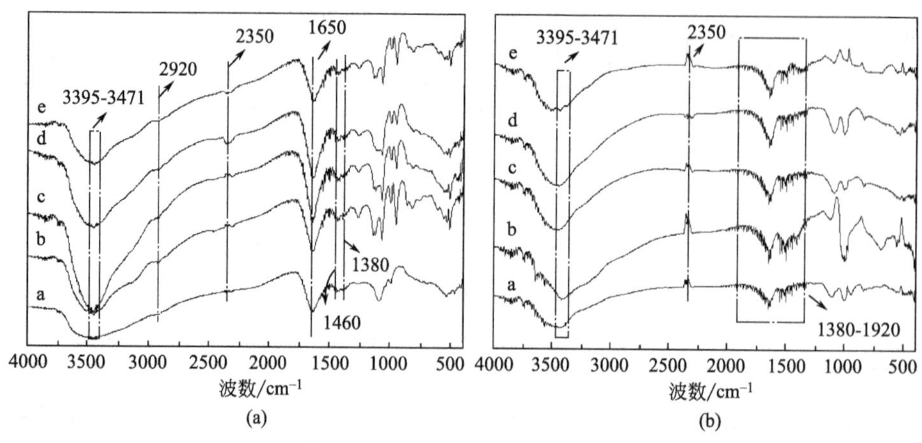

图 3-9 原煤 WJG（a）及兰炭（b）的红外特征曲线

a—<5mm；b—5～10mm；c—10～15mm；d—15～25mm；e—>25mm

微波热解过程中气体各主要组分的析出曲线如图 3-10 所示。煤粒度的变化对微波热解煤气中主要组分的影响不是很大。O_2 含量在 5min 左右就已经降到了最低点，随后维持在极低水平，这主要是开始反应器中残留的少量空气造成的，此种情况对热解过程不会造成太大的影响。CO_2、CH_4 和烃类物质的逸出曲线基本一致，CO_2 和烃类物质在 4min 左右达到最大值 10%，随后开始减小，CH_4 在 5min 左右达到最大值 45%左右，随后开始缓慢减小，降低到 12%左右后不再有明显的变化。由于 CO_2、CH_4 可能参与一些反应，C、Fe 及一些氧化物可以催化这些反应，从而导致二者含量降低，最终得到富含 CO 和 H_2 的煤气。热解气中 CO、H_2 含量分别可达到 20%、40%，热值与焦炉煤气相当，这对热解煤气的进一步加工利用具有重要的意义。当微波加热 4min 左右，温度 450℃时 CO 的逸出速度最大，这主要是煤中羰基和醚键断裂分解所造成的，羰基在 400℃开始分解，醚键一般在 700℃断裂。值得注意的是，微波加热 2～3min 时，煤料温度大致在 150～200℃之间，此时已经开始有 H_2 放出，而且一直会延续到实验结束，这和常规加热时氢气的析出有一定的差别。

由此可见，低变质煤微波热解过程可以分为三个阶段，如图 3-11 所示。第一阶段，煤中所含水分及表面吸附气体析出。此阶段时间很短，只有 100s 左右，原煤的失重速率较小，焦油收率为零，煤气收率只有很小的变化，此时

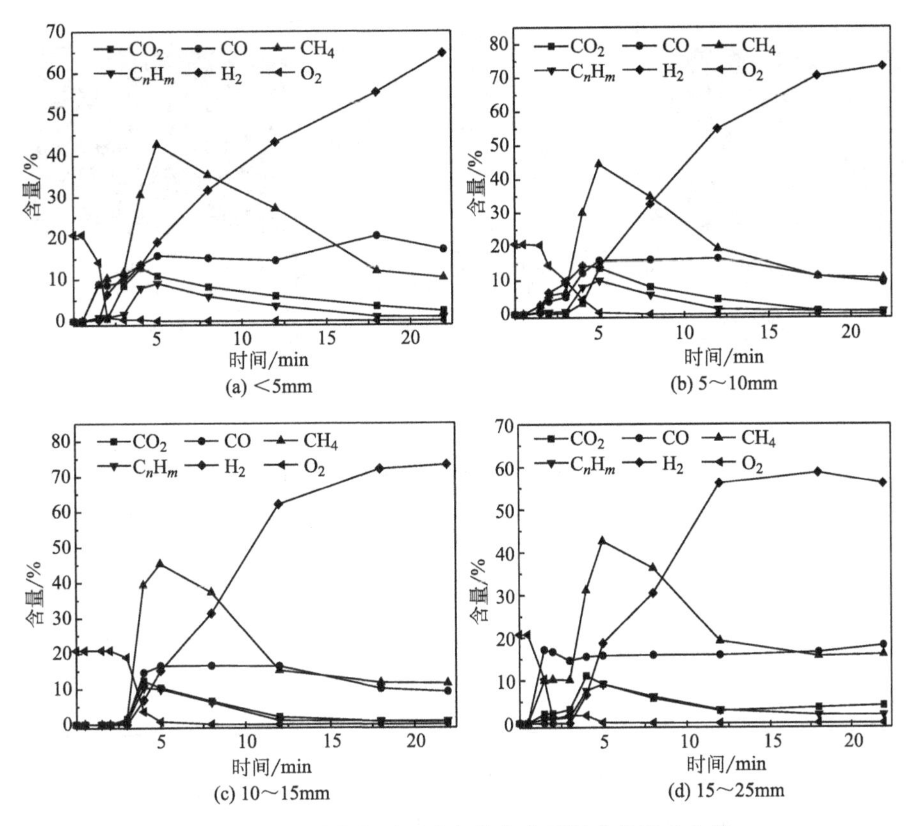

图 3-10　微波热解过程中气体各主要组分的析出曲线

煤气成分主要为水蒸气。第二阶段为 100～550s 之间，失重速率急剧增大，大量挥发分析出，焦油和煤气收率大幅度增加，此时煤气主要成分为 CH_4、CO_2、CO 和 H_2，CH_4、CO 和 H_2 含量总和可达到 65%左右。第三阶段，原煤中焦油的析出已经完成，此时温度较高，尚有少量煤气析出，其主要成分为 H_2，此时失重率及产品收率均趋向于恒定。

3.4.2.2　功率对微波热解过程的影响

粒度<5mm 的 WJG 在不同功率的微波场中加热 22min，气体产物冷凝温度设定为 0℃，热解产物收率见表 3-8。兰炭的工业分析和元素分析见表 3-9，煤气组成见表 3-10。

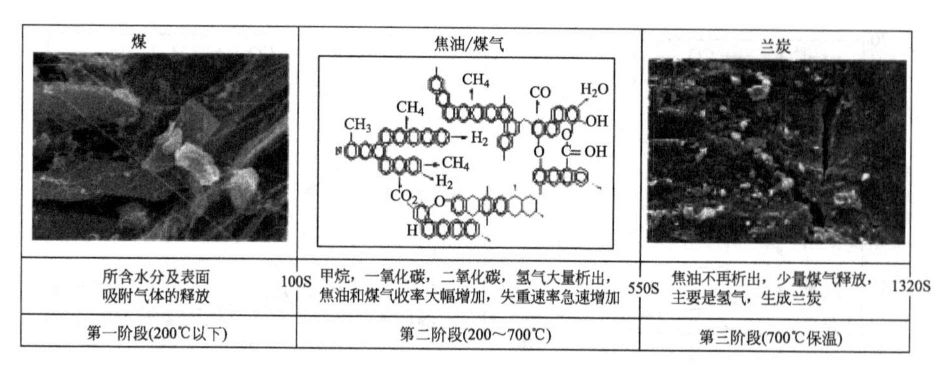

图 3-11 微波热解过程示意图

表 3-8 不同功率下 WJG 的热解产物收率

功率/W	总失重/%	煤气/%	焦油/%
440	22.60	7.000	7.20
616	29.60	11.80	9.60
800	36.40	15.8	12.40

由表 3-8 可以看出，微波功率对热解产物的影响比较明显。随着微波功率增大，总失重增加，焦油与煤气收率随之增加，说明微波功率越大，煤气、焦油析出得越彻底，热解过程进行得越充分。微波功率越大，加热速率随之增大，也就是说微波功率对热解产物的影响主要归因于升温速率的变化。从表 3-9 可以看出，随着微波功率增大，兰炭灰分含量逐渐增大，挥发分含量逐渐减小，水分及固定碳含量基本没有多大变化。

表 3-9 不同功率下兰炭的工业分析和元素分析

微波功率/W	工业分析/%				元素分析/%				
	M_{ad}	A_{ad}	V_{ad}	FC_{ad}	C_{ad}	H_{ad}	O_{ad}	N_{ad}	$S_{t,ad}$
800	0.82	21.01	6.96	71.21	72.22	1.69	3.06	0.82	0.38
616	0.73	20.65	8.08	70.54	71.91	1.80	3.68	0.82	0.41
440	0.82	16.90	14.40	67.88	73.56	2.60	4.90	0.88	0.34

表 3-10 微波功率不同时热解煤气组成

微波功率/W	热解气体组成/%(体积分数)				
	CO_2	CO	CH_4	C_nH_m	H_2
800	3.92	14.58	16.30	1.97	41.87
616	3.61	14.99	14.85	1.96	40.49
440	4.01	10.42	15.81	1.38	30.43

表 3-10 可以看出，微波功率不同时，热解气体的组成不尽相同。随着功率增大，CO、H_2、CH_4 的含量均有所增加。微波功率影响加热速率，而加热速率对挥发分开始析出和最大析出温度有着决定性的影响。

3.4.2.3 冷凝温度对焦油收率及组成的影响

取微波功率为 800W，选择冷凝温度为 20℃、10℃、0℃、−5℃和−10℃进行实验，不同冷凝温度下焦油、煤气收率见表 3-11，煤气成分见表 3-12，焦油的元素分析结果见表 3-13。

表 3-11 不同冷凝温度下热解焦油与煤气收率

冷凝温度/℃	失重率/%	焦油/%	煤气/%
20	35.00	7.30	19.50
10	35.00	11.30	15.50
0	35.50	12.30	15.00
−5	34.50	13.30	13.00
−10	35.50	13.80	13.50

由表 3-11 可以看出，冷凝温度对焦油的收率影响比较明显，从 20℃的 7.30%提升到−10℃的 13.80%，煤气含量则从 19.50%降到 13.50%。冷凝温度并不直接影响热解过程，所以热解失重率几乎不变，也就是挥发分析出的总量不变。另外，微波热解速率高，挥发分析出的速度很快，这就导致冷凝温度过高的时候，部分析出的焦油随着煤气进入后续处理装置中，导致焦油收率降低。冷凝温度越低，煤焦油回收得越干净，煤气中带走的焦油就越少，但是冷凝温度低到一定的程度，对焦油收率的影响就不是那么明显了。由表 3-12 可以看出，随着冷凝温度降低，煤气组成除了 H_2 有变化外，其他气体含量几

乎没有变化。

表 3-12 不同冷凝温度的煤热解气体组成

冷凝温度/℃	热解气体组成/%(体积分数)					
	CO_2	CO	CH_4	C_nH_m	H_2	O_2
20	6.21	14.93	21.49	2.38	32.14	2.22
10	5.65	15.13	24.86	3.21	30.39	2.33
0	5.19	13.14	20.16	2.37	36.02	2.64
−5	5.79	14.40	23.60	2.78	35.82	1.30
−10	5.60	14.13	24.31	2.82	32.40	1.83

表 3-13 不同冷凝温度下焦油的元素分析

冷凝温度/℃	元素分析/%				
	C_{ad}	H_{ad}	O_{ad}	N_{ad}	$S_{t,ad}$
20	54.97	8.05	36.22	0.56	0.11
10	56.52	8.69	33.94	0.69	0.10
0	63.73	10.74	24.72	0.56	0.17
−5	57.56	8.75	32.76	0.74	0.13
−10	58.83	10.26	30.09	0.59	0.11

由表 3-13 可以看出，热解焦油中 S、N 含量很低，这与低变质煤的元素组成有关，冷凝温度对其几乎没有影响。C、H、O 含量占 99%，随着冷凝温度降低，C 含量有所增加，从 20℃的 54.97%增加到−10℃的 58.83%，但是 0℃的时候，焦油中 C 含量高达 63.73%。H 含量也随着冷凝温度降低有所增加，从 20℃的 8.05%增加到−10℃的 10.26%，只是 0℃时焦油中 H 含量高达 10.74%。O 含量随着冷凝温度降低呈现出先减后增的趋势，0℃时最低为 24.72%。

不同冷凝温度下焦油的 GC-MS 分析如图 3-12～图 3-14 所示，焦油组成如表 3-14 所示。共定性定量煤焦油中化合物 50 多种，以长链脂肪烃化合物、酚类化合物、苯类、芳香烃及其衍生物和各种含氧化合物为主。芳香族化合物主要组分为单环芳烃、多环芳烃和一些杂环类物质。酚类包括苯酚、甲基苯酚、二甲基苯酚、萘酚和它们的衍生物。烃类包括大分子芳烃、烷烃、烯烃和少量环烷烃。焦油中脂肪族烃类含量较高，冷凝温度分别为 20℃、0℃、−5℃时，有 29 种、29 种和 4 种，主要是 C_6 到 C_{28} 的多种烷烃和烯烃，并有少量的脂环化合物。

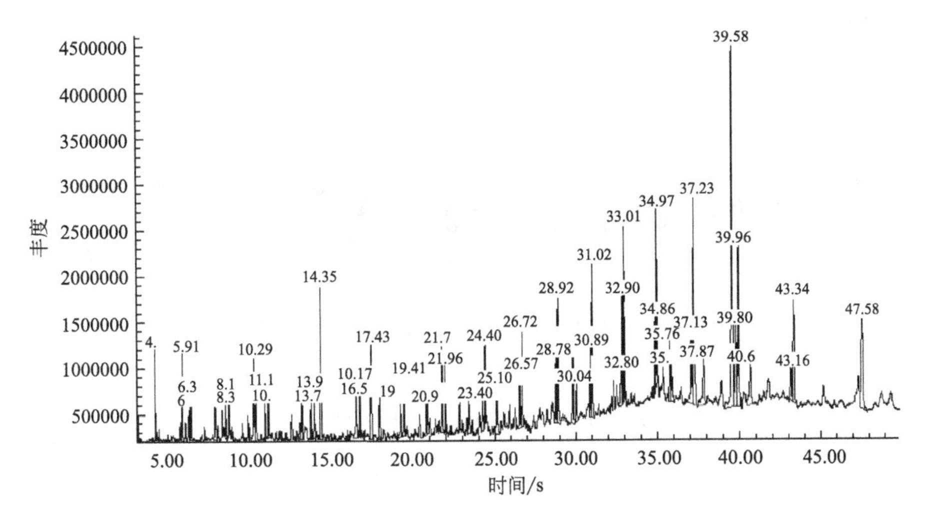

图 3-12　冷凝温度为 20℃时焦油 GC-MS 分析

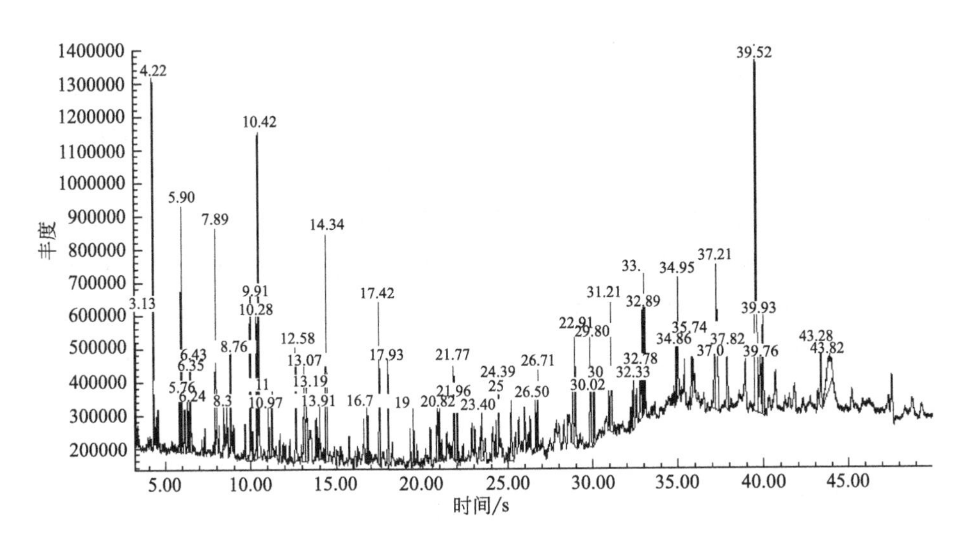

图 3-13　冷凝温度为 0℃时焦油 GC-MS 分析

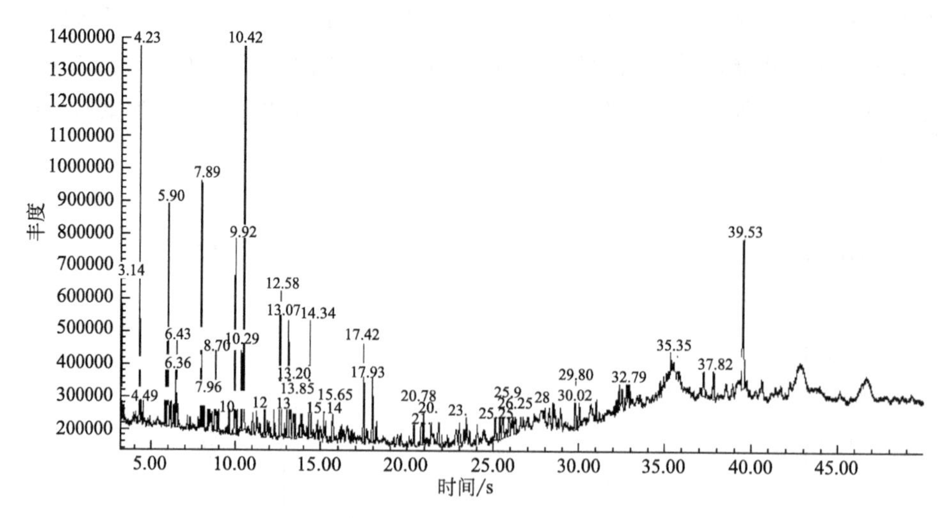

图 3-14 冷凝温度为－5℃时焦油 GC-MS 分析

表 3-14 不同冷凝温度下焦油的组成

冷凝温度/℃	烃类/%	苯类/%	芳香族/%	醛类/%	醇类/%	酚类/%
20	64.85	9.948	18.67	1.30	0	2.06
0	33.65	14.39	29.67	1.21	0.80	15.64
－5	3.39	27.05	26.86	0	0	41.82

由表 3-14 可以看出，冷凝温度虽然对热解过程没有影响，但是对焦油组成的影响还是比较明显的。当冷凝温度从 20℃降至－5℃时，焦油中的烃类化合物含量从 64.85%骤降至 3.39%，而苯类、酚类和芳香族化合物则有所增加，醛类和醇类化合物的含量很少。烃类化合物急剧减少主要可能是由于所处环境温度降低，长链烃键逐渐断裂而生成其他化合物，这些烃类一般都是 C_{15}～C_{31} 长链烃。焦油在温度较低时存在相互作用而不是简单物质之间的叠加，这种相互作用使得煤焦油呈现环构化趋势，即焦油成分中芳香烃类结构增加，烷烃和烯烃含量明显减少。

3.4.3 低变质煤微波与常规热解对比分析

3.4.3.1 热解产品及组成

JFG、SJC、WJG 微波热解（MWP）及常规热解（CP）兰炭、煤气及焦油（含水）收率如表3-15所示。兰炭的工业分析和元素分析如表3-16，热解煤气成分分析如表3-17所示。

表3-15 热解产品收率 单位：%

煤种	热解方式	兰炭	煤气	焦油
JFG	MWP	63.60	15.80	10.60
SJC		61.25	18.30	13.68
WJG		60.85	17.35	13.72
JFG	CP	68.20	13.20	8.40
SJC		62.80	12.40	8.18
WJG		67.00	12.00	9.12

由表3-15可以看出，相对于常规热解来说，JFG、SJC微波热解煤气与焦油的收率更高，兰炭收率则更低，说明在微波场中挥发分析出得更加彻底。

表3-16 兰炭的工业分析和元素分析 单位：%

煤种	热解方式	工业分析				元素分析				
		M_{ad}	A_{ad}	V_{ad}	FC_{ad}	C_{ad}	H_{ad}	O_{ad}	N_{ad}	$S_{t,ad}$
JFG	MWP	0.68	18.99	4.39	75.94	74.95	1.36	2.88	0.75	0.40
SJC		0.58	4.70	2.20	92.52	88.26	1.16	4.32	0.76	0.22
WJG		0.95	12.04	3.08	83.94	81.69	1.01	3.14	0.77	0.41
JFG	CP	0.88	14.20	3.78	73.14	73.00	1.28	1.48	0.74	0.42
SJC		0.86	3.02	3.53	76.59	76.20	1.22	1.54	0.72	0.44
WJG		0.72	7.26	2.71	91.31	89.56	1.30	2.09	0.80	0.27

由表3-16可以看出，热解后固体焦的灰分含量均有所增加，而挥发分含量减小。相比而言，微波热解焦的灰分含量明显高于常规热解，挥发分含量低于常规热解，这主要可能与微波加热速率较快有关。

从表3-17的数据可以看出，H_2、CH_4、CO是热解气体中的主要组分，微波热解三种气体总和分别为73.02%、71.86%、78.59%，而常规热解三种气体总和分别为69.97%、70.88%、63.77%，CO_2、C_nH_m的含量变化不大。微波快速加热时，挥发分在短时间内大量逸出，生成的气体来不及从反应器中及时排出，提高了反应器中的气体分压，在高温隔绝氧气的条件下，CO_2、CH_4与水蒸气、C之间会发生相互反应，导致H_2和CO含量增加。常规加热时物料温度上升速度较慢，挥发分的析出速度较慢，产生的煤气可以及时从反应器中排出，生成的 H_2 和 CO 含量不会产生大的变化。

表 3-17　不同热解方式下三种煤的热解煤气组成

单位：%（体积分数）

气体组成	MWP			CP		
	JFG	SJC	WJG	JFG	SJC	WJG
H_2	41.87	42.49	39.48	30.20	37.60	39.88
CO	14.58	13.50	14.00	12.00	11.30	7.18
CH_4	16.30	15.87	25.11	21.77	21.98	16.71
CO_2	3.92	4.50	6.54	5.41	4.25	3.93
C_nH_m	1.97	1.85	3.13	2.77	2.62	2.51
H_2+CO	56.45	55.99	53.40	42.20	48.90	47.06

3.4.3.2　热解过程气体产物的析出

微波热解及常规热解过程中气体析出情况如图 3-15 所示。微波热解 3min 左右就开始有气体析出，而常规加热则需 15min 左右，说明微波加热的升温速率远大于常规加热。在两种加热方式下，三种煤热解气体中各主要成分均具有类似的析出规律。

随着时间延长，热解气中 CO 的含量逐渐增大，微波热解在 2min 左右出现第一个峰值，15min 左右出现第二个峰值。常规热解的第一个峰值出现在 25min 左右，第二个峰值出现在 45min 左右。两个峰值对应的煤料温度约为 600℃与 800℃左右。

CO 的释放是煤中含氧官能团热分解的结果，含氧官能团主要有羧基、酚羟基、甲氧基和醚键以及含氧杂环，它们断裂、分解会生成 CO。羰基在 400℃左右即可发生裂解反应，而酚羟基的脱除一般在 700℃以上，煤中醚键、醌氧键等含氧杂环中一些结合牢固的氧在高温下裂解也可能产生 CO。三种煤的氧含量均在 11%左右，出现这种现象可能说明低变质煤中含有较多的酚羟基。但比较奇怪的是，SJC 的析出曲线与 WJG、JFG 有明显的不同，热解结束时 SJC 微波热解气中 CO 含量只有 5%左右，常规热解将近 10%，而 WJG、JFG 两种热解气中 CO 含量均在 20%左右。SJC 煤中氢含量较高，热解结束时气体中氢气含量高达 70%，这就造成了 CO 相对含量较低。

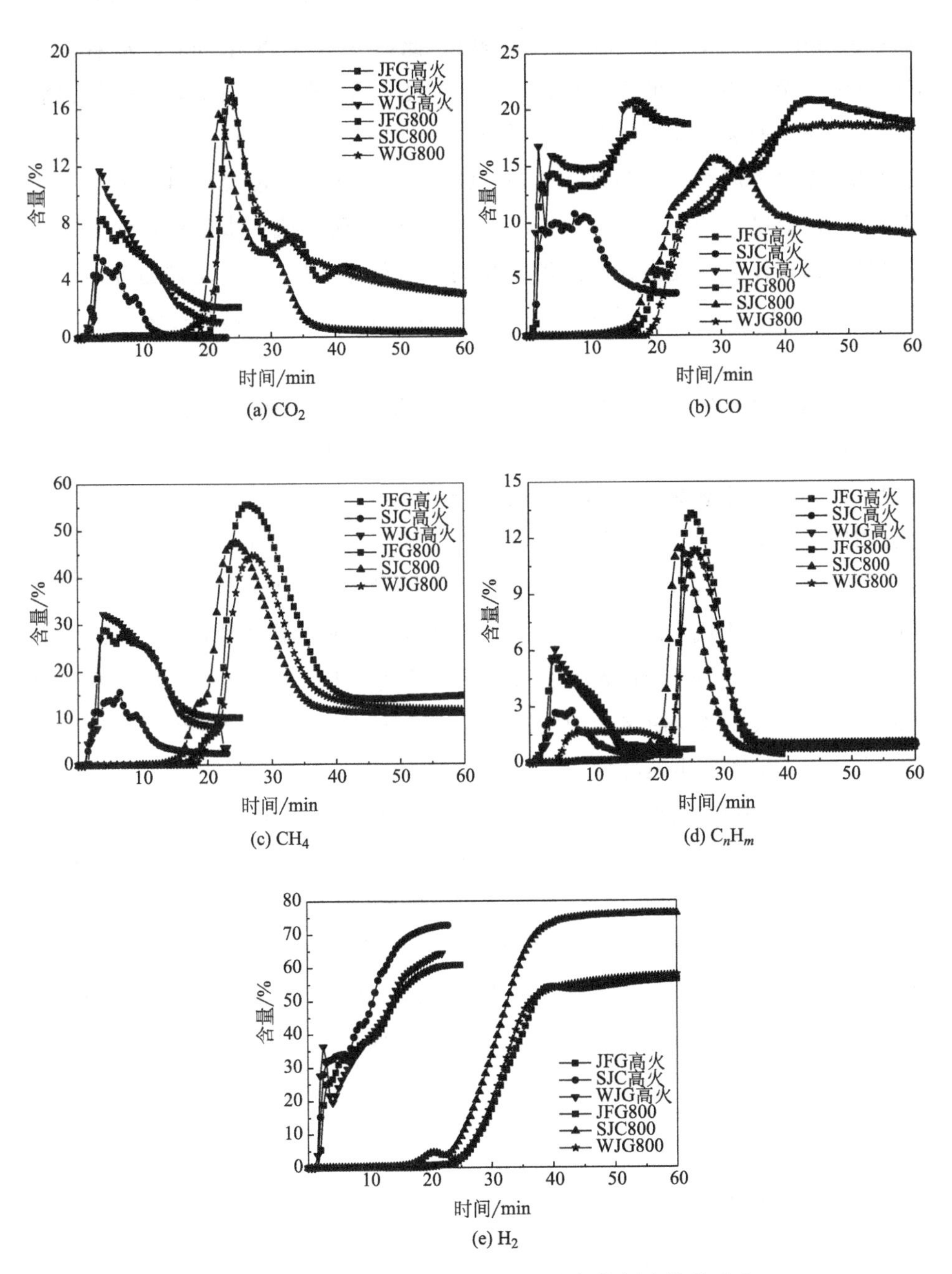

图 3-15　微波热解与常规热解过程中气体析出情况对比

随着热解时间延长热解气中CO_2含量均呈现先增后减的趋势，峰值分别出现在3min（微波）和25min（常规），此时对应温度在600℃左右。在400～600℃范围内煤中的脂肪烃、部分芳香烃之间的弱键及醚键，羧基等含氧官能团会发生断裂，断裂的羧基一部分以CO的形式逸出，还有一部分与煤中的氧原子结合形成CO_2。另外在6min（微波）、30min（常规）出现一个小的波动，此时温度在700℃左右，CO_2主要来自煤中醚、醌和煤中稳定含氧杂环的分解。值得注意的是，SJC热解结束时，气体中CO_2含量均趋近于0，而WJG、JFG则在3%～4%之间，主要可能与CO_2、CH_4在热解过程中的二次反应有关。

随着热解时间延长，CH_4与烃类物质的含量首先急剧增加，随后又快速下降，峰值分别出现在3min（微波）和25min（常规），对应温度均为600℃。一般来说，CH_4主要来源于煤大分子结构中的大量侧链、支链，而—CH_3大多在脂肪烃侧链上，由于碳氢化合物中支链与—CH_3相连的C—C键能较弱，约为251.0～284.7kJ/mol，热稳定性较差，在较低温度时脂肪烃侧链的—CH_3就会断裂生成CH_4。温度升高时，甲烷的产率与煤中脂肪—CH的含量对应，随着脂肪—CH含量增加，CH_4的产率也增加。C_2～C_3主要来源于芳环脂肪侧链断裂以及煤游离相中脂肪烃的自由基裂解，所需温度较低，热解早期析出就达到最大并迅速降低。

H_2浓度随热解时间延长逐渐增大，微波热解在3min以前增加得极快，随后逐渐放缓，常规热解在20min以前析出极少，随后大量析出，35min左右时不再发生明显变化。热解结束时SJC热解气中H_2含量可达到70%左右，而WJG、JFG只有60%。温度较低时，氢化芳香结构脱氢、煤中C与H_2O的反应以及CO与H_2O的反应均可导致生成H_2。温度较高时，H_2主要是后期缩聚反应生成的，环数较小的芳环变成环数更大的芳环，释放出氢气。由此说明，这三种煤中芳香结构含量较多，微波加热对氢的析出没有明显的影响。

3.4.3.3 焦油组分的GC-MS分析

在微波功率800W、加热时间20min及常规加热温度800℃、加热时间1h条件下进行JFG的热解实验。焦油采用气相-质谱联用技术分析，结果如图3-16与表3-18所示。由图3-16可以看出，MWP焦油中苯类、芳香烃和酚类化合物的含量均高于 CP，而烷烃和烯烃类化合物含量则有所减少。微波场中加热速率较快，物料在高温区停留的时间较长，产生的焦油容易发生二次裂解，导致烷烃和烯烃类化合物含量大幅度减少，而具有重要化工应用价值的苯类、芳香烃类和酚类物质含量则有所增加。

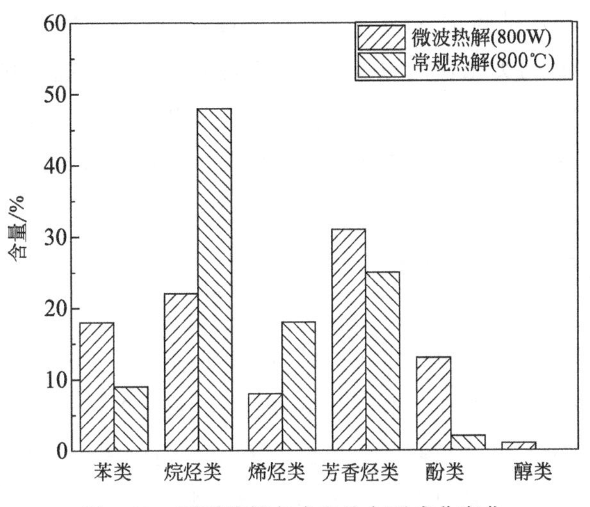

图 3-16　不同热解方式焦油主要成分变化

表 3-18　不同热解方式焦油中碳原子分布　　单位：%

碳原子数	MWP	CP	碳原子数	MWP	CP	碳原子数	MWP	CP
C_5	0	1.075	C_{11}	6.465	2.442	C_{21}	2.634	8.709
C_6	3.966	0	C_{12}	5.643	1.938	C_{22}	3.683	7.517
C_7	12.059	2.208	C_{13}	4.039	4.877	C_{23}	4.134	6.429
C_8	7.525	2.210	C_{14}	0.900	4.440	C_{24}	4.698	4.364
C_9	3.65	1.254	C_{15}	4.963	1.360	C_{25}	0	5.270
C_{10}	9.221	0.614	C_{16}	3.073	8.030	$C_{>25}$	0	2.833
			C_{17}	4.869	6.412			
			C_{18}	11.862	4.177			
			C_{19}	3.029	7.536			
			C_{20}	1.481	16.303			
$C_5 \sim C_{10}$	36.421	7.361	$C_{11} \sim C_{20}$	46.324	57.515	$C_{>20}$	15.149	35.122

由表 3-18 可以看出，微波热解焦油中 $C_5 \sim C_{10}$ 类物质含量远大于常规热

解，而常规热解 $C_{>20}$ 的重质组分几乎是微波热解的一倍，这说明微波加热有利于热解焦油轻质化。

陕北低变质煤的微波热解具有极快的升温速率，物料温度达到800℃只需要3min，而常规热解则需要35min，最大升温速率是常规热解的20倍。微波热解过程固体焦收率减小，而焦油和煤气收率比常规热解高约3%～5%，热解气中 H_2 和CO含量高达55%以上，但 CH_4 含量有所减少。微波热解焦油中苯类、芳香烃和酚类化合物的含量均高于常规热解，而烷烃和烯烃类化合物含量有所降低。焦油中 C_5～C_{10} 类物质含量是常规热解的5倍左右，说明微波热解有利于焦油轻质化，有利于热解焦油进一步深加工与利用。

3.5 液化残渣的常规热解

一般认为煤直接液化残渣（DCLR）由重质油、沥青烯和前沥青烯以及未反应完的原煤和矿物质组成，本节采用GB/T 2292—2018《焦化产品甲苯不溶物含量的测定》的方法对其索氏组成进行测定，同时采用热重-红外联用分析仪（TG-FTIR）研究了常规热解过程及气体产物的析出特征，并将实验结果与随后的微波热解及产品析出特征进行对比分析[30～32]，以期为陕北低变质煤直接液化残渣的综合利用提供帮助。

3.5.1 液化残渣的索氏萃取实验

取小于60目的石英砂、定量滤纸和脱脂棉分别在甲苯中浸泡24h以上，烘干备用。将滤纸制作为直径为25mm的滤纸筒，放入约10g石英砂，置于称量瓶中在115℃干燥至恒重，然后称取样品1g（精确至0.0001g）于滤纸筒中，充分搅拌混合均匀。将装有120mL甲苯的烧瓶置于加热套内，把滤纸筒放入索氏抽提器的抽提筒内，并高于回流管约2cm，沿滤纸筒内壁加入30mL甲苯，接通冷凝器开启冷凝水。打开加热套电源，升温萃取，控制甲苯萃取速度为1min/次，直至抽提管内溶液清澈即可停止加热。待冷却至室温后，取出滤纸筒放置于通风橱内，待甲苯挥发后，将称量瓶和盖子一起置于真空干燥箱内干燥2h，取出冷却至室温后称量，至连续两次质量差不超过0.001g。甲苯不溶物（TI,%）计算式(3-2)如下：

$$TI=\frac{m_2-m_1}{m}\times\frac{100}{100-M}\times 100 \qquad (3\text{-}2)$$

式中，m_2 为称量瓶、滤纸筒和甲苯不溶物的质量，g；m_1 为称量瓶和滤纸筒的质量，g；m 为煤焦油试样质量，g；M 为煤焦油的水分含量，%。

依次采用正己烷、甲苯、四氢呋喃对液化残渣进行索氏抽提，产物分别为正己烷可溶物-重油（HS）、正己烷不溶甲苯可溶物-沥青烯（A）、甲苯不溶四氢呋喃可溶物-前沥青烯（PA）和四氢呋喃不溶物（THFIS）。索氏萃取分离工艺流程如图 3-17，萃取结果如表 3-19 所示。

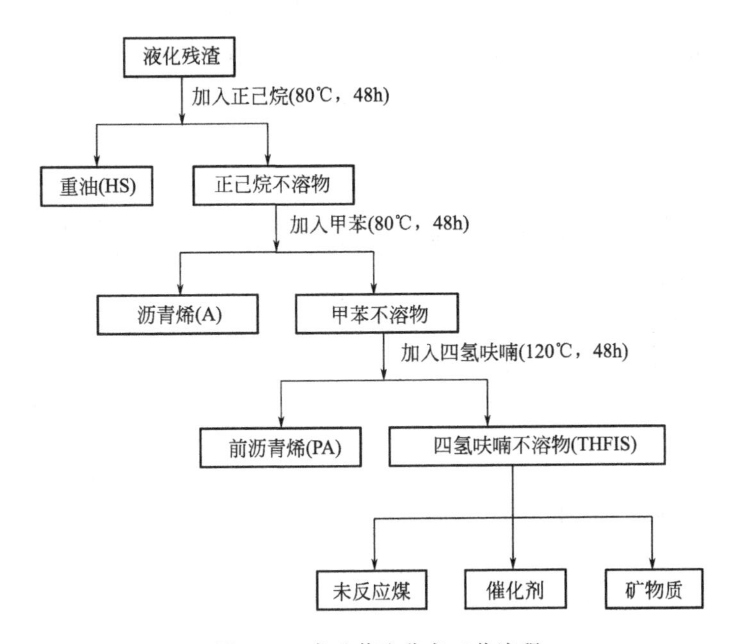

图 3-17　索氏萃取分离工艺流程

表 3-19　液化残渣四组分含量　　单位：%

实验	HS	A	PA	THFIS
1组	24.43	32.72	10.51	32.34
2组	27.59	27.44	9.32	35.65
平均值	26.01	30.08	9.92	34.00

从表 3-19 可看出，DCLR 中重质油平均含量为 26.01%，沥青烯为 30.08%，前沥青烯为 9.92%，四氢呋喃不溶物含量为 34.00%。不同的溶剂

对沥青烯和前沥青烯的萃取主要取决于其酸碱组分中的氢键强度。前沥青烯的热稳定性大于沥青烯，其不溶于正己烷是由于溶质、溶剂间的氢键强度较弱，而沥青烯通过酸碱组分之间的氢键形成若干分子的集合体从溶液中析出。沥青烯可溶于甲苯是因为苯环上 π 电子与酸性组分之间通过电荷转移方式形成的氢键强度较高，可使酸性组分溶剂化。

3.5.2 常规热解过程分析

DCLR 的 TG-DTG 曲线如图 3-18，DSC 曲线如图 3-19 所示。DCLR 和固体焦的红外光谱分析如图 3-20，热解气的红外谱线如图 3-21 所示。

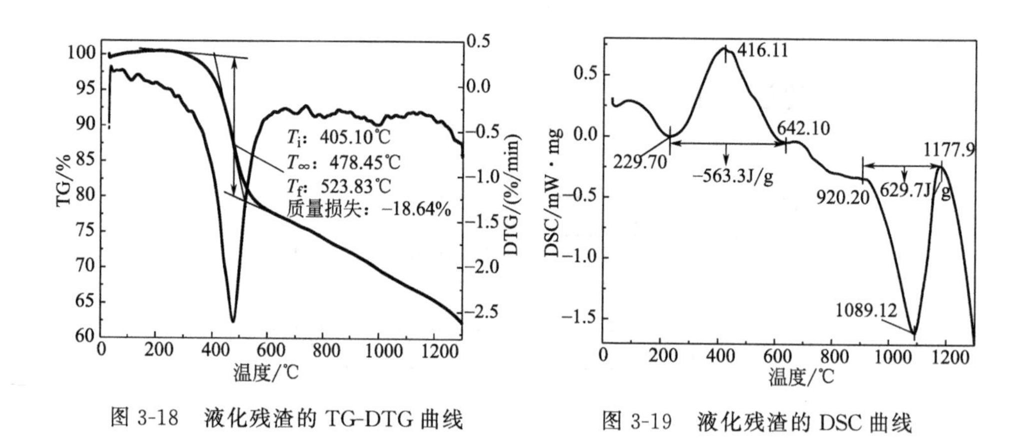

图 3-18 液化残渣的 TG-DTG 曲线

图 3-19 液化残渣的 DSC 曲线

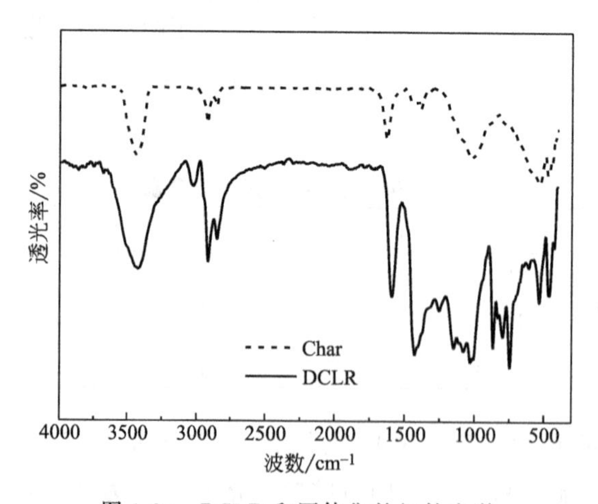

图 3-20 DCLR 和固体焦的红外光谱

由图 3-18 可知，DCLR 的起始反应温度 T_i 为 405.10℃，最大失重速率为 2.90%/min，对应温度 T_∞ 为 478.45℃，反应终止温度 T_f 为 523.83℃，对应的失重率为 18.64%。结合图 3-19，DCLR 的常规热解过程可以分为三个阶段，第一阶段在 405.10℃以前，主要为干燥脱气过程，失重不是很明显。第二阶段为 405.10～523.83℃，DTG 曲线在 478.45℃出现一个最高峰，失重速率最大值为 2.62%/min，主要是 DCLR 中高沸点油和沥青质等有机质发生热分解造成的。523.83℃至反应结束为第三阶段，失重曲线呈缓缓下降趋势，失重量约占总失重的 50.55%，主要发生的是 DCLR 中一些有机质的热解、无机矿物质的分解以及焦的缩聚反应。405.10℃以前失重不是很大，但 DSC 曲线显示有吸热反应发生，这可能是由于 DCLR 发生了软化熔融。920.20～1177.9℃范围内出现了强烈的吸热峰，可能与矿物质的分解有关。

由图 3-20 可以看出，3420cm^{-1} 附近—OH 伸缩振动吸收峰强度减小是由于热解过程中裂解为·OH，形成了 H_2O 分子。2500～1900cm^{-1} 范围内没有明显的吸收峰，说明没有三键或者累积双键的伸缩振动，3026cm^{-1} 处为—CH 与芳环上—CH 的伸缩振动，热解后吸收峰基本消失，—CH 键断裂产生了 CH_4。2917.74cm^{-1} 与 2851.39cm^{-1} 处归属于—CH_2—、—CH_3 的不对称与对称伸缩振动。1600cm^{-1} 处为—C═C—的伸缩振动，1429.03cm^{-1} 为饱和—CH 与芳环骨架的伸缩振动，热解后吸收峰强度明显下降，分子量相对较小的芳环结构发生了加氢反应，使得芳香碳含量大幅减少。1255.17～780cm^{-1} 区间出现两条以上的吸收带，热解后强度明显下降，说明醚键发生了裂解。1300～400cm^{-1} 区间为指纹区，为 X—C（X 不为 H）键的伸缩振动及各类弯曲振动，主要是由不同取代芳环中 C_{ar}—H 的变形振动以及灰成分中的无机矿物质所造成的。

由图 3-21 可以看出，4000～3500cm^{-1} 附近为游离—OH 的伸缩振动，3500～3000cm^{-1} 为不饱和—CH 的伸缩振动，2400～2100cm^{-1} 为 —C≡C—和累积双键的不对称伸缩振动，1900～1500cm^{-1} 为—C═O 和—C═C—的伸缩振动。图 3-21(a) 中 1477s 时温度为 402℃，对应的是液化残渣热解的第一阶段，以干燥脱气为主。随着温度上升，热解产生的水蒸气含量逐渐增大。由图 3-21(b)、图 3-21(c) 可看出，第二阶段开始产生的少量水分，可能是液化残渣中交联物质热解产生的。图 3-21(a)、图 3-21(b) 及图 3-21(c) 中 2350cm^{-1} 附近为 CO_2 的特征吸收峰，随着热解过程的进行，气体产物中 CO_2 的吸收峰强度逐渐增大，说明 CO_2 的释放伴随着整个热解过程。图 3-21(b)、

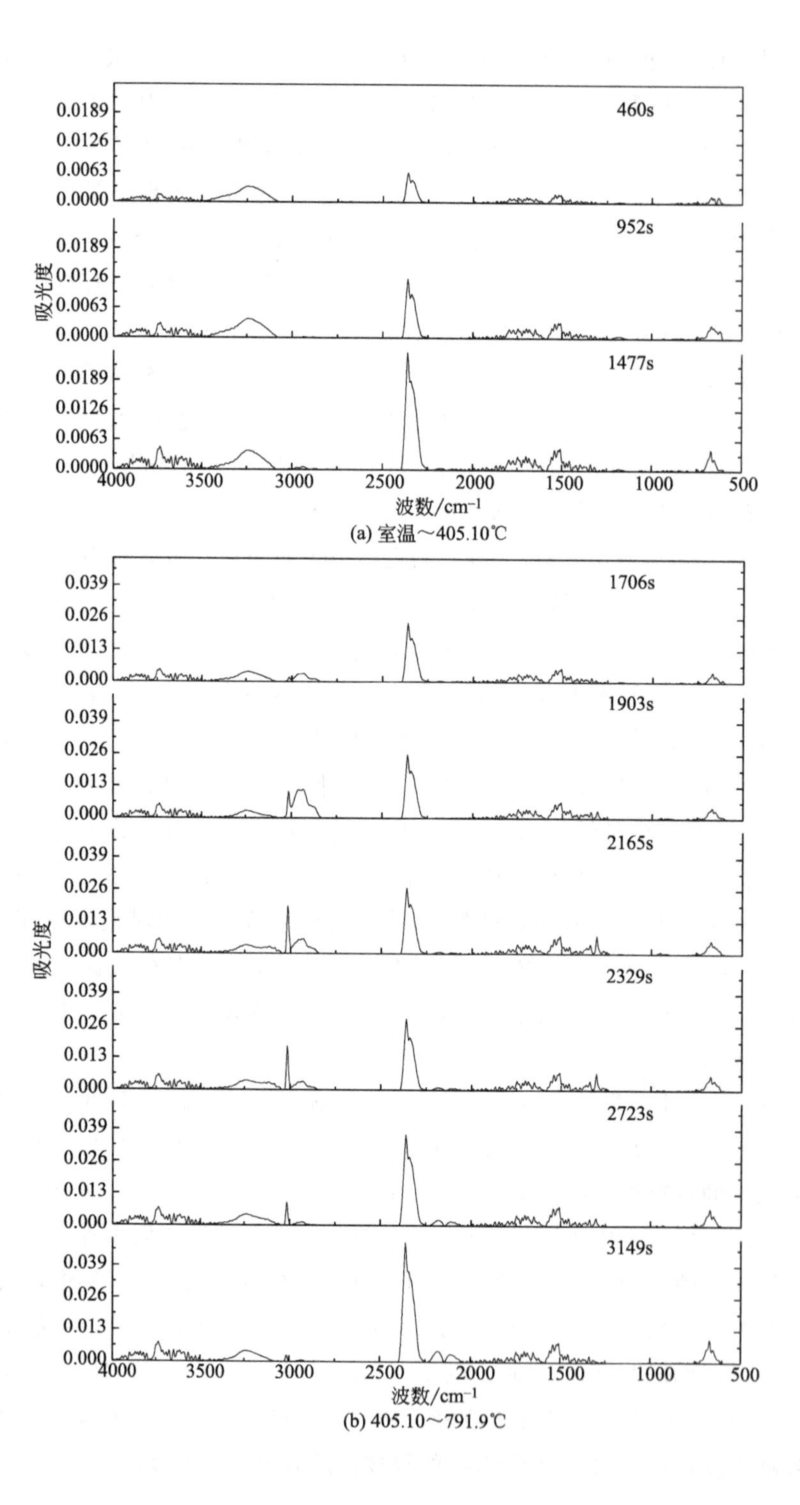

(a) 室温～405.10℃

(b) 405.10～791.9℃

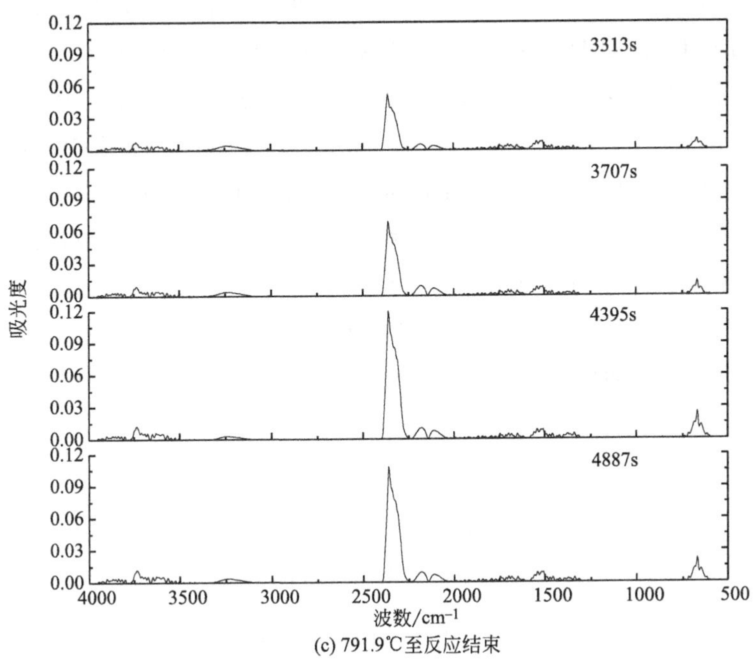

(c) 791.9℃至反应结束

图 3-21　不同时间段释放气体产物的红外光谱

图 3-21(c) 中 2180cm^{-1} 附近为 CO 的特征吸收峰，而图 3-21(a) 并没有出现，说明 CO 的释放在 402℃以前并没有发生，主要集中于热解的高温阶段。CO_2 的释放是含氧杂环或—O—C═O 的含氧基团断裂、分解造成的，其收率主要与其羧基、羰基及其他含氧官能团的含量有关。但是，DCLR 中羧基在煤液化过程中基本被脱除，以 CO_2 形式脱除的氧约占总脱除量的 30%，说明热解过程的 CO_2 主要来自羰基或其他含氧官能团，并不是羧基的分解。CO 的释放主要是羧基、酚羟基、甲氧基、醚键以及含氧杂环等含氧官能团的断裂、分解所造成的，液化过程中煤中含氧官能团已经脱除了一部分，因此热解过程产生的 CO 并不是太多。CO 和 CO_2 的生成反应如式(3-3)～式(3-5)（以下反应式中 Ph·代表芳香基，R·代表烷基）。

$$\longrightarrow CO + Ph\cdot \tag{3-3}$$

$$\longrightarrow CO + R\cdot \tag{3-4}$$

$$\longrightarrow CO_2 + Ph\cdot \tag{3-5}$$

图 3-21(b)、图 3-21(c) 中 1340cm^{-1} 附近为 SO_2 的特征吸收峰，气相产物中少量的 SO_2 来自 DCLR 中硫酸盐的热分解，SO_2 的释放在 530℃左右达到最大，之后逐渐减少。图 3-21(b) 中 3010cm^{-1} 附近为 CH_4 和芳烃—CH 的特征吸收峰，而图 3-21(a) 与图 3-21(c) 中并没有观察到，说明 CH_4 的释放主要来自热解的第二阶段。CH_4 含量通常随着脂肪—CH 含量增加而增大，热解后期由于残留物的缩聚反应，含有的脂肪—CH 数量减少，释放出的 CH_4 逐渐减少。图 3-21(a)、图 3-21(b) 中 3000～2800cm^{-1} 附近为饱和—CH 的伸缩振动，说明焦油的产生主要在热解的第二阶段，温度范围为 458.4～791.9℃，热解后期产生的焦油极少。CH_4 的生成反应如式(3-6) 和式(3-7) 所示。

$$\text{(butylbenzene)} \longrightarrow CH_4 + Ph\cdot \tag{3-6}$$

$$\text{(ester chain)} \longrightarrow CH_4 + R\cdot \tag{3-7}$$

图 3-22 为热解终温对氢气析出量的影响曲线。随着热解温度升高，氢气的析出量逐渐增大，900℃时热解气中 H_2 含量为 62.64%。DCLR 热解的整个过程均伴随着 H_2 的生成，低温阶段氢化芳香结构脱氢、C 与 H_2O 的反应均可生成 H_2，高温阶段 H_2 的产生主要归因于 DCLR 中芳香结构的缩合脱氢。

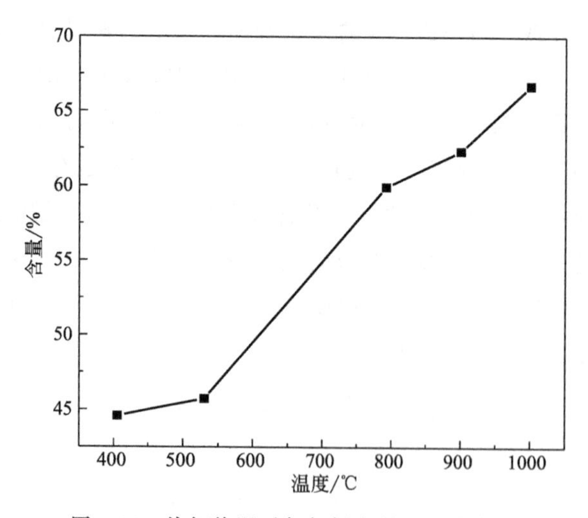

图 3-22　热解终温对氢气析出量的影响曲线

3.5.3 热解温度对热解过程的影响

取热解终温为500℃、600℃、700℃、800℃及900℃进行实验，热解产品收率与煤气组分如表3-20、表3-21，固体焦与焦油的红外谱线如图3-23、图3-24，焦油的GC-MS分析结果如图3-25、表3-22及表3-23所示。

表3-20 不同热解终温时热解产品收率

热解产品	收率/%				
	500℃	600℃	700℃	800℃	900℃
固体焦	87.25	86.06	84.35	82.74	79.00
焦油	8.63	9.59	10.78	12.45	14.76
煤气	4.12	4.35	4.87	4.81	6.24

从表3-20可知，随着热解终温升高，固体焦收率逐渐降低，而焦油与煤气收率则逐渐增大，500～900℃焦油收率增加了6.13%。热解终温是影响热解反应程度的决定性因素，温度越高，挥发分析出得越彻底，固体焦收率越低。另外，高温可以加强DCLR中芳香类物质的裂解与挥发分的二次裂解作用，导致焦油和气体产物增加。

表3-21 不同热解终温时煤气的组分

温度/℃	煤气组成/%(体积分数)				
	CO_2	CO	CH_4	C_nH_m	H_2
500	0.56	0.83	10.86	3.66	45.65
600	0.75	1.45	11.05	2.66	49.73
700	0.75	2.77	11.36	1.95	53.26
800	0.60	3.49	11.64	1.74	60.94
900	0.75	3.52	11.67	1.90	62.64

从表3-21可以看出，随着热解终温升高，热解气中CO_2含量有小幅上升，CO、CH_4和H_2含量逐渐增大，C_nH_m含量则逐渐降低。H_2的大量析出在600℃左右，温度越高，析出量越大。CO_2和CO含量增加说明温度升高DCLR中含氧官能团的裂解反应有所增强，热解程度加深，固体焦收率减小。

图3-23中3440.55cm^{-1}附近宽而强的吸收峰为羟基的伸缩振动，羟基特征峰向高波数段位移说明DCLR中羟基缔合程度较大，随着温度升高其吸收强度逐渐降低。1637.35cm^{-1}附近吸收峰强度明显下降，说明温度升高有利于

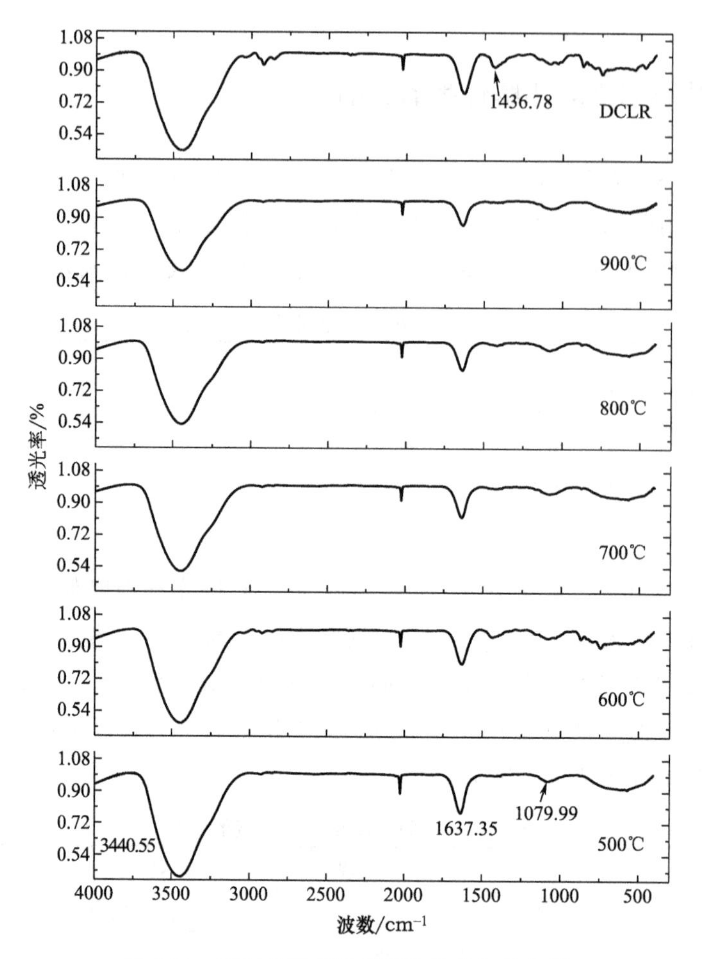

图 3-23　不同热解终温时固体焦的红外光谱

—C═C—官能团裂解生成焦油等小分子物质。1436.78cm^{-1} 左右为饱和—CH、不饱和—CH 弯曲振动和芳环骨架振动及伸缩振动，1079.99cm^{-1} 附近出现的特征峰为—CO 的伸缩振动。3000～2500cm^{-1} 处的吸收峰为—CH_2—和—CH_3 的不对称伸缩振动和对称伸缩振动，当温度为 500℃时已完全消失，主要是 DCLR 中—CH_2—和—CH_3 官能团发生裂解反应生成了 CH_4。

图 3-24 中 3777.98～3022.06cm^{-1} 处是—OH 的吸收峰，宽而强的吸收峰是酚以二聚体或多聚体形式存在而引起的。1633.49cm^{-1} 附近为—C═C—的吸收峰，1106.99cm^{-1} 附近的—CO 伸缩振动吸收峰强度先增大后减小，说明当温度大于 600℃时，焦油中—CO 发生裂解反应生成了 CO、CO_2 等小分子

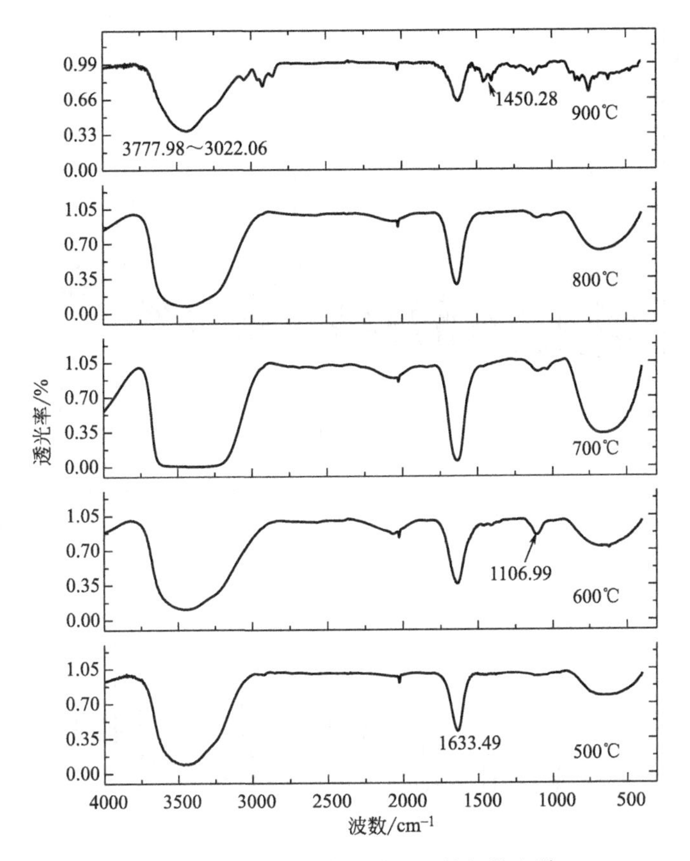

图 3-24　不同热解终温时焦油的红外光谱

产物。1300～400cm^{-1} 为指纹区，主要为 X—C（X 不为 H）键的伸缩振动及各类弯曲振动（—NH_2 面内弯曲振动除外）。随着热解温度升高，焦油中—OH、—C═C—和各类伸缩振动和弯曲振动特征吸收峰强度逐渐增强。3000～2500cm^{-1} 处出现了饱和—CH 的特征吸收峰，1450.28cm^{-1} 附近为饱和与不饱和—CH 弯曲振动吸收峰，常规加热升温速率比较小，不利于焦油快速析出，高温促进了焦油的二次热解，使得脂肪类化合物含量增加。

利用 GC-MS 对 500℃、700℃和 900℃时产生的焦油进行测试，结果如图 3-25 所示。GC-MS 一般能检测沸点为 300℃以下的有机化合物，采用石油醚先对样品进行萃取，萃取不溶物主要为沥青和少量的灰分。称取焦油 5g 与 50mL 石油醚（沸点为 60～90℃）放入锥形瓶中，超声萃取 30min，萃取液置于旋转蒸发器中进行蒸馏。500℃时焦油萃取率为 36.14%，700℃时为 60.80%，900℃时为 62.00%。

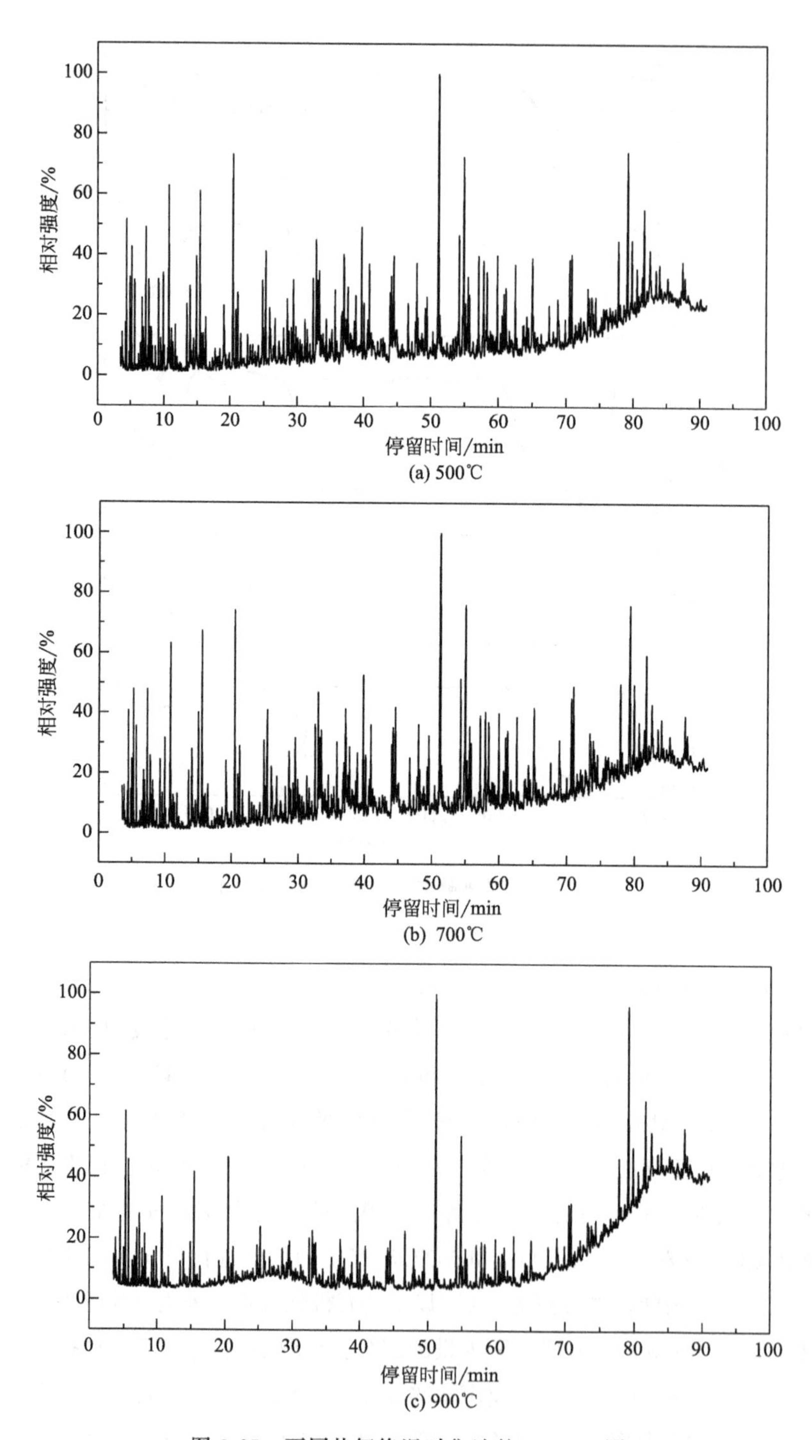

图 3-25 不同热解终温时焦油的 GC-MS 图

由表3-22、表3-23可知，焦油萃取组分中芳香类物质含量在80%左右，而烷烃类物质含量为8%～11%，酚类物质约占5%～6%，还有少量的烯烃类和醇类物质。脂肪烃类化合物含量随温度升高而增大，由500℃升至900℃其含量增加了2.83%。焦油中重质油含量随着温度升高逐渐降低，热解温度越高，焦油停留时间越长，发生二次热解的概率越大，导致热解焦油中沥青质含量逐渐降低，轻质组分（$C_{4\sim10}$）与中质组分（$C_{11\sim19}$）含量增大。

表3-22 不同热解终温时焦油的组成

热解温度/℃	脂肪烃类/%			芳香烃类(含苯环)/%	酚类/%	醇/%	酮/%	其他/%
	烷烃类	烯烃类	其他					
500	9.23232	0.46242	0.05530	80.92449	6.85212	0.35279	0.53059	1.58998
700	8.21357	0.46691	0.32418	82.21689	6.08913	0.71201	0.50884	1.46846
900	10.87236	0.96164	0.74953	79.12653	5.42979	0.43175	0.97942	1.44895

表3-23 不同热解终温时焦油组分的碳原子数分布

C原子数	碳原子数分布/%		
	500℃	700℃	900℃
C_4	0.06963	0.06491	—
C_6	2.01955	1.89724	2.96741
C_7	2.88654	3.03514	2.83212
C_8	4.78223	6.01984	4.73387
C_9	4.93552	5.98868	7.52142
C_{10}	5.38382	5.51814	5.88442
$C_{4\sim10}$合计	20.07729	22.52395	23.93924
C_{11}	4.36712	7.06199	5.31232
C_{12}	3.77454	3.93433	4.18988
C_{13}	2.67431	3.68145	4.03608
C_{14}	5.08261	8.22051	6.20371
C_{15}	2.44576	2.66021	2.80772
C_{16}	13.84223	12.05589	12.1551
C_{17}	7.31724	7.43552	7.40646
C_{18}	4.26367	2.18952	4.69732
C_{19}	0.86877	1.52365	4.72491
$C_{11\sim19}$合计	44.63625	48.76307	51.5335
C_{20}	5.16057	4.98901	2.37417
C_{21}	4.59142	6.14381	3.28942
C_{22}	13.34327	9.0753	9.79148

续表

C原子数	碳原子数分布/%		
	500℃	700℃	900℃
C_{23}	5.39492	4.15279	4.26715
C_{24}	3.25627	1.91597	2.51524
C_{25}	—	—	0.6276
C_{27}	0.0513	0.09418	0.09194
$C_{>30}$	2.62673	2.34193	1.4322
$C_{>20}$ 合计	34.42448	28.71299	24.3892

3.6 液化残渣的微波热解

3.6.1 微波热解的主要影响因素

3.6.1.1 原料粒度

设定微波功率为1600W、加热时间30min、冷凝温度为0℃，选取粒度≤0.63mm、0.63～2.8mm、2.8～5mm、5～12mm及12～20mm的原料进行热解实验，产物收率变化如图3-26，煤气组成如表3-24，固体焦红外光谱如图3-27所示。

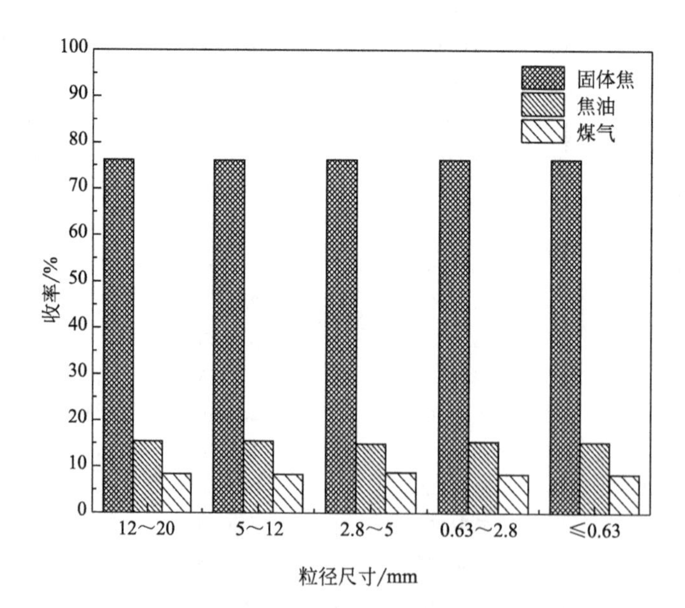

图3-26 不同粒度样品热解时产物收率分布

由图 3-26 可以看出，原料粒度变化并未对热解产品收率的分布产生太大的影响，固体焦、焦油、煤气收率分别为 76.00%、15.00%与 8.00%左右。

表 3-24　不同粒度热解时煤气组成

粒度/mm	热解煤气组成/%(体积分数)				
	CO_2	CO	CH_4	C_nH_m	H_2
12～20	0.80	3.91	12.43	2.37	64.62
5～12	0.90	3.97	11.34	1.90	66.29
2.8～5	0.93	2.07	12.32	2.76	65.62
0.63～2.8	0.74	3.16	11.86	1.83	67.75
≤0.63	0.81	2.24	11.25	1.71	66.43

表 3-24 结果表明，DCLR 粒度变化对煤气成分影响不是很大。热解煤气中 H_2 的含量最高，平均为 66.14%，$CO+CH_4+H_2$ 总量平均达到了 81.05%。

图 3-27 中 3427.06cm^{-1} 附近为—OH 的特征吸收峰，热解过程生成的羟

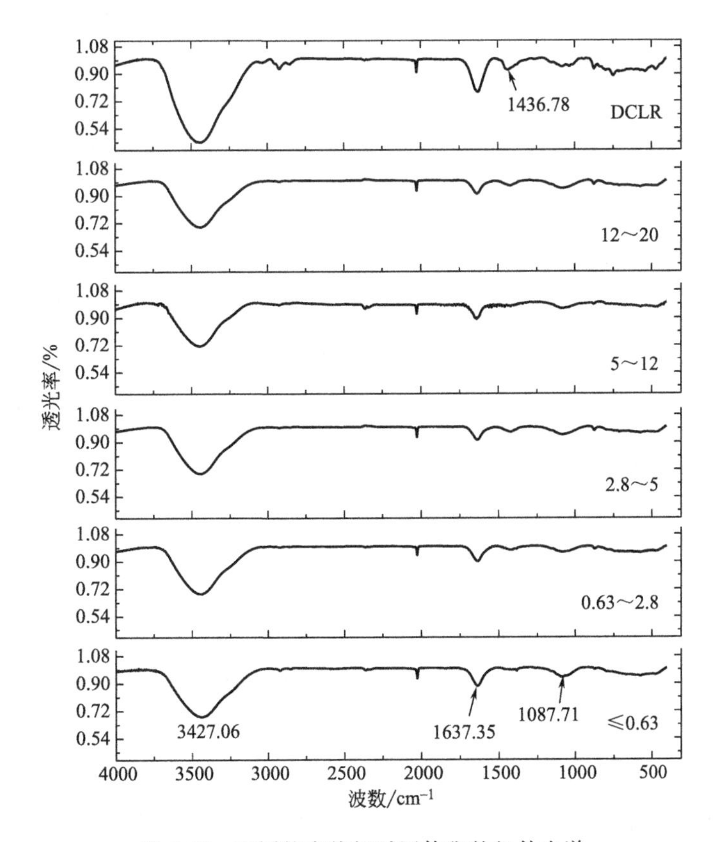

图 3-27　不同粒度热解时固体焦的红外光谱

基自由基与 H·结合形成 H_2O 分子，使得吸收峰强度明显降低。3000～2500cm^{-1} 出现的吸收峰为饱和的—CH 伸缩振动，1436.78cm^{-1} 附近为饱和与不饱和—CH 弯曲振动吸收峰，—CH 官能团热解生成 CH_4，使得吸收峰消失。1637.35cm^{-1} 附近的吸收峰强度明显下降，说明热解过程中—C ═C—官能团发生了裂解反应。1087.71cm^{-1} 处的吸收峰是由—CO 的伸缩振动引起的，1300～400cm^{-1} 为指纹区，主要是不同取代芳环中 C_{ar}—H 变形振动和矿物质的吸收峰。DCLR 是一种非牛顿型流体，随温度升高而逐渐变软，黏度降低，而且微波加热是由介质损耗而引起的体加热，加热温度均匀，因此粒度变化并不会对焦的结构造成明显的影响。

3.6.1.2 加热时间

选取加热时间分别为 20min、30min、40min 与 50min 进行实验，产物收率变化如图 3-28，煤气组成如表 3-25，固体焦与焦油的红外光谱分别如图 3-29、图 3-30 所示。

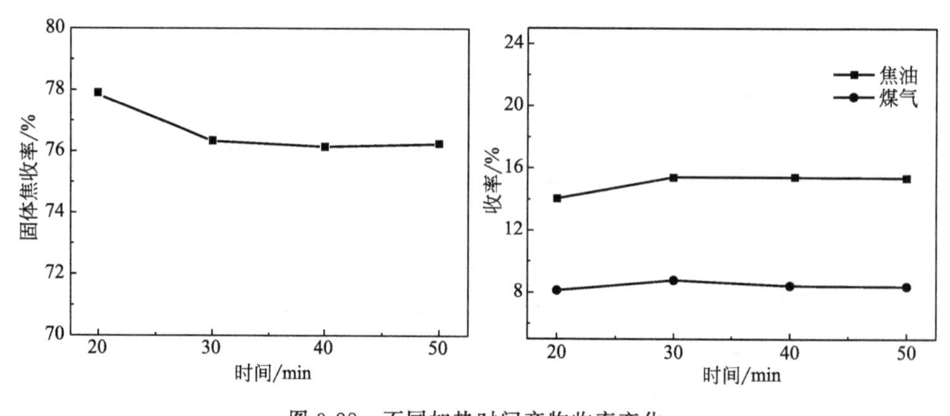

图 3-28 不同加热时间产物收率变化

由图 3-28 可知，随着加热时间延长，焦油收率逐渐增大，固体焦收率则逐渐减小，30min 以后各产物的收率基本保持不变，此时焦油收率为 15.42%。

从表 3-25 可以看出，随着加热时间延长，热解煤气中 CO、H_2 含量逐渐增大，而 C_nH_m 含量则逐渐降低，50min 时 H_2 含量达到了最大值 66.34%。

表 3-25　不同加热时间煤气组成

加热时间/min	热解煤气组成/%(体积分数)				
	CO_2	CO	CH_4	C_nH_m	H_2
20	0.74	2.49	11.26	2.37	64.03
30	0.81	2.59	13.23	2.33	65.69
40	0.89	3.13	13.22	1.95	66.25
50	0.94	4.43	13.26	1.88	66.34

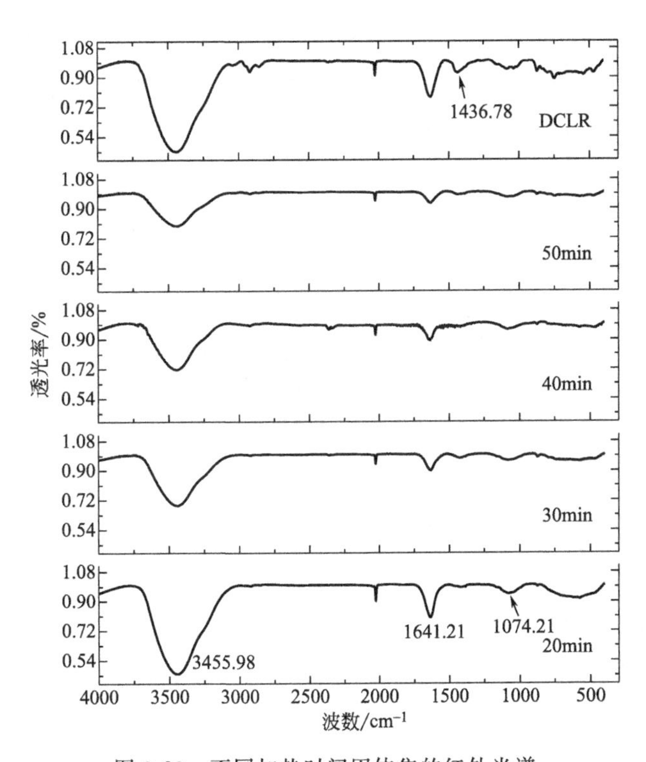

图 3-29　不同加热时间固体焦的红外光谱

由图 3-29 可以看出，随着加热时间延长，3455.98cm^{-1} 附近的羟基特征吸收峰强度逐渐降低，3000～2500cm^{-1} 附近饱和—CH 伸缩振动吸收峰在 20min 时已经消失。1641.21cm^{-1} 附近的吸收峰强度明显下降，说明热解过程中—C═C—官能团发生裂解反应产生了焦油和其他小分子物质。1436.78cm^{-1} 附近饱和与不饱和—CH 弯曲振动吸收峰在 20min 时已经消失。1074.21cm^{-1} 附近—CO 振动吸收峰强度随着加热时间延长逐渐降低，说明—CO 官能团发生

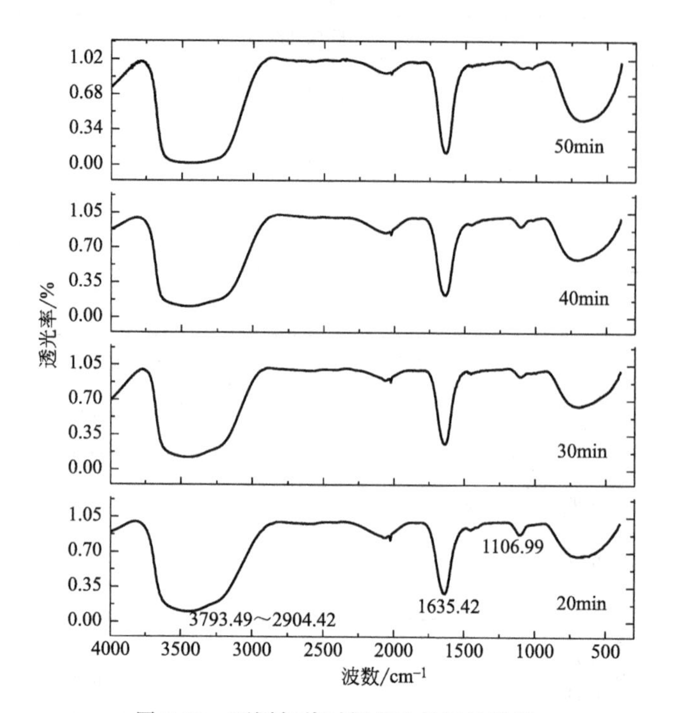

图 3-30 不同加热时间焦油的红外光谱

裂解反应生成了 CO、CO_2 等小分子物质。

图 3-30 中 4000～3500cm^{-1} 附近出现的特征峰为—OH 的伸缩振动，3500～3000cm^{-1} 为不饱和═C—H 的伸缩振动，1900～1500cm^{-1} 为—C═O 和—C═C—的伸缩振动，1300～400cm^{-1} 为指纹区，为 C—X（X 不为 H）伸缩振动及弯曲振动（—NH_2 面内弯曲振动除外），1106.99cm^{-1} 附近为—CO 官能团的吸收峰。3793.49～2904.42cm^{-1} 之间出现宽而强的吸收峰，说明焦油中含有的醇或酚以二聚体或多聚体形式存在。随着加热时间延长，3793.49～2904.42cm^{-1} 之间、1635.42cm^{-1} 附近和指纹区出现的特征吸收峰强度逐渐增大，焦油中的—OH、富氢化合物和不饱和官能团含量增大，说明加热时间延长有助于热解焦油轻质化。

3.6.1.3 微波功率

选择微波功率为 960W、1120W、1280W、1440W 和 1600W 进行热解实

验，产物收率随微波功率的变化结果如表3-26，煤气组分变化如表3-27，固体焦与焦油的红外光谱如图3-31、图3-32所示。

表3-26 不同微波功率热解时产物收率

热解产品	产物收率/%				
	960W	1120W	1280W	1440W	1600W
固体焦	91.14	82.44	77.23	76.91	76.15
焦油	4.12	11.26	12.79	13.61	15.42
煤气	4.74	6.00	9.98	9.48	8.43

从表3-26可知，DCLR微波热解过程中，微波功率由960W增大到1600W，固体焦收率减少了14.99%，而焦油收率则增加了11.30%。微波功率越大，升温速率越快，气体产物在反应器中停留时间越短，同时DCLR中芳香结构侧链的断裂和芳香稠环的裂解速度加快，失重率增加，固体焦收率降低。

表3-27 不同微波功率热解时煤气的组成

微波功率/W	热解煤气组成/%(体积分数)				
	CO_2	CO	CH_4	C_nH_m	H_2
960	0.67	0.97	10.93	3.23	64.29
1120	0.76	2.11	11.68	2.48	64.99
1280	0.87	2.44	12.44	2.37	65.53
1440	0.87	3.10	12.43	1.95	66.17
1600	0.89	3.13	13.23	1.95	66.25

由表3-27可知，随着微波功率增大，热解煤气中CO、H_2、CH_4的含量逐渐增大，而C_nH_m的含量则逐渐减小。微波功率越大，物料的升温速率越快，达到最高温度所需要的时间越短，物料处于较高温度下的时间越长，CO与H_2析出越彻底。另外，由于微波的热效应或者非热效应，气态烃在较高的温度下发生裂解，含量有所降低。

由图3-31可以看出，微波热解过程中DCLR的—OH基团、不饱和—C═C—基团及—CO官能团均发生了裂解反应，生成了焦油、H_2O、CO和CO_2等小分子物质，微波功率增大，焦油和煤气的产量增大。

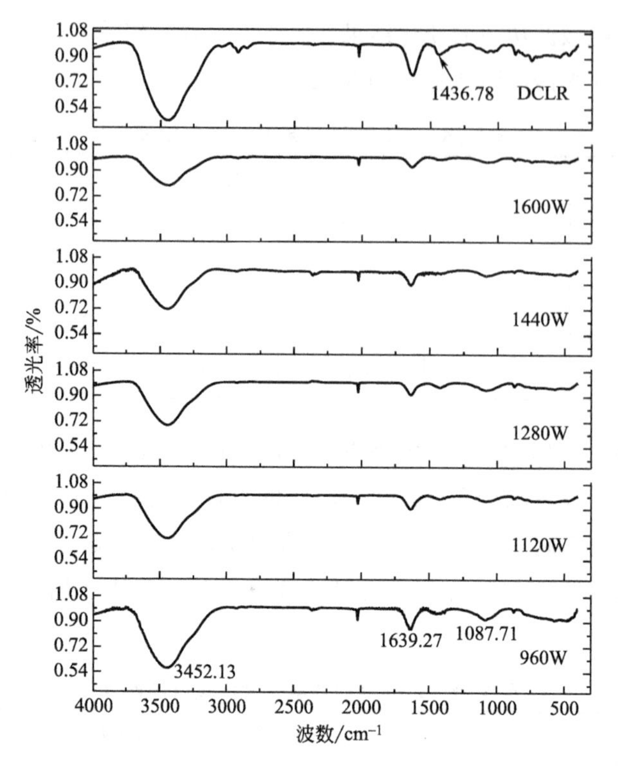

图 3-31　不同微波功率下固体焦的红外光谱

由图 3-32 可知，微波功率变化使得热解焦油的吸收峰发生了较大的变化。3752.99～2856.20cm^{-1} 附近的特征峰为—OH 伸缩振动、不饱和—CH 伸缩振动和饱和—CH 伸缩振动，1454.13cm^{-1} 附近为饱和与不饱和—CH 弯曲振动吸收峰。随着微波功率增大，—OH 吸收峰逐渐增强，而—CH 伸缩振动消失。1629.64cm^{-1} 附近—C ═C—的伸缩振动，1103.14cm^{-1} 附近—CO 的振动吸收峰以及 1300～400cm^{-1} 指纹区的—C—X（X 不为 H）键的伸缩振动及各类弯曲振动吸收峰强度随微波功率增大而逐渐增大，说明微波功率增大导致焦油中含有的不饱和键及含氧官能团含量逐渐增加，有利于焦油的进一步加工利用。

对微波功率为 960W、1280W 和 1600W 时的焦油进行 GC-MS 分析，石油醚萃取率分别为 49.34%、56.95%与 69.70%，结果如图 3-33、表 3-28、表 3-29 所示。

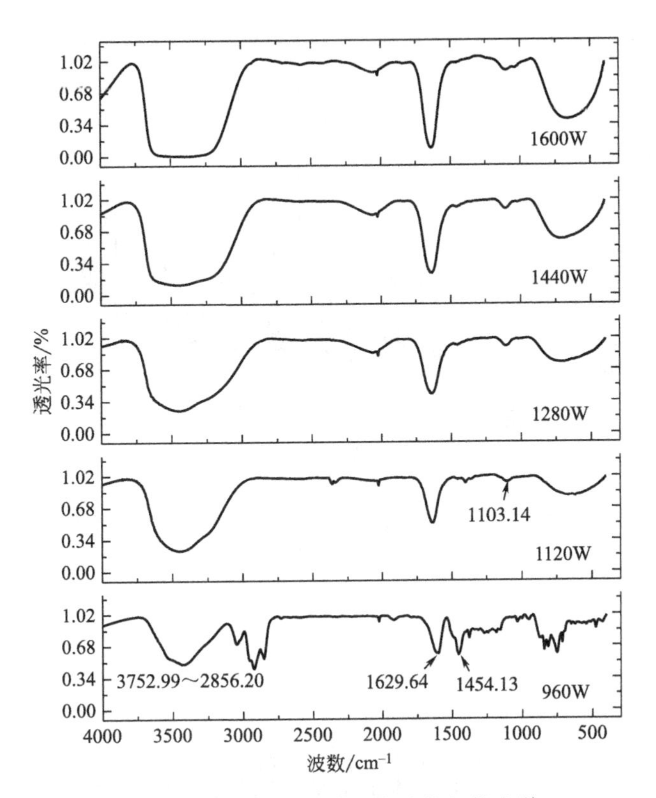

图 3-32　不同微波功率时焦油的红外光谱

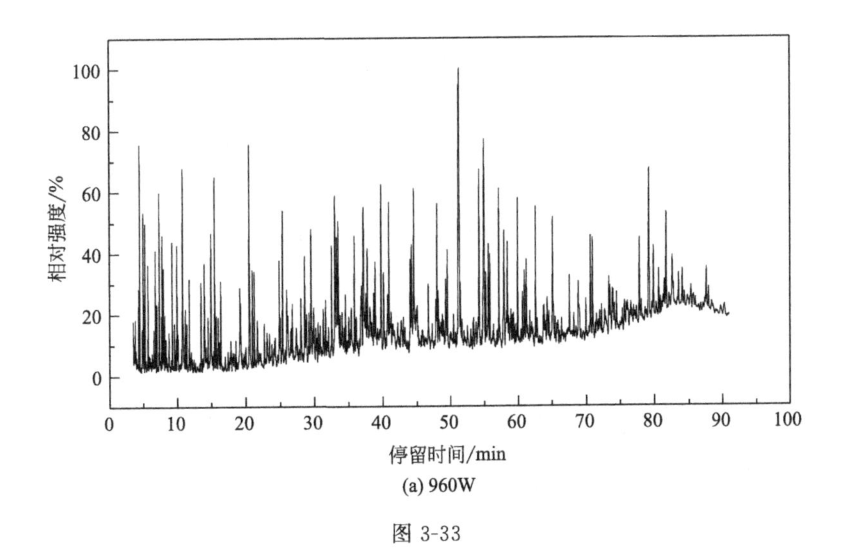

(a) 960W

图 3-33

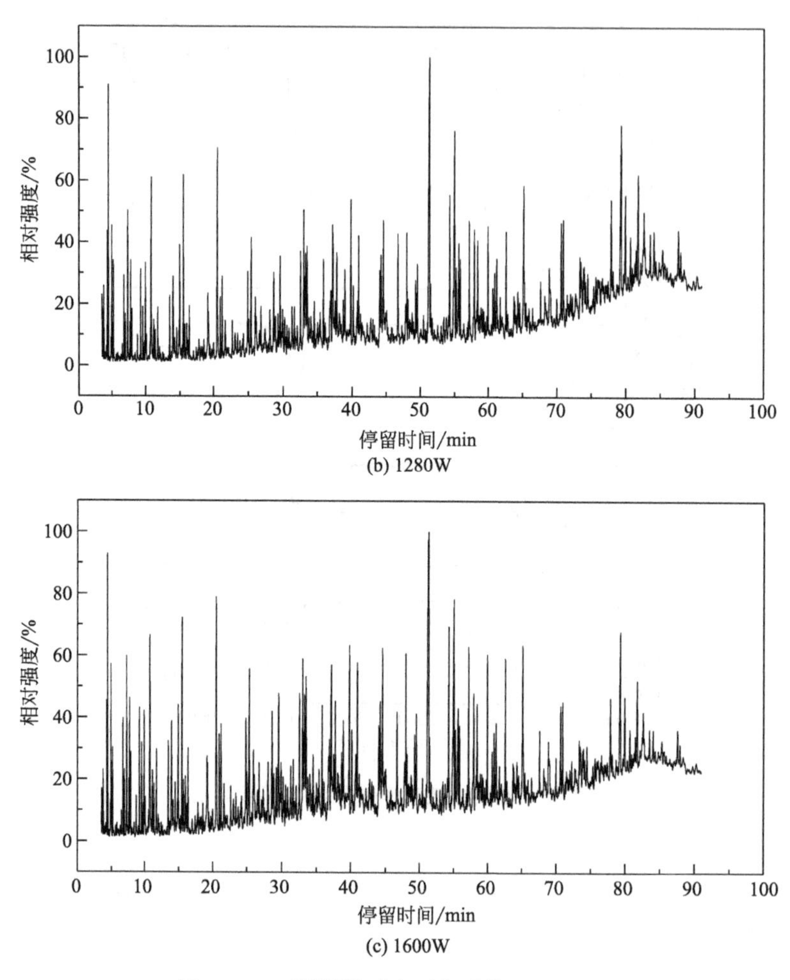

图 3-33　不同微波功率下焦油的 GC-MS 图

表 3-28　不同微波功率时焦油的组成

微波功率/W	脂肪类/%			芳香类(含苯环)/%	酚类/%	醇/%	酮/%	其他/%
	烷烃类	烯烃类	其他					
960	10.92711	0.44116	0.04101	80.61323	6.1206	0.18691	0.26049	1.40947
1280	8.39284	0.39159	2.06641	81.38448	5.43399	0.81463	0.18783	1.32829
1600	11.12953	1.31535	1.45084	78.24901	5.38592	0.79826	0.31476	1.35626

表 3-29　不同微波功率时焦油组分中不同的碳原子数占比

C 原子数	碳原子数占比/%		
	960W	1280W	1600W
C_6	2.03375	1.66996	1.88814
C_7	2.26209	2.5922	2.30166
C_8	5.93245	5.79744	6.10970
C_9	5.58958	5.62740	6.73032
C_{10}	4.81895	5.46912	5.98896
$C_{6\sim10}$ 合计	20.63682	21.15612	23.01878
C_{11}	4.99372	6.20871	6.27600
C_{12}	4.02150	4.62845	4.27243
C_{13}	3.81555	3.16535	3.97709
C_{14}	7.54290	9.48526	8.10503
C_{15}	3.04215	3.15167	3.26390
C_{16}	13.94382	14.3046	13.40342
C_{17}	7.38123	7.07561	9.73236
C_{18}	2.19750	2.55572	0.89475
C_{19}	3.08658	1.94167	3.63730
$C_{11\sim19}$ 合计	50.02495	52.51704	53.56228
C_{20}	5.59050	5.38521	3.72609
C_{21}	5.12934	6.70720	5.40691
C_{22}	9.66880	9.36777	6.19459
C_{23}	4.55933	—	3.30261
C_{24}	2.12364	1.30203	1.49267
C_{25}	0.67101	—	—
C_{27}	0.08088	0.16479	—
C_{28}	—	—	0.04101
$C_{>30}$	1.51479	3.07100	3.01770
$C_{>20}$ 合计	29.33829	25.99800	23.18158

从表 3-28、表 3-29 可以看出，随着微波功率增大，焦油中芳香烃类物质

含量逐渐降低，脂肪烃类化合物含量逐渐增加，焦油中轻质组分（$C_{6\sim10}$）的含量逐渐增大，重质组分则逐渐降低。微波功率越大，液化残渣达到反应温度所需时间越短，热解过程进行得越剧烈，挥发分析出得越快。焦油中的轻质组分主要来自 DCLR 中大分子结构侧链和支链的断裂，微波功率较大时能迅速获得这些支链和侧链断裂所需要的能量，生成分子量相对较小的烃类物质，促使焦油轻质化，故而微波功率越大越好。

3.6.2 液化残渣微波与常规热解的对比分析

常规热解与微波热解 DCLR 的升温曲线与升温速率曲线如图 3-34，热解产物收率对比如图 3-35，煤气组成如表 3-30，索氏四组分分析如表 3-31 所示，固体焦和焦油的红外光谱如图 3-36、图 3-37，焦油 GC-MS 分析如图 3-38，焦油组成如表 3-32，焦油组分碳原子数分布如表 3-33 所示。

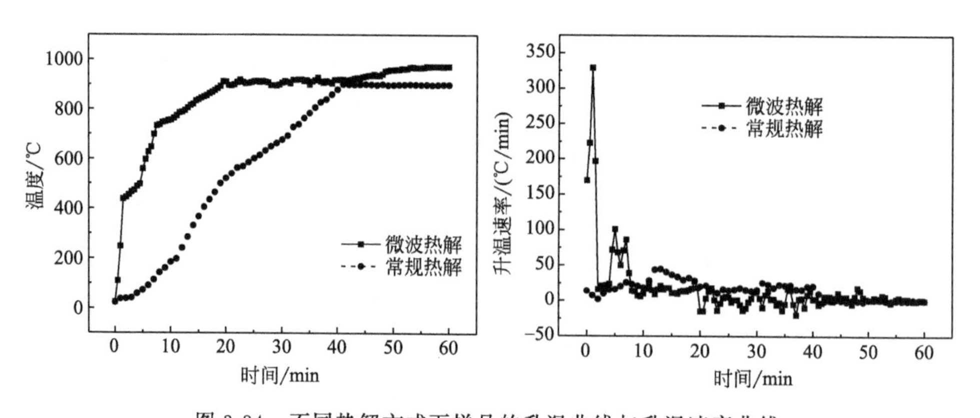

图 3-34 不同热解方式下样品的升温曲线与升温速率曲线

由图 3-34 可以看出，微波场中 DCLR 的升温速率很快，其最大升温速率为 329℃/min，8min 内温度可升至大约 700℃，随后升温速率有所降低，但 20min 内物料温度仍可升至 900℃。常规热解过程中升温速率基本保持恒定，在 45min 左右温度可上升至 900℃。微波热解是电磁场中介质损耗而引起的体加热，和物质的加热过程与其内部分子的极化有着密切关系，传热过程由里及表，因此传热效率高，升温速率快。另外，DCLR 中含有大量具有较好吸波特性的磁黄铁矿，热解过程中会形成“微波热点”，使得升温速率加快。

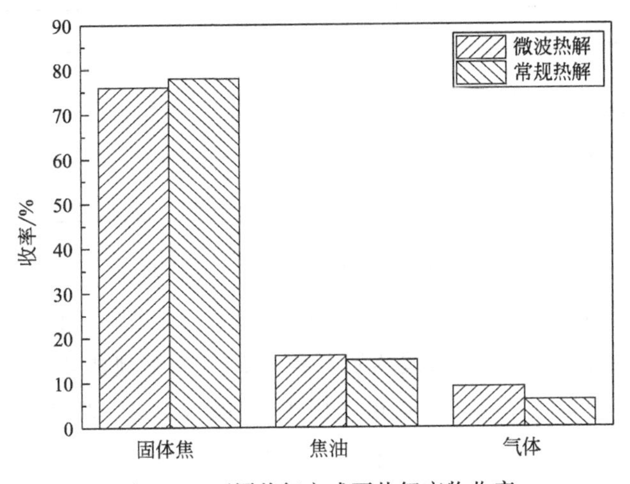

图 3-35　不同热解方式下热解产物收率

由图 3-35 可以看出，微波热解条件下固体焦收率比常规热解时降低了 2.85%，而焦油和煤气收率则分别增加了 0.66%和 2.19%。不管是微波热解还是常规热解，加热 40min 后温度均可达到 900℃，DCLR 发生热解反应析出大量的挥发分。升温速率增大有利于促进热解气体产物析出，相比于常规加热，微波加热速率要快得多，反应生成的气体产物可迅速逸出，使得挥发分析出得更彻底，从而使固体产物收率降低，气体产物收率增加。

表 3-30　不同热解方式下热解煤气组成

单位：%（体积分数）

热解方式	热解煤气组成				
	CO_2	CO	CH_4	C_nH_m	H_2
微波热解	0.89	3.13	13.26	1.95	66.25
常规热解	0.75	3.52	11.67	1.90	62.64

从表 3-30 可看出，微波与常规热解条件下产生的煤气主要组成基本一致，这主要与热解终温有关，微波加热时 H_2 含量增加了 3.61%。DCLR 热解过程中 H_2 主要来源于芳香结构的缩聚反应，更多的氢化芳香结构参与缩合、缩聚脱氢反应，导致煤气中 H_2 含量很高，均可达到 60%以上。微波场中 DCLR 发生快速热解导致各种裂解脱氢反应加剧，使得热解煤气中含氢气体，如 H_2、CH_4 等含量均有所提高。

表 3-31 不同加热方式下固体焦与液化残渣的四组分萃取结果 单位：%

热解方式		萃取组成			
		HS	A	PA	THFIS
固体焦	微波热解	6.70	0.19	0	93.11
	常规热解	7.95	0.19	0	91.86
DCLR		26.01	30.08	9.92	34.00

由表 3-31 可看出，两种热解方式下主要进行的是沥青烯、前沥青烯和大部分重油的热解反应，固体焦中 THFIS 含量均占到 90%以上，而 HS 含量则由 26.01%降低到 6.70%（微波热解）和 7.95%（常规热解），PA 在热解过程中发生了完全转化，而 A 则由 DCLR 中的 30.08%降低到固体焦中的 0.19%。由图 3-36 可以看出，在微波和常规热解条件下，3437.6cm^{-1}、1632.0cm^{-1} 以及 1079.99cm^{-1} 处吸收峰的强度明显降低，而 3000～2500cm^{-1} 及 1436.78cm^{-1} 附近的吸收峰基本消失，说明热解过程中所对应的官能团均参与了热分解反应。但微波条件下 3437.6cm^{-1}、1632.0cm^{-1} 及 1079.99cm^{-1} 处吸收峰的强度普遍要低于常规热解，这说明微波场中 DCLR 的热解更为彻底。

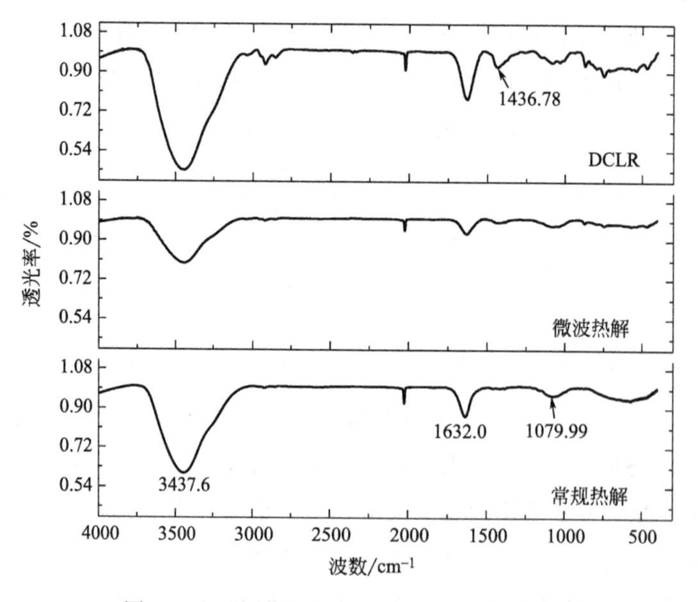

图 3-36 不同热解方式下固体焦的红外光谱

图 3-37 中 3768.41～2879.34cm^{-1} 附近出现的吸收峰为—OH 的伸缩振动、不饱和 C—H 的伸缩振动和饱和—CH 的伸缩振动，1637.35cm^{-1} 附近为芳香型—C═C—的特征吸收峰，1300～300cm^{-1} 为—C—X（X 不为 H）的弯曲振动和伸缩振动。微波热解条件下得到的吸收峰强度要比常规热解的更高一些。3768.41～2879.34cm^{-1} 处出现的—OH 吸收峰的宽化现象，说明热解焦油中含有大量的羟基基团，同时也存在大量的不饱和—CH 与饱和的—CH 基团，波长相近的特征振动之间会产生干扰，使得峰形变宽，也有可能某些吸收因振动耦合产生双峰，分辨率较低时看起来像宽化的单峰。常规热解过程中物料升温缓慢，热解产生的焦油停留时间相对较长，促进了焦油二次裂解，其对应的吸收峰强度降低。这说明微波与常规最佳热解条件下，焦油中不饱和官能团含量有所增加，有助于焦油利用价值提升。

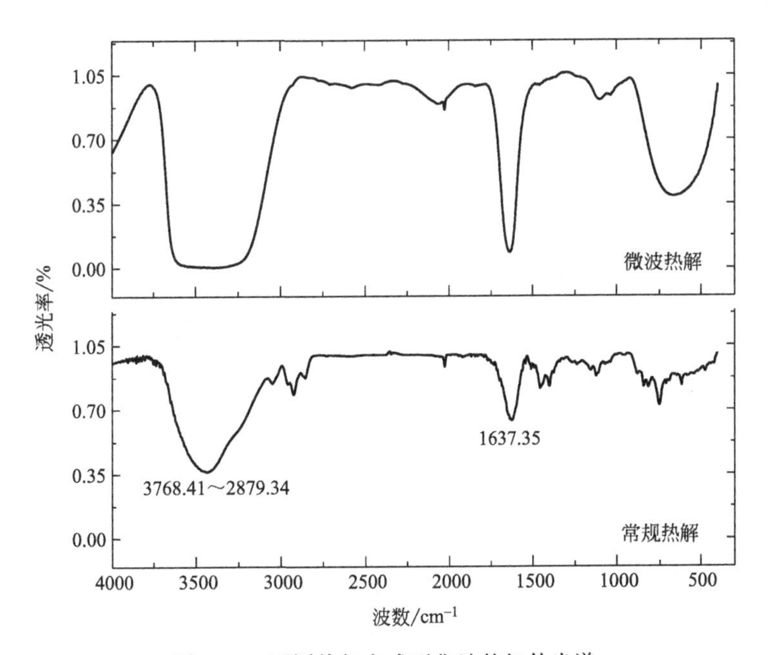

图 3-37　不同热解方式下焦油的红外光谱

如图 3-38 所示，一般情况下，GC-MS 仅能检测沸点在 300℃以下的有机化合物，因而在对热解焦油分析以前首先利用石油醚对其进行萃取，萃取不溶物主要为沥青质。研究表明，微波热解焦油的萃取率为 69.7%，常规热解为 62.0%，这说明微波热解焦油中沥青质含量要低于常规热解。由表 3-32、

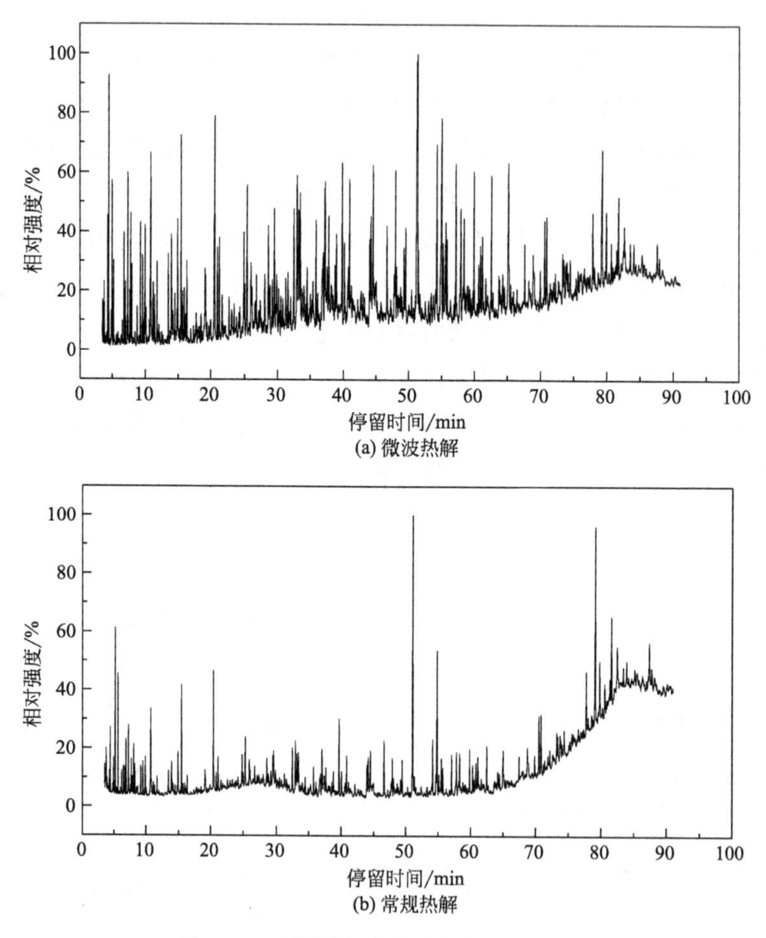

图 3-38　不同热解方式下焦油 GC-MS 图

表 3-33 的测试数据可以看出，萃取后焦油中脂肪烃类、芳香烃类和酚类化合物的含量基本相同，同时两种热解条件下焦油中 $C_{1\sim5}$、$C_{11\sim20}$ 以及 C_{20} 以上组分含量基本相同。但是，微波条件下石油醚萃取率要比常规热解高 7.7%，说明其热解焦油中轻质组分的含量要更多一些。

表 3-32　不同热解方式下焦油的组成　　单位：%

热解方式	脂肪类			芳香类（含苯环）	酚类	醇	酮	其他
	烷烃类	烯烃类	其他					
微波	11.12953	1.31535	1.45084	78.24901	5.38592	0.79826	0.31476	1.35626
常规	10.87236	0.96164	0.74953	79.12653	5.42979	0.43175	0.97942	1.44895

表 3-33 不同热解方式下焦油组分碳原子数的分布 单位：%

碳原子数	微波	常规
C_6	2.96741	1.88814
C_7	2.83212	2.30166
C_8	4.73387	6.1097
C_9	7.52142	6.73032
C_{10}	5.88442	5.98896
$C_{6\sim10}$ 合计	23.93924	23.01878
C_{11}	5.31232	6.276
C_{12}	4.18988	4.27243
C_{13}	4.03608	3.97709
C_{14}	6.20371	8.10503
C_{15}	2.80772	3.2639
C_{16}	12.1551	13.40342
C_{17}	7.40646	9.73236
C_{18}	4.69732	0.89475
C_{19}	4.72491	3.6373
$C_{11\sim19}$ 合计	51.5335	53.56228
C_{20}	2.37417	3.72609
C_{21}	3.28942	5.40691
C_{22}	9.79148	6.19459
C_{23}	4.26715	3.30261
C_{24}	2.51524	1.49267
C_{25}	0.6276	—
C_{27}	0.09194	—
C_{28}	—	0.04101
$C_{>30}$	1.4322	3.0177
$C_{>20}$ 合计	24.3892	23.18158

另外，从图 3-38 可以看出微波加热条件下焦油的离子峰靠前且强度增加，同样可以说明焦油中轻质组分较多，表明微波加热有利于热解焦油轻质化。微

波作用下DCLR中一部分分子发生热分解（热效应），另一部分则发生振动而导致分子链断裂（非热效应），两种效应共同作用促进了大部分重油和沥青质裂解。DCLR中的沥青质、稠环有机化合物在吸收微波能后，会使重油、沥青质体系黏度变小，随着温度不断升高，各分子的内能也随着温度升高而增加，当分子内能高于C—C、C—H键的键能时，有机分子将发生断裂反应，其吸收微波能的速度和能力加快，有效地促进了液化残渣热解。

微波热解具有升温速率与热解速率快、热解焦油和煤气收率高的特点，采用微波热解技术对低变质煤与液化残渣进行分级提质与高效转化是合理可行的。微波场中“热效应”与“非热效应”共同作用可进一步促进低变质煤、液化残渣热解过程中沥青质类物质热分解，有助于气相产物快速释放与热解焦油产品轻质化。目前，应该进一步深化微波热解过程中“非热效应”的作用机制及其对热解过程影响规律的研究，进一步完善微波热解设备大型化以及热解过程中能耗优化与控制等方面的研究，推动该技术尽快地推广与应用。

参考文献

[1] 宋永辉，兰新哲，赵西成，等．连续式微波低温干馏装置：ZL200920034689.4 [P]. 2010-7.

[2] 赵西成，兰新哲，宋永辉，等．间歇式微波低温干馏装置：ZL200920034690.7 [P]. 2010-6.

[3] 兰新哲，赵西成，马红周，等．一种微波快速中低温干馏煤的方法：200810232680.4 [P]. 2013-6.

[4] 宋永辉，付建平，兰新哲，等．一种利用微波快速热解煤直接液化残渣的方法：ZL201110092726.9 [P]. 2012-10.

[5] 祝圣远，王国恒．微波干燥原理及其应用 [J]．工业炉，2008，3 (25)：42-45.

[6] Jones D. A., LelyVeld T. P., Mavrofidis S. D.. Microwave heating applications in environmental engineering a review [J]. Resources Conservation and Recyling, 2002, 34 (5): 75-90.

[7] Maa S. J., Zhou X. W., Sua X. J.. A new practical method to determine the microwave energy absorption ability of materials [J]. Minerals Engineering, 2009, 22: 1154-1159.

[8] Ford J D, Pei D C T. High temperature chemical Processing via microwave absorption [J]. Microwave Power, 1967, 2 (2): 61-64.

[9] Skansi D., Tomas S.. Microwave drying kinetics of a Clay-plate [J]. Ceramics International, 1995, 21: 207-211.

[10] Chen T. T., Dutrizac J. E., Haque K. E., et al. The relative transparency of minerals to microwave radiation [J]. Canadian Metallurgical Quarterly, 1984, 23 (3): 349-351.

[11] 彭金辉，郭胜惠，张世敏，等．微波加热干燥钛精矿研究 [J]．昆明理工大学学报，2004，29

（4）：5-9.
[12] Humberto V M. Advances in dehydration of foods [J]. Journal of Food Engineering，2001，49：271-289.
[13] 蔺海兰，杨全运，符永胜，等．运用微波能技术干燥天然橡胶的研究 [J]．热带农业科学，2008，28（2）：25-29.
[14] 于秀荣，赵思孟，周长智，等．微波干燥稻谷的研究 [J]．郑州粮食学院学报，1997，22（1）：63-67.
[15] 鞠兴荣，汪海峰．微波干燥对银杏叶中有效成分的影响 [J]．食品科学，2002，23（12）：56-58.
[16] 马俊峰，王随国．丸剂生产中应用微波干燥灭菌机的探讨 [J]．中成药，2005，27（10）：1225-1227.
[17] Uslu T.，Atalay，Arol A. I.. Effect of microwave heating on magnetic separation of pyrite [J] .Physicochem. Eng. Aspects，2003，22（5）：161-167.
[18] El harfia K.，Chana M. B.. Pyrolysis of the Moroccan（Tarfaya）oil shales under microwave irradiation [J]. Fuel，2000，79（9）：733-742.
[19] Menmound F.，Salvador S.，Van de Steene L.，et al. Influence of the pyrolysis heating rate on the steam gasification rate of large wood char particles [J]. Fuel，2006，85（10-11）：1473-1482.
[20] Jorjania E.，Rezaib B.，Vossoughic M.. Desulfurization of Tabas coal with microwave irradiation peroxyacetic acid washing at 25，55 and 85℃ [J]. Fuel，2004，8（3）：943-949.
[21] Dominguez J. A.，Menendez Y.. Conventional and microwave induced pyrolysis of coffee hulls for the production of a hydrogen rich fuel gas [J]. Anal. Appl. Pyrolysis，2007，79：128-135.
[22] Yonghui Song，Jianmei She，Xinzhe Lan，et al. Pyrolysis characteristics and kinetics of low rank coal [J]. Materials Science Forum，2011，695：493-496.
[23] 宋永辉，苏婷，兰新哲，等．低变质煤中低温热解过程气体逸出规律研究 [C]．节能减排与新能源探索基础研究论文集，2010，36（9）：465-467.
[24] 马冬妮，宋永辉，李亮，等．低变质粉煤热解过程研究 [J]．广东化工，2011，38（5）：79-80.
[25] 兰新哲，裴建军，宋永辉，等．一种低变质煤微波热解过程分析 [J]．煤炭转化，2010，33（3）：15-18.
[26] Song Y. H.，Shi J. W.，Fu J. P.，et al. Analysis of products by conventional and microwave induced pyrolysis for low rank coal. Advanced Materials Research，2012，524-527：871-875.
[27] Song Y. H.，Li X.，Shi J. W.，et al. A Research on microwave and conventional pyrolysis for low rank coal [C]. Advanced Materials Research，2014，1044：209-214.
[28] 兰新哲，刘巧妮，宋永辉．低变质煤与塑料微波共热解研究 [J]．煤炭转化，2012，35（1）：16-19.
[29] 宋永辉，苏婷，兰新哲，等．微波场中长焰煤与焦煤共热解实验研究 [J]．煤炭转化，2011，34（3）：7-10.

[30] 罗万江，兰新哲，宋永辉，等．煤直接液化残渣的利用研究进展 [J]．材料导报，2013，27 (11)：153-157.

[31] 宋永辉，马巧娜，贺文晋，等．煤直接液化残渣热解过程气体产物的析出 [J]．光谱学与光谱分析，2016，36：2017-2021.

[32] SONG Yong-hui，MA Qiao-na，HE Wen-jin，et al. A comparative study on the pyrolysis characteristics of direct-coal-liquefaction residue through microwave and conventional methods [J]. Spectroscopy and Spectral Analysis，2018，38 (4)：1313-1318.

第4章

低变质煤共热解技术及理论分析

目前陕北低变质煤生产兰炭采用的是内热式气体热载体低温干馏工艺，普遍存在原料粒度大、焦油收率低、品质差的问题。西安建筑科技大学陕西省冶金工程技术研究中心长期关注陕北低变质粉煤成型热解制备型焦技术的研究开发工作，在此基础上系统研究了陕北低变质煤与重质油、液化残渣、沥青等富氢有机高分子物质的共热解技术。研究表明，陕北低变质煤具有较高的 H/C 比，黏结性很差，单独热解后虽可以获得含有高附加值组分的焦油，但焦油产率低，热解分级提质的效果不是很好。共热解可以有效提高低变质煤的热解转化率与焦油收率，优化产品结构与分布，真正实现低变质煤的高效清洁转化与分级提质，同时也可以为低变质煤成型热解制备型焦技术的优化与完善奠定理论基础。

4.1 概述

煤的共热解是指以煤为主要原料，按一定比例添加一种或多种高分子材料混合均匀后再进行热解的技术。目前，研究较多的是煤与油页岩、生物质及废旧高分子等有机高分子物质的共热解，大多关注的是热解焦油收率与结构组成优化以及共热解过程中的协同效应等问题。

宋永辉等[1] 认为在微波加热条件下向油页岩中适当配入低变质煤可提高焦油收率，增加热解气中 CO、CH_4 及 H_2 的含量。另外，低变质煤与塑料共热解过程中随着塑料添加比例增大，固体焦收率逐渐降低，而焦油收率却明显提高[2]。R. M. Soncini 等[3] 研究了低阶煤与生物质共热解的产物分布，认为煤的变质程度越低二者之间的协同作用越显著。煤的初始结构中含有大量的孔隙和小簇集的芳香结构，在煤快速热解过程中容易在焦油中稳定下来，造成热解产物中焦油产量提高，焦炭产量降低。Miao Zhen-yong 等[4] 研究了不同等级煤与油页岩的共热解特性，发现共热解过程中存在协同作用，煤为油页岩的热解提供了氢，导致焦油产率与焦油中高附加值组分含量增大。Jin X 等[5] 研究认为，煤-油共热解过程中存在相互作用，油加入延缓了煤裂化产生气体烃，而煤则加速了油裂解产生气体烃。由此可见，共热解过程有利于热解产物重新分布及其产品结构改善。

4.2 工艺过程与研究方法

4.2.1 原料

低变质粉煤为神木县孙家岔地区的长焰煤（SJC），煤直接液化残渣（DCLR）及煤焦油沥青（LQ）来自我国西部地区，重油（HS）为陕北低变质煤热解焦油中的重质组分，焦煤（JM）来自陕西黄陵地区。原料的工业分析和元素分析按照 GB/T 2001—2013《焦炭工业分析测定方法》与 GB/T 214—2007《煤中全硫的测定方法》进行，结果如表 4-1 所示，表中 O_{ad}、FC_{ad} 含量利用差减法进行计算。SJC 与 DCLR 挥发分含量均达到 30%以上，液化残渣的硫分与灰分含量均高于低变质煤，HS、LQ 的灰分含量均小于 1%。四种原料的氢元素含量均比较高，这对热解过程中氢的再分配及焦油产品品质改善是有利的。

表 4-1　原料的工业分析和元素分析　　单位：%

煤样	工业分析				元素分析				
	M_t	A_{ad}	V_{ad}	FC_{ad}	C_{ad}	O_{ad}	H_{ad}	N_{ad}	$S_{t,ad}$
SJC	4.71	5.94	34.30	55.05	73.07	4.94	4.34	0.96	0.42
DCLR	1.15	10.42	32.24	56.19	78.95	3.26	4.22	0.99	1.26
HS	0.85	0.52	0.67	—	81.00	10.32	7.26	0.82	0.60
LQ	—	0.79	—	—	93.0	1.43	4.29	0.89	—
JM	1.42	9.64	24.20	64.74	78.21	3.20	4.36	2.33	0.59

4.2.2 低变质煤与添加剂的共热解

共热解实验设备如图 4-1 所示。

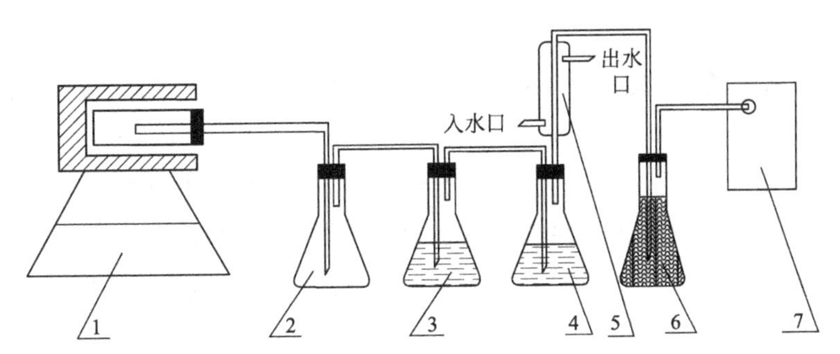

1—真空管式炉；2—空气冷却瓶；3—一级水冷瓶；4—二级水冷瓶；
5—循环水冷装置；6—干燥瓶；7—气袋

图 4-1 实验设备连接图

将烘干后的 SJC 分别与 HS、JM、DCLR 及 LQ 按 8∶2（质量比）混合均匀，称取 60g 进行热解实验，样品置于自制的石英管反应器中，通入惰性气体赶走石英反应器中残留的空气，随后开启电源加热，在真空管式炉中以 10℃/min 的加热速率升至 800℃后保温 90min。热解气通过多段冷凝分离系统回收焦油，固体焦随炉冷却至室温。

样品的热重分析采用德国 Netzsch 公司 STA409PC DSC-TGA 同步热分析仪，固体焦表面结构分析采用 Bruker VERTEX70 型傅立叶变换红外光谱仪，焦油组成分析采用岛津公司 GCMS-QP2010Plus 型气相色谱-质谱联用仪，煤气组成分析采用 Gasboard-3100P 型便携煤气分析仪。

4.3 低变质煤与液化残渣（DCLR）共热解

煤直接液化过程中，不论采用何种工艺，一般均会产生 20%～30%的液化残渣，这是一种高硫、高碳和高灰的物质，主要由原煤中未转化的煤、矿物质以及催化剂构成[6]。一般情况下，DCLR 主要有热解、气化和燃烧三种综合利用途径，也可作为制备一些高附加值碳材料的原料[7~9]。DCLR 具有良好的黏结性，主要由重油（HS）、沥青烯（A）、前沥青烯（PA）和四氢呋喃不溶物（THFIS）组成，沥青烯、前沥青烯的存在不仅可以提高低变质粉煤型焦的抗压强度，而且有助于共热解过程中产品结构调整和品质改善[10~13]。

4.3.1 共热解产物收率

图 4-2 所示的是 SJC、DCLR 和 SJC+DCLR 热解产物收率。可以看出 SJC+DCLR 共热解固体焦和煤气的收率有所降低，而焦油收率则明显高于单独热解，比 SJC 单独热解提高了 8.19%。DCLR 本身含有一定量的重质组分，200℃开始就会以油的形式挥发析出，共热解过程中沥青烯（A）和前沥青烯（PA）与热解产生的氢自由基作用发生加氢裂解反应，使得热解焦油收率大幅提高。

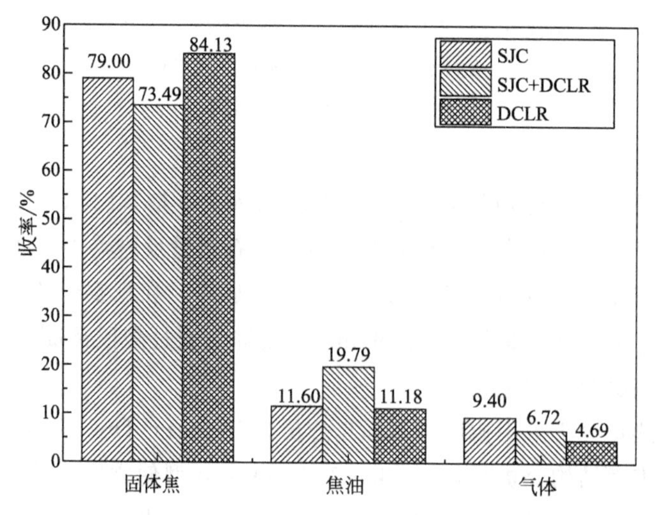

图 4-2　SJC、DCLR 和 SJC+DCLR 热解产物收率

4.3.2 共热解产品分析

4.3.2.1 煤气组成分析

表 4-2 列出了热解煤气的主要组成，与理论值相比共热解煤气中 H_2 的含量降低，而 CO_2 和 CH_4 含量升高，$H_2+CO+CH_4$ 总含量变化不是很大。CH_4 含量升高了 20.53%，H_2 含量则减少了 23.20%，说明 DCLR 的添加对

煤气中 CH_4 和 H_2 的产生和消耗有显著的影响，在一定程度上可以说明共热解过程存在着一定的协同效应，热解过程中产生的氢与大量小分子碎片结合导致煤气中氢含量减少。另外，DCLR 的灰分中存在少量煤液化催化剂，这些催化剂也有可能促进热解过程中加氢反应进行。

表 4-2　热解煤气的主要组成

样品	热解煤气主要组成/%(体积分数)					
	CO_2	CO	CH_4	C_nH_m	H_2	$H_2+CO+CH_4$
SJC	3.92	14.58	16.30	1.97	41.87	72.75
DCLR	0.75	3.52	11.67	1.90	62.64	77.83
SJC+DCLR	12.59	13.15	35.90	2.70	22.82	71.87
理论值	3.29	12.37	15.37	1.96	46.02	73.76

4.3.2.2　固体焦 FTIR 分析

固体焦的 FTIR 曲线如图 4-3 所示。$3425cm^{-1}$、$2904cm^{-1}$、$1639cm^{-1}$、$1460cm^{-1}$ 及 $1107cm^{-1}$ 处均出现了明显的特征吸收峰，分别对应羟基（—OH）的伸缩振动、—CH_2—伸缩振动、羰基的（C ═O）伸缩振动、—CH_2—变形振动以及 C—O 面外振动。SJC+DCLR 共热解焦表面—OH 的振动减弱，说明 DCLR 的添加会提高煤中—OH 的反应活性，使其更容易脱落产生 H_2O 或促使其转化为—C ═O、—C—O 等其他物质。$3425cm^{-1}$、$1639cm^{-1}$、$1460cm^{-1}$ 及

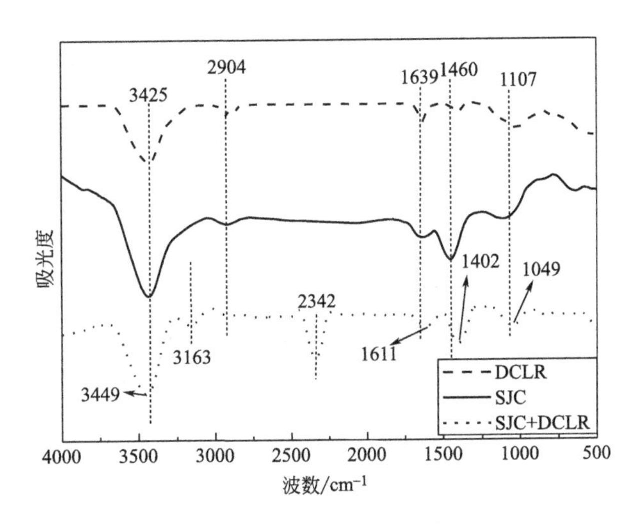

图 4-3　固体焦的 FTIR 谱图

1107cm^{-1} 处吸收峰的位置均发生了偏移，这主要是该官能团直接相连的有机结构发生了改变，产生的诱导效应或氢键效应所造成的。值得注意的是，SJC+DCLR 在 3163cm^{-1} 和 2342cm^{-1} 处出现了两个新的吸收峰，分别对应 N—H 和 —C≡N 的伸缩振动。DCLR 的含氮量与 SJC 相近，说明 DCLR 促使原料中的 N 元素以酰胺或者 —C≡N 的形式保留在固体焦中。

4.3.2.3 焦油 GC-MS 分析

热解焦油的 GC-MS 分析结果如表 4-3～表 4-5 所示，共热解焦油中各组分的理论含量采用式(4-1) 进行估算。

$$W_{SJC+DCLR}=W_{SJC}\times 0.8+W_{DCLR}\times 0.2 \tag{4-1}$$

式中，$W_{SJC+DCLR}$ 为各组分在共热解焦油中的含量，%；W_{SJC} 为各组分在 SJC 单独热解焦油中的含量，%；W_{DCLR} 为各组分在 DCLR 单独热解焦油中的含量，%。

表 4-3 热解焦油的组成 单位：%

样品	热解焦油组成					
	烷烃类	烯烃类	芳香烃类	酚类	醇类	酮类
SJC	8.58	0.61	51.22	21.30	1.11	0.15
DCLR	10.87	0.96	79.13	5.43	0.43	0.98
SJC+DCLR	21.29	4.68	44.92	10.19	3.27	0.18
理论值	9.04	0.68	56.80	18.13	0.97	0.32

表 4-4 热解焦油中碳原子的分布 单位：%

样品	C 原子数的分布		
	$C_{5\sim10}$	$C_{11\sim19}$	$C_{\geq20}$
SJC	48.72	34.33	9.06
DCLR	23.02	53.56	23.18
SJC+DCLR	9.74	59.43	28.06
理论值	43.58	38.18	11.88

表 4-5 热解焦油中轻质、中质及重质组分的组成与含量 单位：%

样品	$C_{5\sim10}$		$C_{11\sim19}$	$C_{\geq20}$
	苯酚	芳香烃	芳香烃	长链烷烃
SJC	21.15	22.89	22.98	6.22
DCLR	4.34	17.68	59.34	20.14
SJC+DCLR	6.64	2.06	41.57	17.61

从表4-3可以看出，热解焦油中主要含有烷烃类、芳香烃类及酚类物质，同时还有少量的烯烃类、酮类物质。与理论值相比SJC＋DCLR共热解焦油中烷烃、烯烃及醇类物质含量大幅度提高，芳香烃和酚类物质的含量则显著降低。烷烃、烯烃及醇类含量分别提高了12.25％、4.00％和2.30％，而芳香烃和酚类含量则分别减少了11.88％和7.94％。DCLR的加入有利于芳香烃和酚类物质加氢裂解转化为脂肪烃，DCLR中少量催化剂也可能会加速芳香烃和酚类物质的加氢裂解反应，产生脂肪烃或小分子气态烃，这进一步说明SJC＋DCLR共热解过程存在明显的协同作用，直接导致了氢的重新分配。

由表4-4可以看出，共热解焦油中轻质组分含量大幅降低，而中质与重质组分含量均有所增加，与理论值相比轻质组分含量降低了33.84％，中质组分和重质组分含量分别增加了21.25％和16.18％。由表4-5可以看出，热解焦油的轻质组分主要由苯酚和芳香烃组成，SJC热解焦油中分别为21.15％和22.89％，而共热解后只有6.64％和2.06％。热解过程中产生的氢自由基可能优先与碳原子数＞10的大分子自由基碎片结合，致使小分子苯基自由基不能及时与氢自由基结合形成苯酚及芳香烃，只能相互结合形成分子量更大的芳香烃。同时，DCLR的加入也会导致轻质组分中苯酚和芳香烃物质发生加氢裂解反应，导致焦油轻质组分中芳香烃和酚类物质含量大幅降低，烷烃含量增加。焦油的中质组分主要由芳香烃组成，共热解后其含量大幅度升高。对比表4-3和表4-5可以发现，SJC单独热解时芳香烃主要集中在轻质组分和中质组分中，DCLR的加入使得共热解后芳香烃组分主要集中在中质组分中，说明轻质组分中的芳香烃物质在共热解过程中部分发生分子间缩合反应，转变为C_{10}～C_{19}的芳香烃类物质。共热解焦油中重质组分主要由17.61％的长链烷烃组成，而SJC热解焦油中仅含有6.22％的烷烃，这与DCLR的自身结构有着重要的关联。DCLR中含有40.90％的沥青烯（A）和14.40％的前沥青烯（PA），而A和PA主要由复杂的多环芳烃组成，在共热解过程中发生加氢裂解反应形成长链烷烃，导致焦油中烷烃类物质含量上升。

由此可见，共热解过程中SJC与DCLR之间产生了明显的协同作用，煤气中H_2的含量大幅减少，热解焦油收率增大，焦油中轻质组分含量大幅降低，烷烃类物质含量增加。DCLR的加入改变了热解过程中氢的转移途径，促进了热解焦油中芳香烃与苯酚（轻质组分中）类物质加氢裂解和缩合反应，同时提供大量的氢自由基，促进DCLR中A和PA加氢裂解产生长链烷烃，导致焦油中芳烃和酚类含量降低、烷烃类物质的含量增加。

4.3.3 气相产物的析出特性

4.3.3.1 失重特性分析

TG-DTG-DCS 曲线如图 4-4，热解特性参数如表 4-6 所示，表中 $T_{on\ set}$ 为热解开始温度，℃；T_{max} 为热解速率最大时的温度，℃；T_{end} 为热解结束温度，℃。

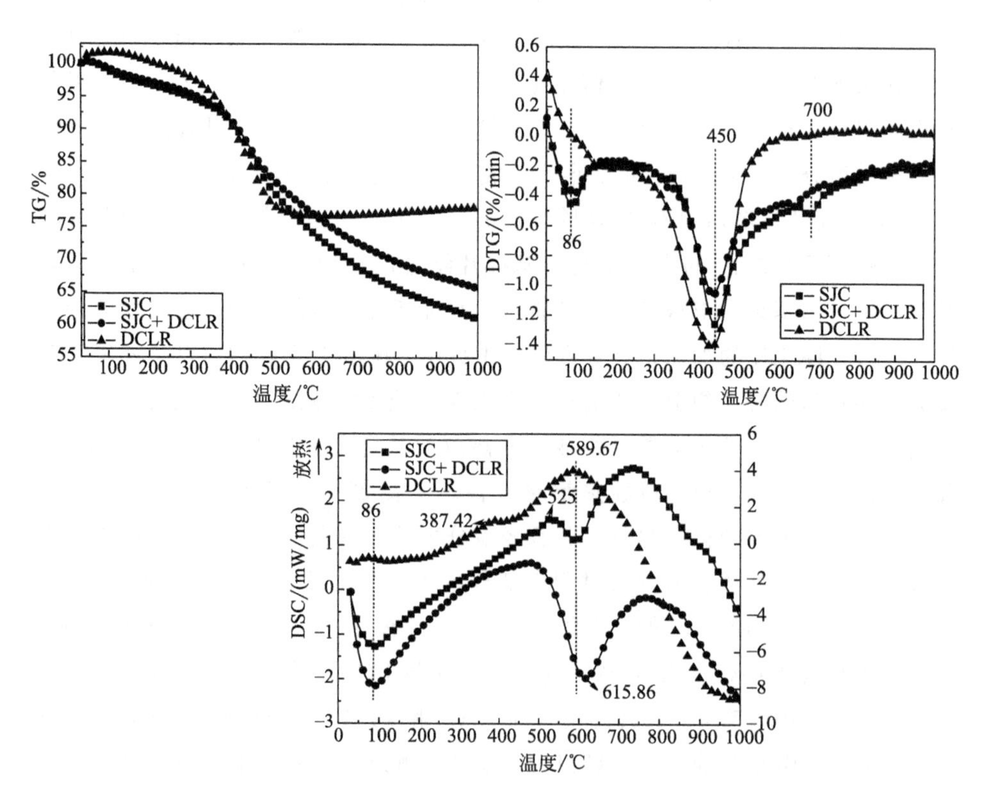

图 4-4 SJC、DCLR 和 SJC+DCLR 的 TG-DTG-DSC 曲线

由图 4-4 可以看出，SJC+DCLR 和 SJC 具有相似的热解失重特性，二者的 DTG 曲线近乎重合，但与 DCLR 差异明显。三者均在 86℃、450℃ 及 700℃附近出现失重速率峰，DCLR 在 450℃附近的最大失重速率峰强度要高于 SJC 和 SJC+DCLR。86℃附近为原料表面吸附水的大量析出，450℃附近则是 SJC 与 DCLR 的快速热解，释放出大量焦油及 CO_2、CO、CH_4 等气体，

700℃处为半焦收缩，析出以 CO、CH_4、H_2 为主的气体。DSC 曲线有比较明显的差异，DCLR 单独热解时放出大量的热，SJC 单独热解时只在 86℃附近出现了一个吸热峰，而 SJC+DCLR 则在 86℃与 615.86℃附近出现了两个吸热峰。86℃附近的吸热主要归属于样品表面吸附水的蒸发，但 SJC+DCLR 在 615.86℃附近的吸热则可能由 DCLR 组成中大量的多环芳烃在共热解过程中发生加氢裂解形成长链烷烃，同时释放出小分子气态烃所造成的，这在一定程度上说明 SJC+DCLR 共热解过程中存在协同作用。

由表 4-6 可以看出，DCLR 开始热解时的温度比 SJC 高，而热解结束温度低。DCLR 的加入使得共热解过程中三个特征温度并没有发生明显改变，但其最大失重速率则稍有降低，总失重率比 SJC 减少了 4.78%，比 DCLR 减少了 24.28%。

表 4-6 SJC、DCLR 和 SJC+DCLR 的热解特性参数

样品	特征温度/℃			DTG_{max}/(%/min)	总失重率/%
	$T_{on\ set}$	T_{max}	T_{end}		
SJC	343.25	448.39	845.79	1.26	39.27
SJC+DCLR	344.91	445.14	845.75	1.06	34.49
DCLR	360.13	441.71	650.00	1.40	23.23

由此可见，SJC+DCLR 共热解过程可分为三个阶段。第一阶段是初温到 344.91℃，失重速率较小，主要是 SJC 与 DCLR 表面吸附水与气体的释放以及弱化学键的断裂、重组，释放以 H_2O、CO_2 为主的气体产物，过程主要以吸热为主。第二阶段是 344.91～643.35℃，TG 曲线下降明显，失重率高达 19.94%，此阶段 SJC 与 DCLR 均发生解聚和分解反应，释放出大量挥发分，此阶段也以吸热为主。第三阶段在 643.35～845.75℃之间，主要发生缩聚反应形成固体焦，少量挥发分继续析出，气体产物主要以 H_2 和 CO 为主，失重速率逐渐减小。

4.3.3.2 气相产物析出规律

热解过程气相产物的红外分析如图 4-5 所示。气体的释放存在于整个热解区间，气相物质的特征吸收峰随热解温度升高逐渐增强。4000～3500cm^{-1} 处为羟基的特征吸收峰，包括 H_2O 分子以及 3500～3700cm^{-1} 处酚类化合物中的—OH 吸收峰。2400～2264cm^{-1} 与 600cm^{-1} 处为 CO_2 的特征吸收峰。1750～

1600cm^{-1} 处为 C═O 基团的弯曲振动吸收峰，热解焦油中醛、酮、酸类物质含量很少，主要为与芳香族物质结合的 C═O。1600～1460cm^{-1} 为芳香族—CH 的振动吸收峰，代表焦油中的芳香族组分，DCLR 的加入使得—OH、CO_2 和芳香族—CH 的特征吸收峰强度明显增强。SJC＋DCLR 共热解所对应的各吸收峰位置并没有发生明显变化，但其宽度和振动强度随着温度的变化有较大的差异。说明 DCLR 的加入不会改变气相产物的组成，但各产物含量会随着温度的变化发生有规律的变化，这与上述焦油的 GC-MS 分析结果一致。值得注意的是，3400～3100cm^{-1} 处为 N—H 键或是芳香族—CH 的吸收振动，此峰主要代表含氮芳香类物质，对应热解焦油中的含氮杂环。SJC＋DCLR 共热解所对应的这两个吸收峰虽然存在于整个热解区域内，但其振动强度明显弱于 SJC 和 DCLR 的单独热解，充分说明共热解过程中 N 元素只有少量转移至焦油中，其余大部分则残留于固体焦中。另外，450℃出现的 3016cm^{-1} 与 2180cm^{-1} 附近的弱吸收峰分别对应的是 CH_4 与 CO 的析出。

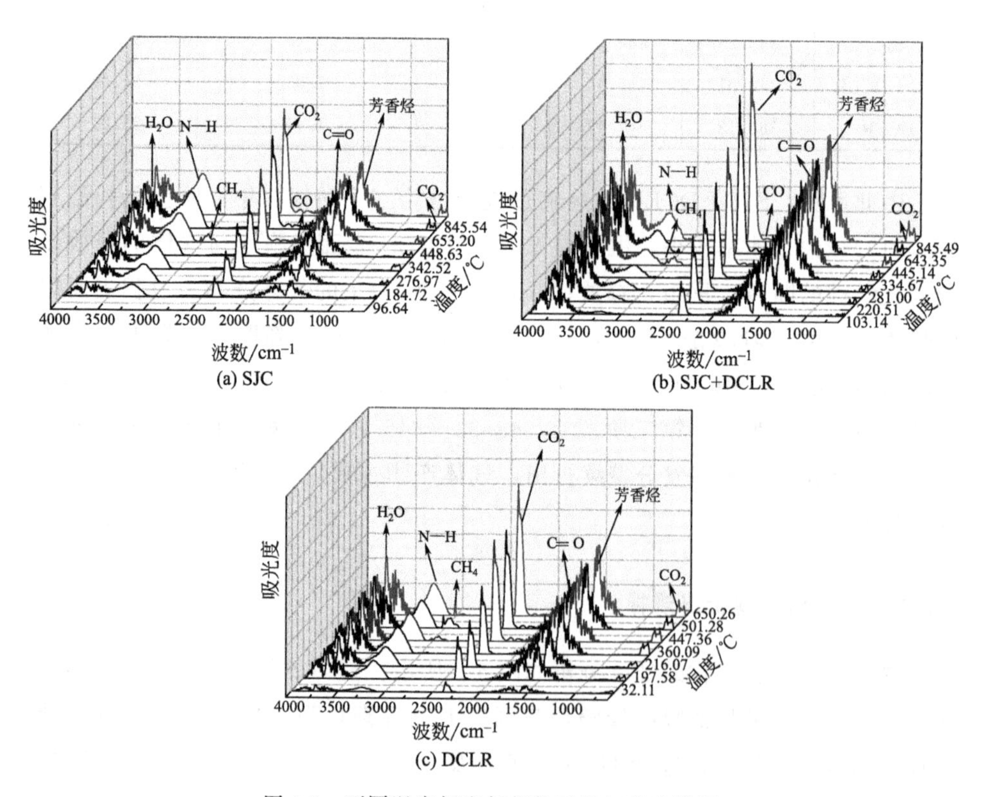

图 4-5 不同温度析出气相物质的红外光谱图

图 4-6 为 SJC、DCLR 和 SJC+DCLR 热解过程中气相产物随热解温度变化的析出特性曲线。由图 4-6(a) 可以看出，随着热解温度升高，气相产物中

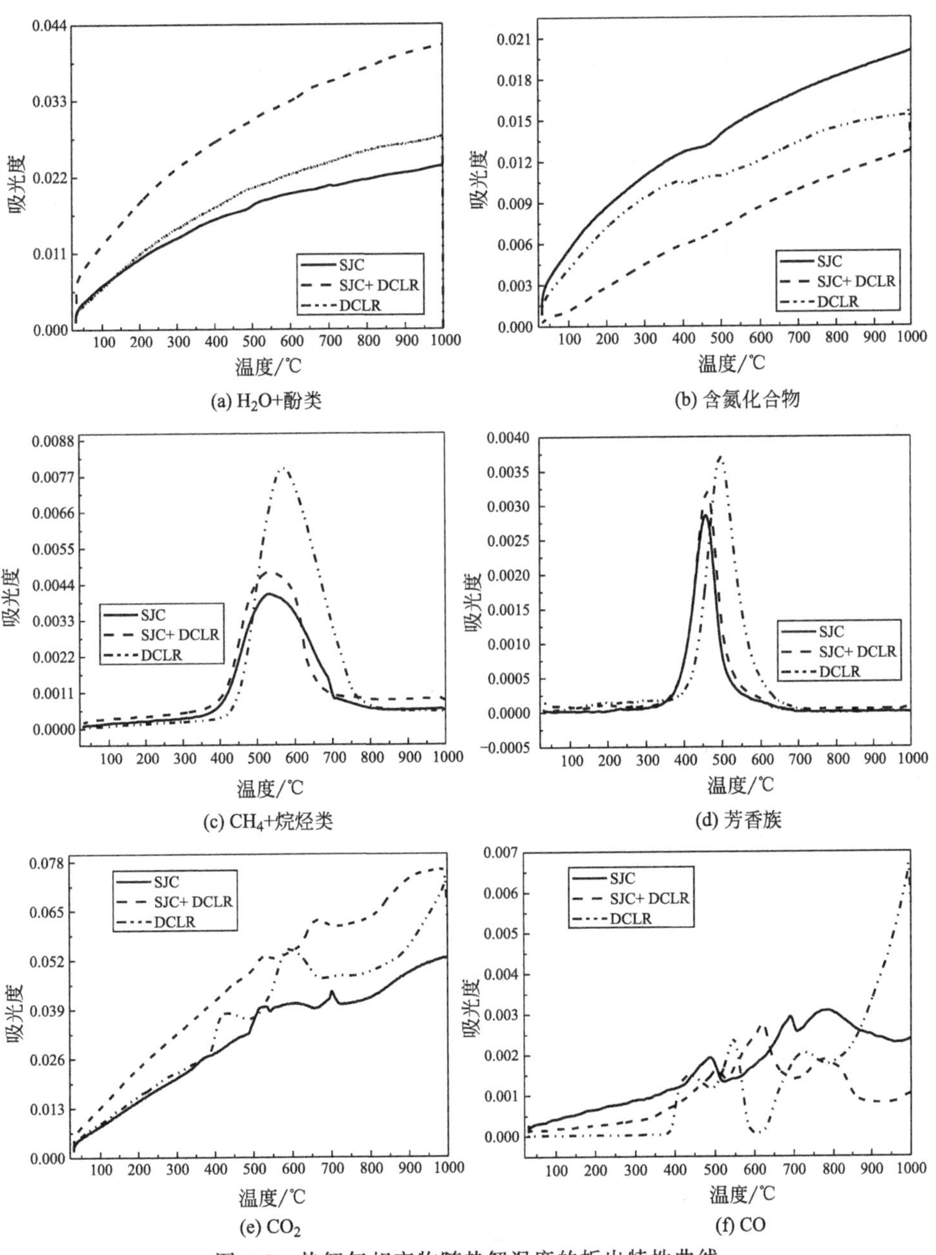

图 4-6　热解气相产物随热解温度的析出特性曲线

H_2O和酚类物质的析出强度逐渐增大，共热解的析出曲线远高于SJC和DCLR单独热解，说明H_2O和酚类物质的析出量更大一些。但是，GC-MS分析表明共热解后焦油中酚类物质含量降低，也就是说H_2O的析出量增加是主要的，H_2O的生成主要来自低温阶段外在水的析出以及高温阶段内在水的释放。另外样品中甲氧基、羟基和羟甲基等的加氢脱除反应也可产生H_2O，SJC与DCLR均为富氢物质，共热解过程中均可作为供氢体存在。由图4-6(b)可以看出，气相产物中含N杂环类物质析出峰强度随温度升高而持续升高，含N物质的产生分布于整个热解温度区间。结合焦的红外分析可以断定SJC热解后N几乎全部转移至焦油中，而共热解过程中N则分布于固体焦与焦油中。

图4-6(c)中气相产物中CH_4与烷烃类析出的最高峰均出现在550℃附近，共热解的吸收峰介于SJC、DCLR单独热解之间，说明CH_4与烷烃类的大量析出主要集中在400～700℃之间。由图4-6(d)可以看出，芳香族物质的析出均在460℃左右出现最大峰值，SJC+DCLR的析出峰强度稍大于SJC，略小于DCLR，DCLR的加入使得共热解过程产生更多的芳香烃。GC-MS分析表明，共热解后焦油中芳香烃含量降低了11.88%，460℃之后芳香烃物质就开始大量裂解。图4-6(e)中CO_2的析出峰均随温度升高而逐渐升高，说明CO_2的析出存在于整个热解区间。共热解CO_2析出曲线比SJC和DCLR稍高，表明共热解过程存在明显的协同效应，DCLR的添加导致煤气中CO_2含量增加，CO_2主要来自羰基或其他含氧官能团，并不是羧基的分解。图4-6(f)为热解过程中CO的析出曲线，可以发现三者CO的析出特性相似，主要析出均出现在第二阶段。值得关注的是，DCLR在400℃以后才开始析出CO，CO主要来自羧基、甲氧基、酚羟基、二芳基醚以及含氧杂环等含氧官能团的断裂、分解及气相产物的二次裂解。

4.3.4 SJC与DCLR共热解过程与反应机理

综上所述，SJC与DCLR共热解过程中存在着显著的协同效应，基本反应历程如图4-7所示。热解第一阶段为室温～344.91℃，150℃之前是SJC与DCLR表面吸附水和吸附气体CO_2的脱除，150～344.91℃区间SJC与DCLR结构中弱化学键开始断裂，且DCLR中的重质组分在此时开始挥发，部分裂解析出CO_2、H_2O和少量小分子自由基碎片。

第二阶段为344.91～643.35℃，主要是SJC和DCLR中的沥青烯（A）

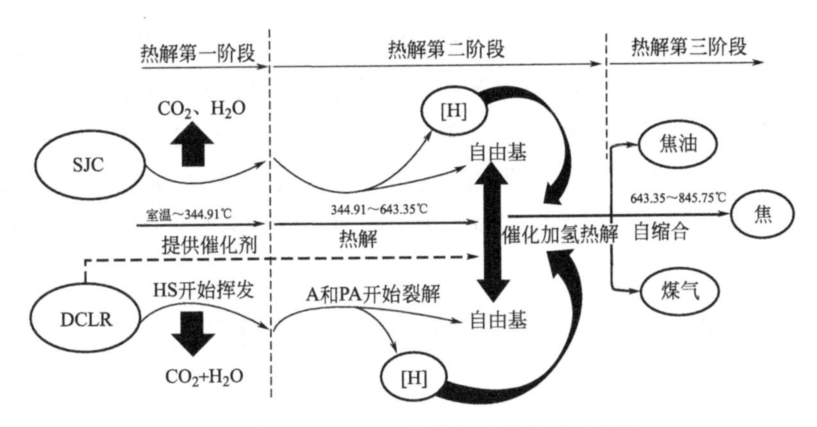

图 4-7 SJC 与 DCLR 共热解过程的反应历程

与前沥青烯（PA）开始热解，产生大量自由基碎片和［H］自由基，释放出以 CO_2、CO 和 CH_4 为主的气体。小分子自由基碎片如甲基（—CH_3）、亚甲基（—CH_2—）等与［H］发生有效碰撞转变为稳定的小分子气态烃 CH_4，而亚甲基苯酚、亚甲基苯等小分子碎片与［H］结合会形成稳定的甲基苯酚和甲基苯，组成焦油的轻质组分。与此同时，DCLR 中存在的少量催化剂，不仅会促进 SJC 发生深度催化加氢裂解反应产生更多自由基碎片，也会加速［H］与碳原子数>10 的自由基碎片结合生成中/重质焦油和煤气，使得焦油中轻质组分含量降低，中质和重质组分含量上升。共热解过程中，SJC 与 DCLR 既是氢的传递者，也是氢的供体，H_2 实际析出量是减少的，这是存在协同作用的关键。当温度大于 460℃时，焦油中的芳香烃和酚类物质在供氢作用以及催化作用下发生加氢裂解，产生小分子烃类物质，同时，供氢作用也会促进 DCLR 中 A 和 PA 加氢裂解，使焦油中芳香烃和酚含量降低，烷烃含量上升。

第三阶段为 643.35～845.75℃，煤的大分子网络结构开始收缩，自由基碎片之间相互结合，生成固体焦，释放出少量以 H_2 和 CO 为主的气体。芳香结构脱氢缩聚，可能会包括苯、萘、联苯和乙烯等小分子与稠环芳烃结构的缩合，也可能包括多环芳烃之间的缩合[14]。

4.3.5 DCLR 加入量对共热解过程的影响

4.3.5.1 热解产物收率

由表 4-7 可以看出，固体焦收率随着 DCLR 添加量增加先减小后增加，而焦油收率却呈现相反的趋势。当 DCLR 添加量 60%时，固体焦收率最小为 65.01%，气体收率最大为 14.65%，40%时焦油收率最大为 22.79%。共热解过程中产生的大量活性氢原子与煤热解产生的自由基碎片相结合，减少了自由基碎片之间的缩聚反应，导致焦油产率增加。但是，随着 DCLR 添加量逐渐增加，更多的胶质体包覆在煤颗粒表面，阻碍了活性氢与自由基碎片的结合，焦油收率反而有所减小。

表 4-7 DCLR 添加量（质量分数）不同时热解产物的收率

热解产物	DCLR 添加量/%				
	0	20%	40%	60%	100%
固体焦	75.89	69.73	67.93	65.01	84.13
焦油	13.92	19.13	22.79	21.34	11.18
煤气	10.19	11.05	11.28	14.65	4.69

4.3.5.2 样品的热重分析

图 4-8 与表 4-8 分别为 DCLR 配比不同时的 TG-DTG 曲线和热解特性参数。由图 4-8 可知，DCLR 添加量的变化对 TG-DTG 曲线有一定的影响。室温～350℃区间 TG 曲线下降幅度均不是很大，DTG 曲线在 103.14℃附近出现了一个明显的失重速率峰，这是原料中吸附气体与结合水的释放所造成的。低变质煤中大量的羧基官能团在 350℃以前发生断裂，此阶段低变质煤的失重大于液化残渣，DCLR 添加量越大，共热解过程的失重量就越小。350～650℃区间 TG 曲线急剧下降，DTG 曲线上 450℃附近出现最大失重速率峰，这是挥发分释放的主要阶段。共热解过程中脂肪侧链裂解形成气态烃，大量含氧官能团也开始裂解，不稳定桥键断裂形成的自由基碎片与热解产生的活性氢原子结合析出大量的焦油与煤气。

由表 4-8 可知，随着 DCLR 添加量增加，样品开始热解温度（$T_{on\ set}$）逐渐升高，热解结束温度（T_{end}）则有所降低，最大失重速率（R_{max}）逐步增大，而失重速率最大所对应的温度（T_{max}）变化却不是很大，基本维持在 450℃附近。共热解的失重率随 DCLR 配比增加逐渐增大，60%时失重率最大为 28.27%，且高于 DCLR 单独热解，这在一定程度上说明 DCLR 的加入有利于气相产物（包括焦油和煤气）析出。650℃～反应结束，TG 曲线呈缓慢下降趋势，失重速率逐渐减小。DTG 曲线在 690.91℃出现的微小失重峰归因于原料中碳酸盐类物质的热分解以及多环芳烃的缩合反应，析出大量 H_2、CO、CO_2 及少量 CH_4。

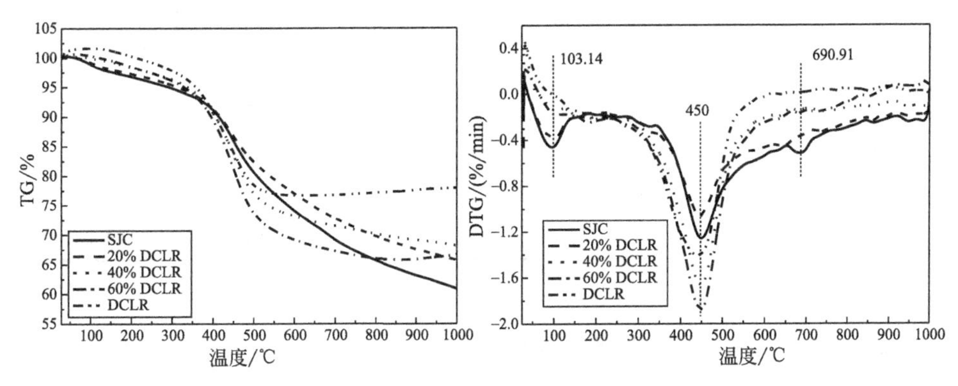

图 4-8　热解样品的 TG-DTG 曲线

表 4-8　样品的热解特性参数

DCLR 添加量（质量分数）/%	特征温度/℃			R_{max}/(%/min)	失重率/%
	$T_{on\ set}$	T_{max}	T_{end}		
0	343.25	449.39	845.79	1.26	22.16
20	344.91	445.32	845.75	1.37	19.94
40	372.12	452.73	841.10	1.67	23.26
60	380.74	453.10	832.34	1.88	28.27
100	360.13	441.71	650.00	1.40	23.23

4.3.5.3　煤气组成分析

DCLR 配比不同时共热解煤气组成如表 4-9 所示。随着 DCLR 加入量增大，煤气中 CO_2、CO 与 CH_4 的含量逐渐减小，H_2 含量逐步增加，C_nH_m 含量变化幅度不太明显。添加量 60%时 H_2 含量最大为 38.81%。值得注意的是，这一数值介于 SJC 与 DCLR 单独热解之间，并且要小于其平均值 41.53%，这进一步说明 DCLR 在共热解过程中起到了供氢作用，SJC 与 DCLR 之间存在协同效应。DCLR 单独热解气中 H_2 含量高达 50.63%，共热解过程中 DCLR 释放出的活性氢也会与 SJC 热解产生的大量自由基碎片结合，使得煤气中的 H_2 含量有所降低。另外，DCLR 中存在少量的煤液化催化剂，这些催化剂也会进一步促使热解过程中加氢反应发生。

表 4-9　DCLR 添加量（质量分数）不同时共热解煤气的组成

煤气组成	DCLR 添加量/%				
	0	20	40	60	100
CO_2	12.43	10.18	5.78	7.66	7.18
CO	18.94	13.91	9.53	6.70	3.37
CH_4	34.34	29.12	29.96	28.14	22.07
C_nH_m	2.48	2.01	2.12	2.47	2.12
H_2	27.88	28.12	37.12	38.81	50.63

4.3.5.4　热解过程气相产物的红外分析

图 4-9 为 DCLR 添加量不同时析出气相物质的红外光谱。可以看出气相物质的释放存在于整个热解过程。4000～3500cm^{-1} 处游离—OH 吸收峰分布于整个温度区间，可能为气态 H_2O 或酚类化合物的伸缩振动，20%时吸收峰强度最大，随着 DCLR 添加比例增加有所减弱。3400～3100cm^{-1} 处为芳香族 C—H 或 N—H 键的吸收振动，可能为含氮芳香类物质，SJC 与 DCLR 单独热解时其峰值较高，表明其气体产物中含有大量含氮类芳香烃，而混合样品的峰值随 DCLR 添加量增加而降低，添加量为 60%时最少，大量的含氮物质可能留在了焦油或固体焦中。饱和烷烃的吸收峰位于 3100～2800cm^{-1} 区间，值得注意的是，3016cm^{-1} 和 2120cm^{-1} 处出现了 CH_4 和 CO 的特征吸收峰，但是二者只在 450℃左右才开始出现，这说明 CH_4 和 CO 的析出开始于剧烈热解阶段。不同的是随热解温度升高 CH_4 的吸收峰逐渐变弱，而 CO 吸收峰则逐渐增强，SJC、DCLR 单独热解时吸收峰强度较弱，共热解过程则有明显的变化。2400～2260cm^{-1} 与 669cm^{-1} 处为 CO_2 的特征吸收峰，可以看出 CO_2 的释放存在于整个共热解阶段，且吸收峰强度随着热解温度升高逐渐增强，随 DCLR 添加量增加呈现先增后减的趋势，40%时达到最强。1750～1680cm^{-1} 为芳香族中 C═O 的弯曲振动峰，也可能为—COOH 中高度缔合的 C═O 的伸缩振动。1625～1400cm^{-1} 为芳环的骨架振动，说明芳香族物质的释放分布于整个热解区间，DCLR 添加量 20%时吸收峰强度达到最大，随后则逐渐减弱。由此可见，单独热解与共热解的气态产物组成相同，说明 DCLR 的加入并没有改变热解产物的气相组成，只是各组分含量有所变化。

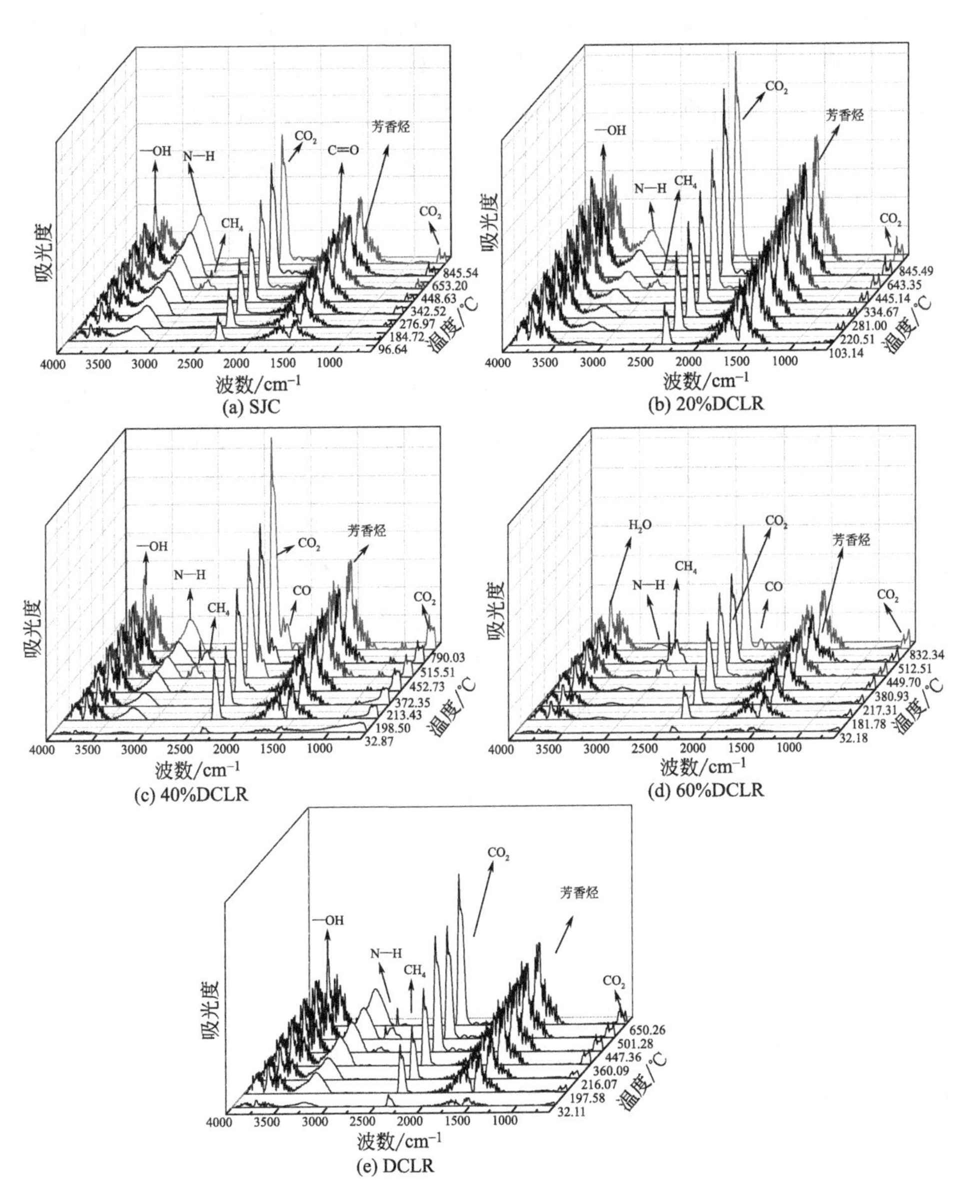

图 4-9 不同 DCLR 添加量热解析出气相物质的红外光谱图

4.3.5.5 气相组分析出规律

共热解过程中气相产物的析出特性曲线如图 4-10 所示。可以看出共热解过程中存在明显的相互作用，而非两个热解过程的简单叠加。图 4-10(a) 表明，随着热解温度升高，样品中外在水和内在水的释放以及—COOH、—CH_3O 等含氧基团的加氢脱除反应增加了气相产物中—OH 的含量，使得共热解过程中有大量的［H］存在，H_2O 和酚类的析出强度逐渐增大，可能的反应如式（4-2）～式（4-4）所示。

$$2R{-}COOH + 4[H] \longrightarrow CO_2 + 2H_2O + 2R' \tag{4-2}$$

$$R{-}CH_2OH + [H] \longrightarrow R'{-}CH_3 + H_2O \tag{4-3}$$

$$-\overset{\overset{\displaystyle O}{\|}}{C}- + [H] \longrightarrow -CH_2-OH \longrightarrow -CH_3 + H_2O \tag{4-4}$$

含氮化合物的释放存在于整个热解区间［图 4-10(b)］，其析出强度随着温度升高逐渐增强。单独热解具有较高的含 N 化合物析出量，随着 DCLR 的加入其含量有所减少，60%时达到最小值，这与气相产物的红外分析结果一致，说明 DCLR 的加入促进了热解过程中大量 N 元素转移。图 4-10(c) 为 CH_4 与烷烃类的析出曲线，且在 400～800℃之间析出峰值明显，550℃附近出现最大值。随着 DCLR 添加量增加，持续的温度区间逐渐增大，添加量 60%时析出峰值达到最大，说明 DCLR 的加入有利于 CH_4 与烷烃类物质的释放，主要反应如式（4-5）和式（4-6）所示。

$$R \longrightarrow R' + CH_4 \tag{4-5}$$

$$CH_3 \longrightarrow H_2C{=}CH_2 + \quad + CH_4 \tag{4-6}$$

由图 4-10(d) 可知，350～650℃区间内芳香烃的析出量均为最大。随 DCLR 添加量增加，最大析出峰逐渐向高温区移动，60%时强度最大，这说明 DCLR 的加入使得热解气相产物中的脂肪烃、环烷烃等脱氢形成更多的芳香烃，反应如式（4-7）～式（4-9）所示。

$$C_2H_5 \xrightarrow[-3H_2]{} C_2H_5 \tag{4-7}$$

$$\xrightarrow[-H_2]{} CH_3 \xrightarrow[-3H_2]{} CH_3 \tag{4-8}$$

$$CH_3, CH_3 \rightleftharpoons CH_3 \xrightarrow[-3H_2]{} CH_3 \tag{4-9}$$

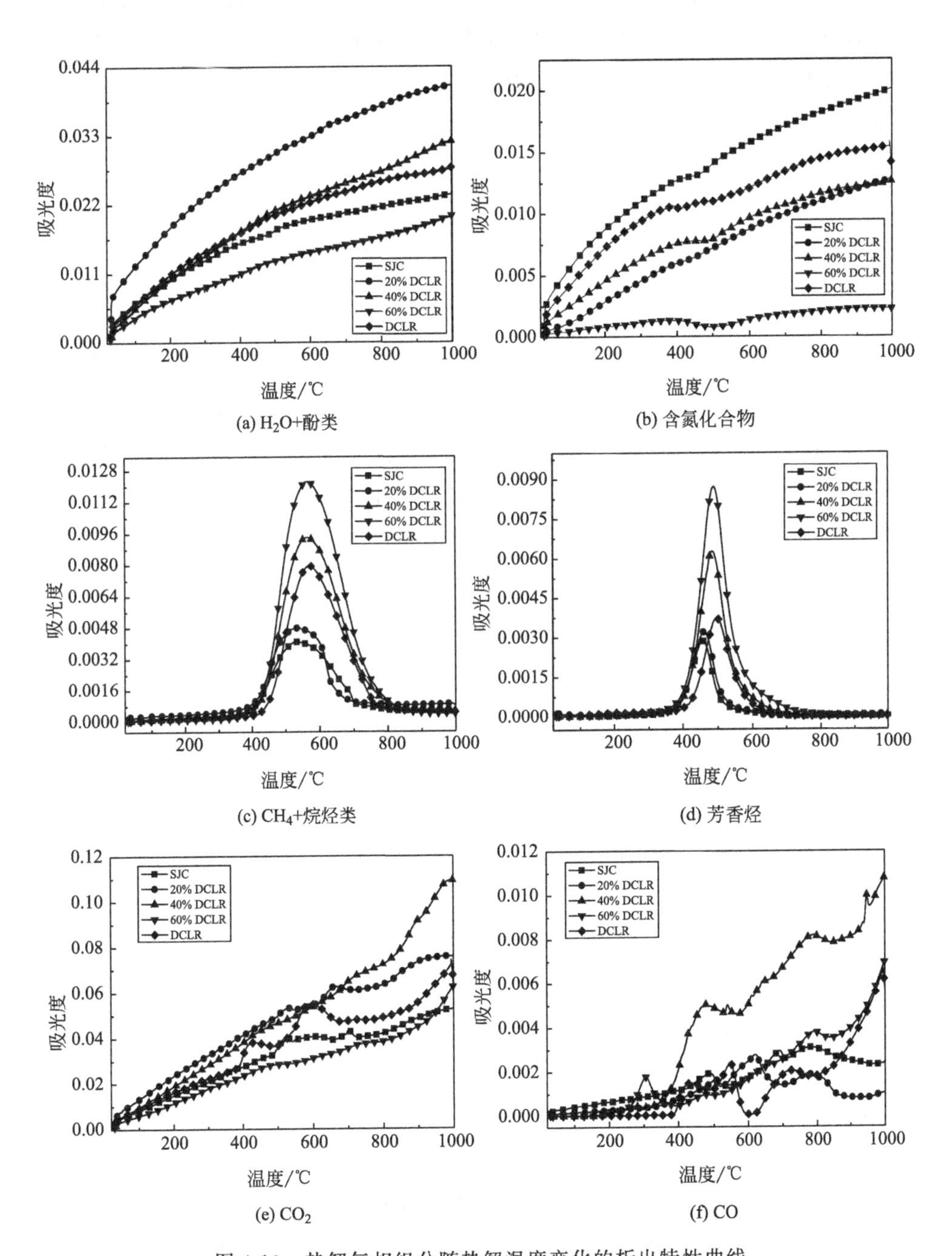

图 4-10　热解气相组分随热解温度变化的析出特性曲线

CO_2 的析出主要来自原料中的含氧官能团（如—COOH、R—COO—R、—CH_3O 等）的分解，其析出量均随温度升高而升高［图 4-10(e)］，在 400℃以后大量析出，说明 DCLR 的添加有利于煤中 CO_2 析出。随着 DCLR 添加量增加，共热解过程 CO_2 析出曲线高于单独热解，反应如式（4-2）～式（4-11）所示。

$$R-\overset{\overset{\displaystyle O}{\|}}{C}-O-R' \longrightarrow R+R'+CO_2 \tag{4-10}$$

$$C_6H_5-\overset{\overset{\displaystyle O}{\|}}{C}-OH \longrightarrow C_6H_6 + CO_2 \tag{4-11}$$

由图 4-10(f) 可知，CO 的析出规律与 CO_2 差异较大。值得注意的是，在 300℃以前 CO 析出强度很弱，但在 450℃以后大量析出，最大析出温度在 500～800℃之间。CO 的来源是多元化的，主要包括煤中桥键的断裂、酚类的热解、羰基和醚键的断裂或者短链脂肪酸的热解等，反应如式（4-12）～式(4-16) 所示。

$$-CH_2-+H_2O \longrightarrow CO+2H_2 \tag{4-12}$$

$$-CH_2-+-O- \longrightarrow CO+H_2 \tag{4-13}$$

$$(OH)C_6H_4CH_3 \longrightarrow C_6H_5CH_3 + CO+H_2 \tag{4-14}$$

$$CH_3(CH_2)_4-\overset{\overset{\displaystyle O}{\|}}{C}-OH \longrightarrow CH_3(CH_2)_3CH_3 + CO+H_2O \tag{4-15}$$

$$C_6H_4(CH_2CH_3)(CH_2OCH_3) \longrightarrow C_6H_4(CH_2CH_3)(CH_3) + CO \tag{4-16}$$

4.3.5.6 热解固体焦的红外分析

热解固体焦的红外光谱如图 4-11 所示。3405.84cm^{-1}、2918.60cm^{-1}、1594.26cm^{-1}、1380.64cm^{-1} 和 1039.47cm^{-1} 处均出现了明显的吸收峰，且大致具有相似的振动强弱规律，随 DCLR 添加量增大其吸收强度呈现先增后减的趋势，40%时出现最大值。3405.84cm^{-1} 附近为 N—H 的伸缩振动，最大吸收强度出现在 20%，这是因为 DCLR 的加入会使更多的 N 元素保留在固体焦中。结合图 4-9 可知，随着 DCLR 添加量增加，脱落的 N 可能转移到焦油之中，因而峰值逐渐减弱。2918.60cm^{-1} 和 1380.64cm^{-1} 归属—CH_2—的反对称伸缩振动和—CH_3 对称变角振动，说明 DCLR 的加入使固体焦的脂肪烃结构被破坏，其吸收峰均有不同程度的偏移，这可能是共轭效应或氢键效应所导致的。1594.26cm^{-1} 为 C═O 的伸缩振动，说明固体焦表面结构存在羧基、醛基和酮基等含羰基的物质，40％时吸收强度最大，说明热解反应生成了更多的含羰基的芳香类物质，C═O 与自由基结合生成 CO_2 或 CO 等气体。1039.47cm^{-1} 为—CO 的面外振动，说明焦表面存在醚类或环氧类物质，DCLR 的加入使得样品发生缩合反应形成大分子的环氧类物质存在于焦中，40％时振动最强烈，随着 DCLR 添加量增加其强度减弱，说明 DCLR 的供氢作用使得生成的环氧类物质再一次被裂解生成气态烃。DCLR 固体焦中 C—O 的振动不明显，这也说明液化过程使 DCLR 中的含氧官能团被破坏。

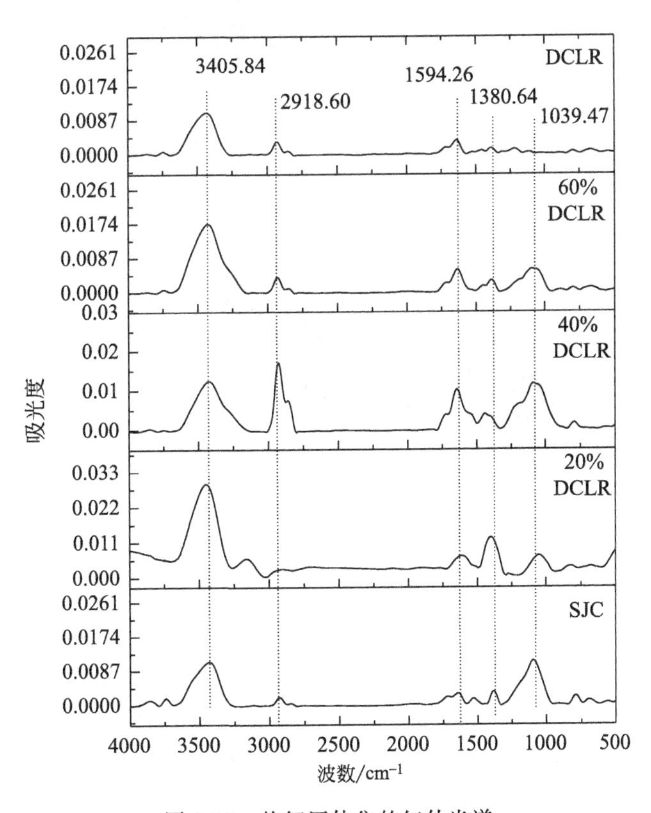

图 4-11　热解固体焦的红外光谱

4.3.6 固体焦的原位红外分析及成焦机理

不同热解温度下固体焦的原位红外谱图如图 4-12 所示，共热解样品中液化残渣的添加比例为 40%。由图 4-12 可以看出原始状态下样品中均存在芳香烃、脂肪烃、含氧官能团，其中含氧官能团主要包括羟基、羧基、羰基、烷基醚等，其吸收峰强度均随热解温度升高逐渐减弱[15]。

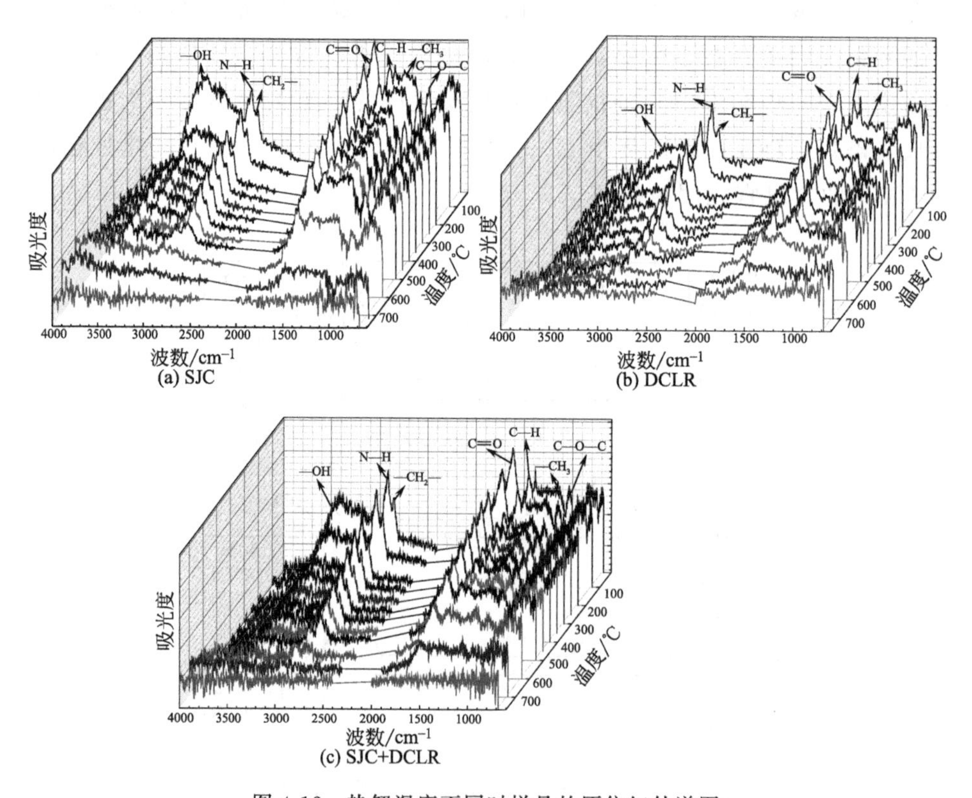

图 4-12 热解温度不同时样品的原位红外谱图

由图 4-12(a) 和图 4-12(b) 可以看出，SJC 热解焦表面各官能团的吸收强度均高于 DCLR，这是因为直接液化过程煤化学结构中键能较弱的部位已经发生断裂，反应活性差的惰质组分富集于残渣中。由图 4-12(c) 可以看出 DCLR 的加入使得共热解焦表面各官能团的吸收峰强度（尤其是脂肪烃和含氧官能团）随着温度升高存在较大幅度的减弱。3650～3200cm^{-1} 处存在较宽的吸收峰，归属于煤表面的—OH，结合样品的 TG-DTG 曲线可知样品中吸附的水先被脱除，100℃时—OH 的吸收峰强度下降最为明显，随后分子间的缔合水开始脱去。3480～3200cm^{-1} 归属于胺类化合物—NH_2 的伸缩振动，共热解的吸收强度略高于单独热解，说明 DCLR 的加入使得更多的 N 保留在固体焦中。2960～2945cm^{-1}、2925～2850cm^{-1} 和 1460～1375cm^{-1} 的特征吸收峰分别归属于 R—CH_3、R—CH_2 和 Ph—CH_3，脂肪烃的吸收峰强度随热解温度升高而减弱，尤其是剧烈热解阶段裂解产生大量的自由基碎片相结合形成气态产物脂肪烃。1730～1690cm^{-1} 的 C═O 吸收强度的减弱归因于样品中羧基的分解，1338～1240cm^{-1} 和 1275～1020cm^{-1} 分别为 Ph—C—O—C 和 R—C—O—C 的特征吸收峰，随着热解温度升高可分解生成 CO 和 CO_2。900～700cm^{-1} 区间的吸收峰归属于芳香族化合物中—CH 的弯曲振动，热解第二阶段吸收强度骤减，说明芳香族化合物发生了剧烈的裂解或者缩合反应。

4.3.6.1　热解过程活性官能团变化分析

以芳香烃结构 Ph—CH 弯曲振动（880～700cm^{-1}）与伸缩振动（3100～3000cm^{-1}）、Ph—C═C 骨架振动（1600～1450cm^{-1}），脂肪烃结构—CH_3 伸缩振动（2960～2945cm^{-1}）与—CH_2—伸缩振动（2925～2850cm^{-1}），含氧官能团中—OH 伸缩振动（3650～3200cm^{-1}），C═O 伸缩振动（1730～1680cm^{-1}）以及 C—O—C 伸缩振动（1338～1020cm^{-1}）为主来解析热解过程中固体焦表面主要活性基团的演变规律。

（1）芳香烃

由图 4-13(a)～(d) 可以看出，750cm^{-1}、825cm^{-1} 和 880cm^{-1} 附近分别为芳香环上四氢、两氢相连及单氢结构的吸收振动峰。随着热解温度升高，热解过程芳香环中 C—H 基团发生裂解或缩合反应导致芳香烃—CH 的吸收强度总体上呈现逐渐减弱的趋势。SJC 热解的—CH 吸收峰强度在 600℃以后急剧减弱，SJC+DCLR 共热解的吸收强度总体呈现逐渐减弱的趋势且弱于单独热解，这可能是由于 DCLR 中存在的催化剂加速芳香烃和酚类物质的加氢裂解反应使其转化为脂肪烃和小分子气态烃。值得注意的是，200℃附近 DCLR 单独热解时有次生的—CH 结构出现，使其吸收峰强度略微有所增强，而且少量挥发分的释放使得共热解的吸收峰强度低于二者单独热解。

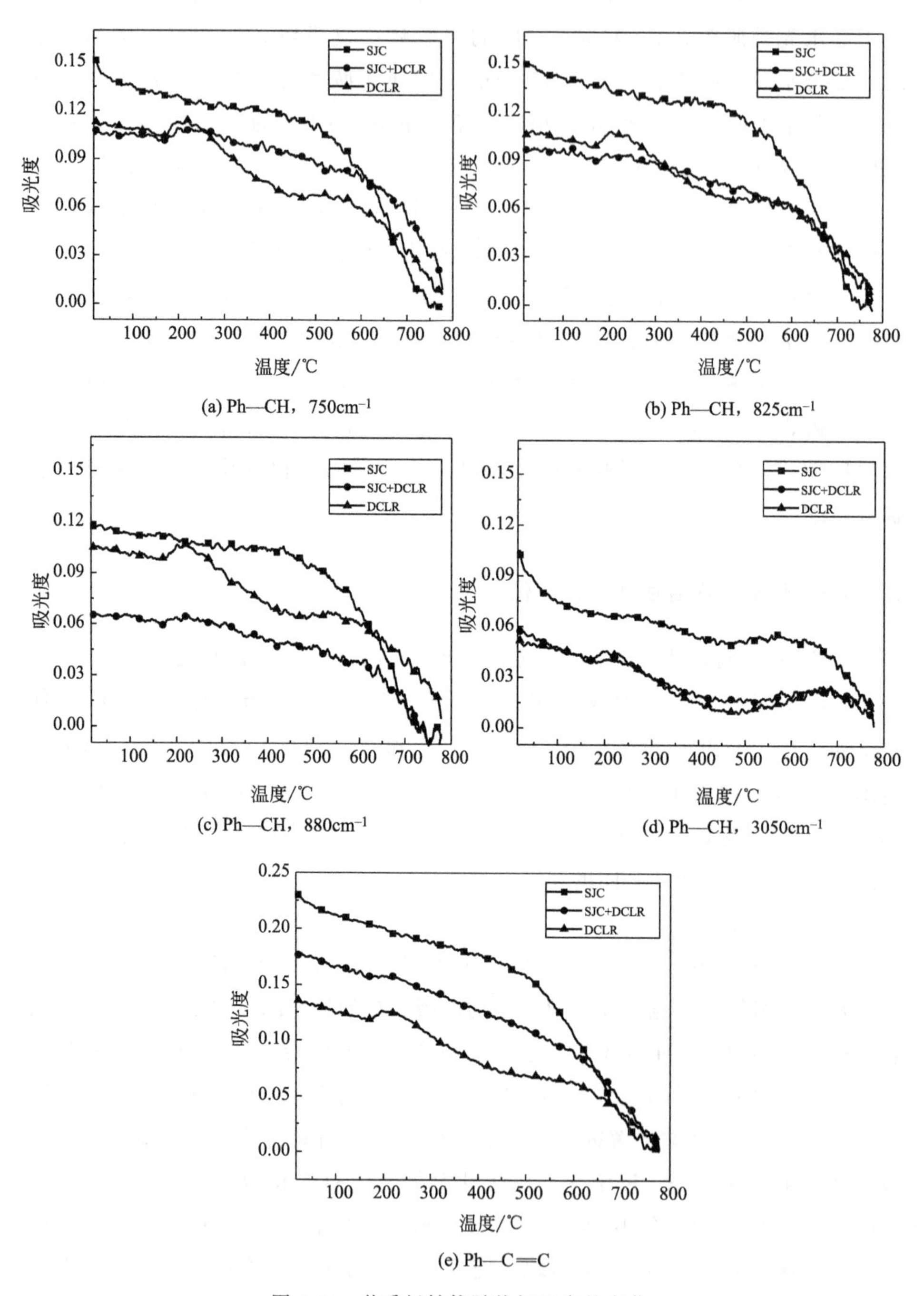

(a) Ph—CH，750cm^{-1}

(b) Ph—CH，825cm^{-1}

(c) Ph—CH，880cm^{-1}

(d) Ph—CH，3050cm^{-1}

(e) Ph—C═C

图 4-13 芳香烃结构随热解温度的变化

结合图 4-12 可知，大量挥发分的析出造成样品在 450℃时失重速率最大，样品中芳香烃—CH 在 3050cm^{-1} 附近的吸收峰强度也达到了最弱。515.48℃以后烷烃和环烷烃等芳构化反应的发生使得样品中 Ph—CH 含量增大，反应如式（4-17）、式（4-18）所示。此时，煤的大分子网络结构开始收缩，自由基碎片之间开始缩合形成半焦。由图 4-13(e) 可知，1550cm^{-1} 附近 SJC 的芳香环 C═C 骨架振动强度随着热解进行而逐渐减弱，500℃以后其强度骤减，这说明在第二热解阶段内样品中的芳香环结构被大量破坏。对于 SJC+DCLR 共热解 C═C 的吸收峰强度在整个热解区间持续下降，这是因为 SJC、DCLR 热解生成的小分子自由基碎片与共热解过程生成的氢自由基结合，生成稳定的、分子量较小的、H/C 原子比较高的物质，热解后期并未发现 Ph—C═C 骨架的吸收强度增强，但要大于 SJC 单独热解。

$$\mathrm{R} \xrightarrow{-H_2} \mathrm{R} \xrightarrow{-3H_2} \mathrm{R} \qquad (4\text{-}17)$$

$$\mathrm{H_3C}\;\;\mathrm{R} \longrightarrow \mathrm{R} \xrightarrow{-3H_2} \mathrm{R} \qquad (4\text{-}18)$$

（2）脂肪烃

脂肪烃的甲基（2955cm^{-1}）与亚甲基（2923cm^{-1}）吸收峰强度均随热解温度升高而逐渐减弱（图 4-14）。热解第二阶段煤中脂肪族侧链大量断裂，与芳香族相连的脂肪烃类物质也发生分解形成气态产物，因此 SJC 热解过程中—CH_3 和—CH_2—的吸收峰强度在 400℃附近开始骤减。脂肪烃的分解为芳香环提供自由基来抑制缩聚反应，但热解后期自由基浓度的增加使得热缩聚速度大于热分解速度，半焦与气相物质发生交互反应，600℃以后—CH_3 和—CH_2—的吸收峰强度逐渐增强。

对不同温度下脂肪族—CH 的红外光谱进行曲线拟合，如图 4-15 所示（仅以 450℃为例），可以看出 SJC 热解固体焦表面脂肪族物质含量最多。图 4-16 为温度对甲基与亚甲基拟合面积的影响。可以看出，共热解时脂肪族—CH 组分的吸收峰强度明显减弱，400℃以后—CH_3 峰面积大幅下降，—CH_2—峰面积在 250℃以后减小显著，表明共热解开始时—CH_2—就已经开始大量断裂。甲基和亚甲基的峰面积之比表示样品中烷基侧链的长度，比值越大说明样品中亚甲基的含量越少，由图 4-17 可看出，300℃之前 SJC 热解过程中 CH_3/CH_2 比值变化并不明显，随后呈现逐渐增加的趋势，SJC+DCLR共热解过程的变

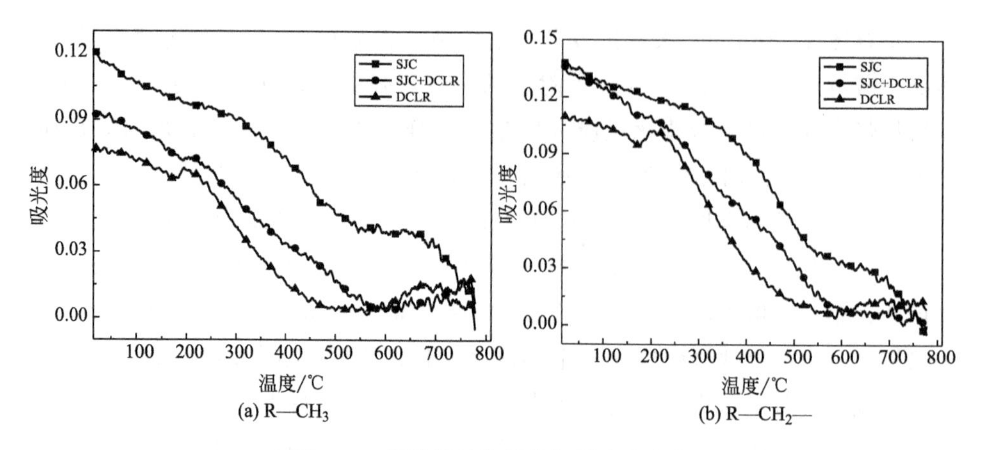

图 4-14　脂肪烃结构随热解温度的变化

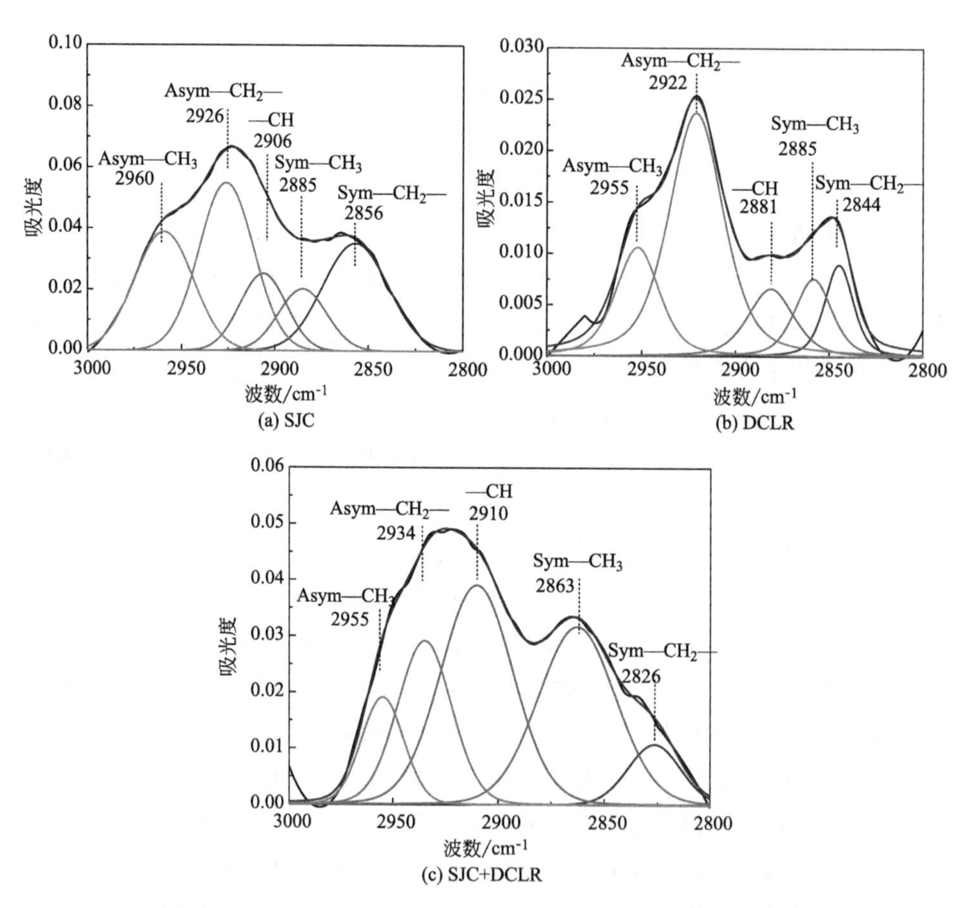

图 4-15　450℃时热解焦表面—CH_3 和—CH_2—的分峰拟合曲线

化比较复杂。300～400℃不稳定桥键（—CH_2—）开始断裂生成自由基碎片，脂肪侧链（—CH_3）裂解生成 CH_4、C_2H_6、C_2H_4 等气相产物，热解第二阶段，加氢裂解反应使得芳香烃被破坏，固体焦表面脂肪链结构增加，CH_3/CH_2 比值降低。由于自由基碎片的含量随热解温度升高而增大，胶质体在颗粒之间的流动使得自由基碎片之间发生缩聚反应，形成比芳香度更高的半焦，CH_3/CH_2 比值逐渐增大。

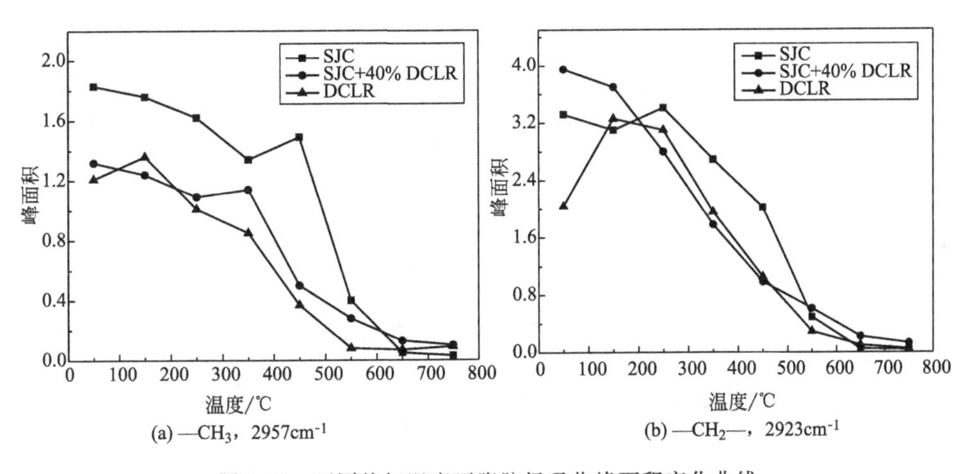

图 4-16 不同热解温度下脂肪烃吸收峰面积变化曲线

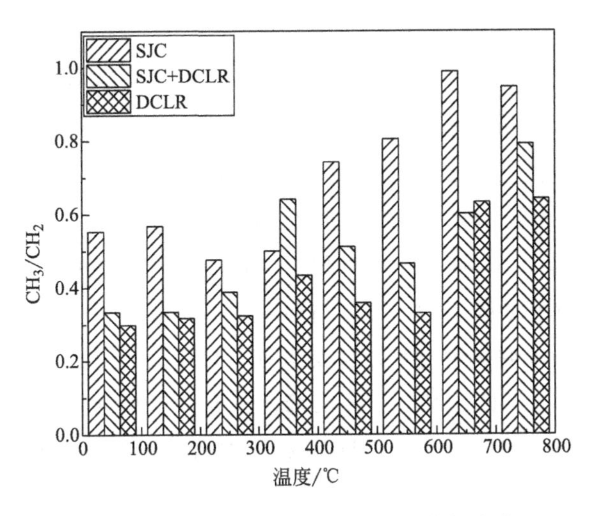

图 4-17 CH_3/CH_2 比值随热解温度的变化

（3）含氧官能团

由图 4-18(a) 可以看出，100℃之前水分的脱除导致游离—OH 的吸收强度明显减弱，共热解的吸收强度明显小于单独热解。500℃以后缩聚反应的发生使得游离—OH 吸收强度略微有所增加。缔合—OH（$3380cm^{-1}$）的吸收强度随热解温度升高均大幅减弱，450℃时达到最低点，共热解吸收强度的减小幅度介于 SJC 与 DCLR 单独热解之间。450℃以后热解产生的氢自由基使得 C═O 转换为不易脱落的缔合—OH，因此其吸收强度缓慢增大。

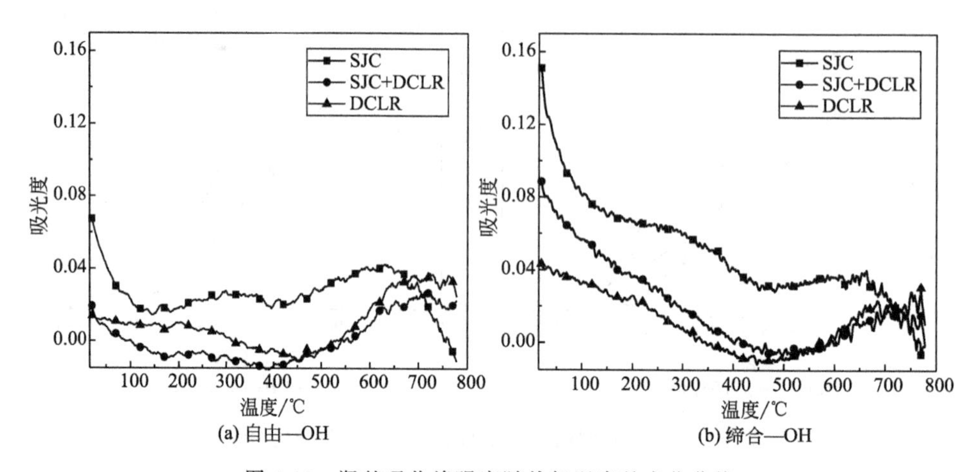

图 4-18 羟基吸收峰强度随热解温度的变化曲线

对 3600～$3200cm^{-1}$ 伸缩振动区间进行曲线拟合，因为—NH_2 的伸缩振动也在此区间出现，故可分为 5 个吸收振动峰，包括缔合 H_2O、反对称伸缩振动的—NH_2、醇—OH、酚—OH 和对称伸缩振动的—NH_2，结果如图 4-19 所示（仅以 450℃为例）。由—OH 峰面积随热解温度的变化曲线（图 4-20）可以看出，200℃以后 SJC 和 DCLR 的缔合—OH 峰面积急速下降，但是 SJC+DCLR 共热解则有所增强。醇—OH 与酚—OH 的峰面积随热解温度升高总体呈现下降的趋势，说明热解过程固体焦表面—OH 的含量逐渐减少。值得注意的是，共热解的醇—OH 与酚—OH 的峰面积要大于单独热解，热解产生的氢自由基促进了—OH 的加氢反应，H_2O 和酚类物质析出量增多，这说明 DCLR 的加入对醇和酚类物质的生成有正协同作用。

由图 4-21 可以看出，热解过程 C═O（$1710cm^{-1}$）的吸收峰强度随温度升高逐渐减小，400℃以前SJC与SJC＋DCLR热解过程中变化幅度较小。此

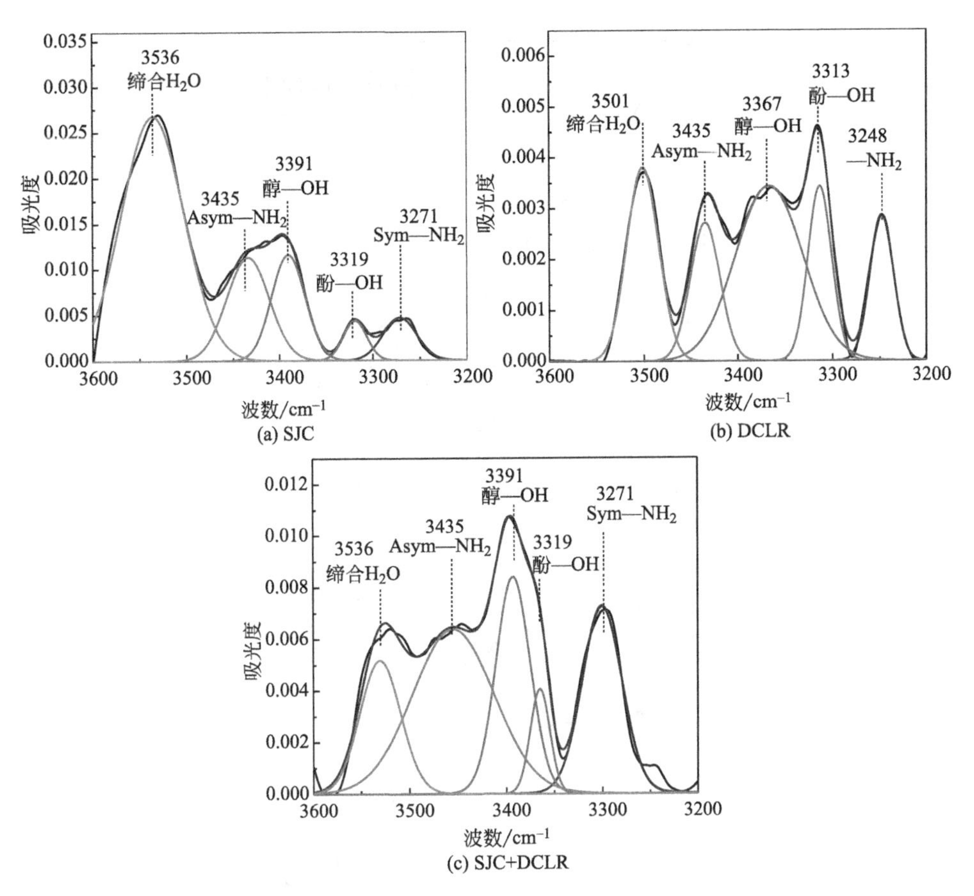

图 4-19　450℃时热解焦表面—OH 的分峰拟合曲线

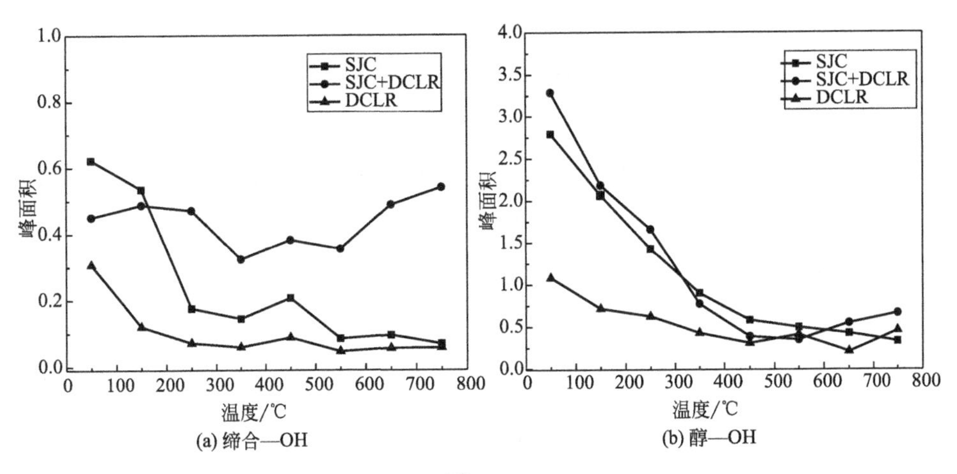

图 4-20

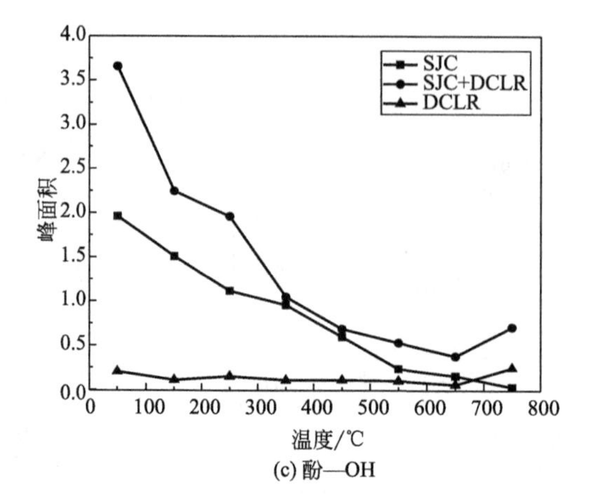

(c) 酚—OH

图 4-20 羟基拟合峰面积的变化曲线

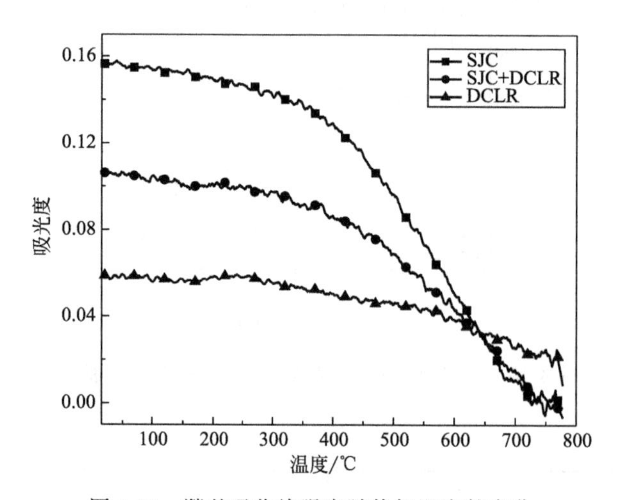

图 4-21 羰基吸收峰强度随热解温度的变化

时 SJC 中不稳定的羧基开始分解生成 CO_2，DCLR 中羰基含量较低且已比较稳定，变化不是十分明显。450℃附近 C═O 吸收强度开始大幅降低，表明大量的 C═O 参与热解过程反应生成气相产物（如 CO、CO_2、H_2O 等）及芳香、烷基基团，如式（4-19）、式（4-20）所示。

$$\longrightarrow CO + R^{\cdot} \tag{4-19}$$

$$\longrightarrow CO_2 + Ph^{\cdot} \tag{4-20}$$

羰基官能团中相互影响的谱带较多，采用分峰拟合的方法有利于各官能团演变规律的解析，如图 4-22 所示。450℃时 SJC+DCLR 共热解的 C═O 吸收峰强度小于 SJC、DCLR 单独热解，共热解过程中 DCLR 的加入使得 C═O 大量消耗，产生的共轭效应造成 C═O 的伸缩振动移向高频位。由图 4-23 可以看出，随热解温度升高羰基官能团的拟合峰面积逐渐减小，SJC 与 SJC+DCLR 热解过程的峰面积均高于 DCLR。酯类 C═O 的吸收峰面积随热解温度升高先增强后减弱，350℃以前羧基发生交联反应生成酸酐或酯类物质，温度升高酸酐和酯类等迅速发生分解。250℃以前伯醇/仲醇类物质发生脱氢反应转变为醛/酮，使得酮、醛含量略微有所增加，如式（4-21）、式（4-22）所示。热解第二阶段，羰基发生加氢反应生成 CO_2 和不易脱落的—OH，此时其吸收峰面积骤减。不同的是酮 C═O 在 400℃以后发生骤减，而醛 C═O 的大量减

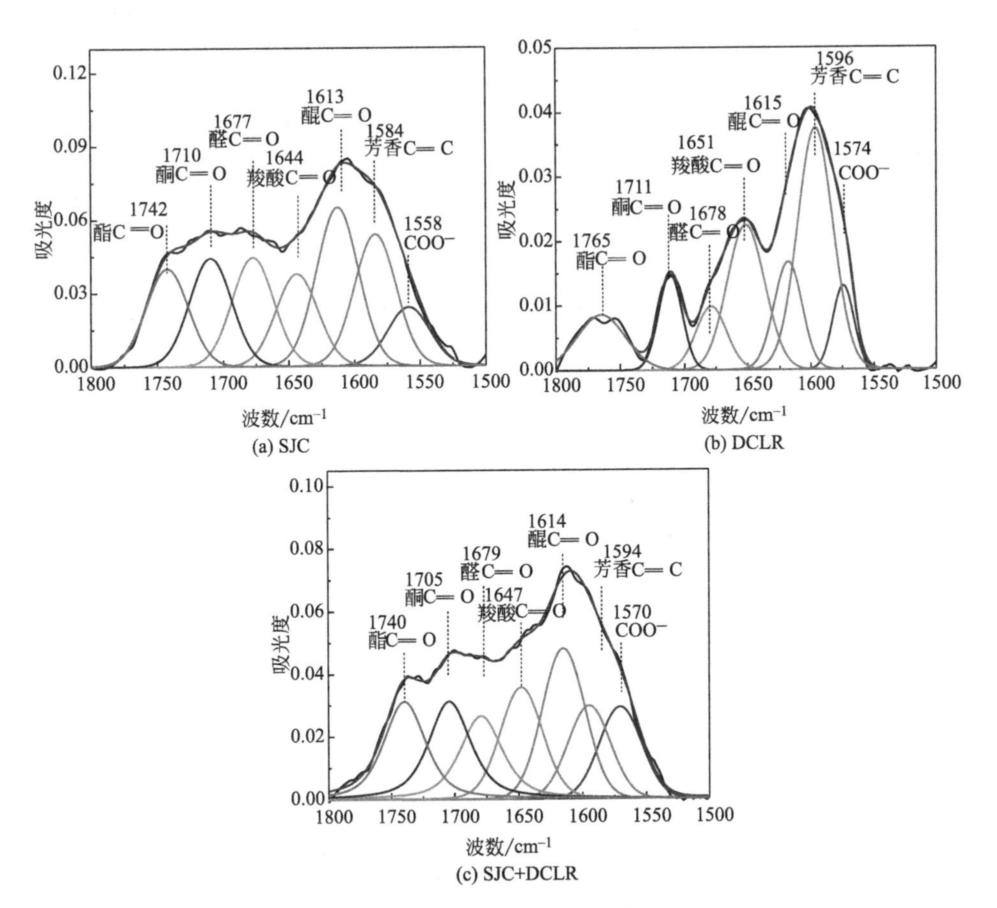

图 4-22　450℃热解焦表面 C═O 的分峰拟合曲线

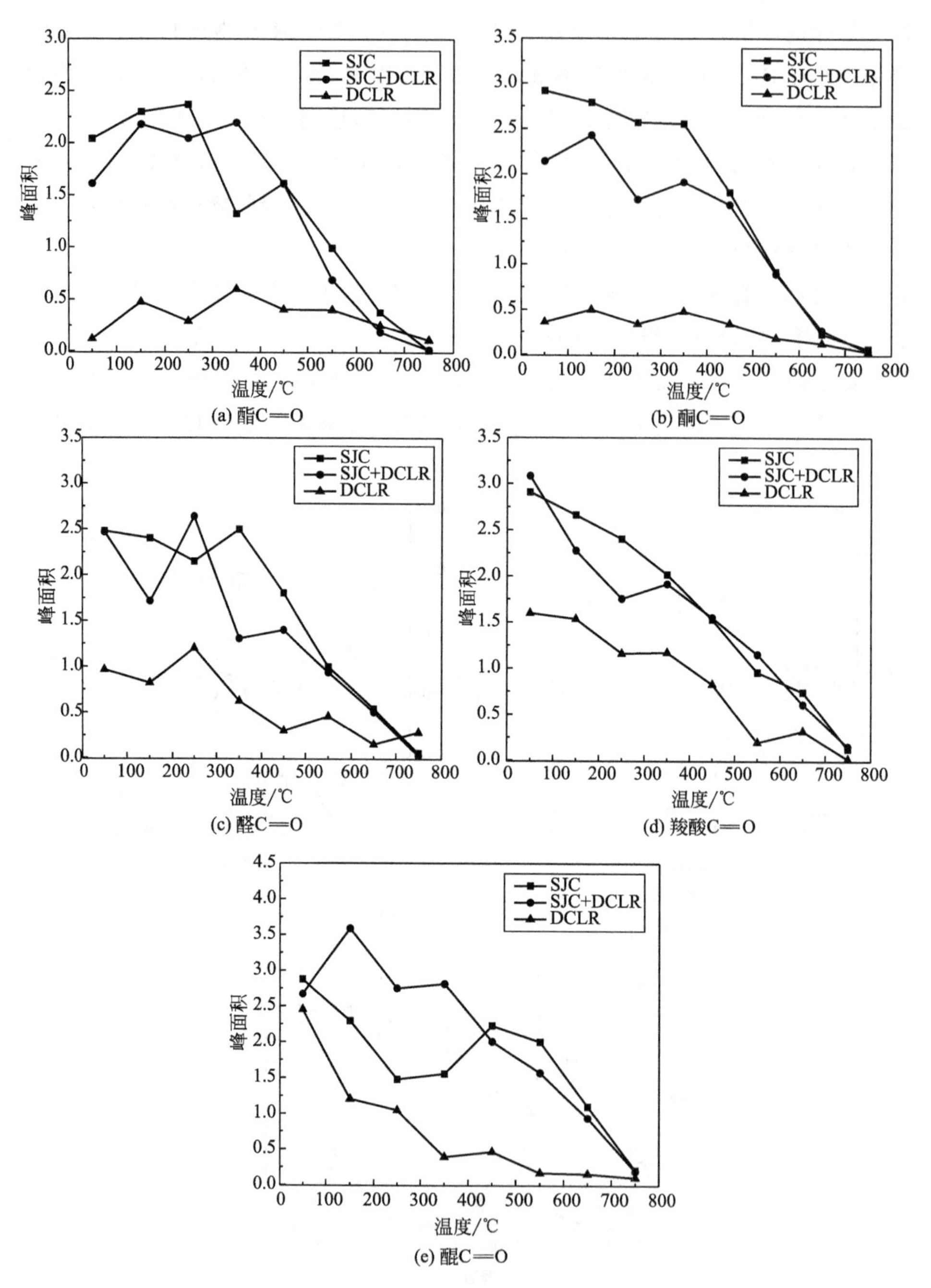

图 4-23 羰基拟合峰面积变化曲线

少出现在250℃。羧基结构的热稳定性有多样性，其吸收峰面积随热解温度升高逐渐减小。CO_2的释放存在于整个热解区间，SJC+DCLR共热解过程的释放量高于SJC、DCLR单独热解，说明有更多的含氧官能团转变成CO_2。醌C═O的峰面积大于其他含C═O官能团，随热解温度升高峰面积呈现逐渐下降的趋势，这说明醌C═O的结构被破坏以其他形式存在于固体焦中。

$$R—CH_2—OH \longrightarrow R'—\overset{\overset{\displaystyle O}{\|}}{C}H + 2[H] \tag{4-21}$$

$$R^1—\underset{}{\overset{\overset{\displaystyle R^2}{|}}{C}}H—OH \longrightarrow R^{1'}—\overset{\overset{\displaystyle O}{\|}}{C}—R^{2'} + 2[H] \tag{4-22}$$

醚键C—O—C的吸收峰强度随温度变化如图4-24所示，与C═O的变化类似。SJC热解焦中醚键500℃以后才开始大量断裂生成CO，SJC+DCLR共热解过程中芳香环簇之间的C—O—C加速断裂，产生的氢自由基稳定了醚键断裂所形成的自由基，其吸收峰强度在整个热解区间持续减弱。

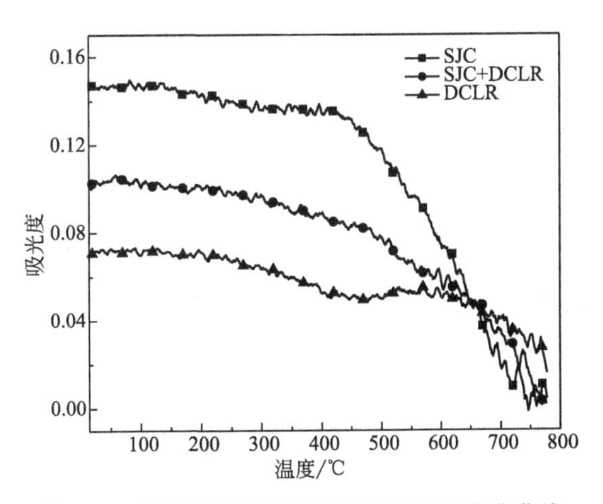

图4-24　醚键吸收峰强度随热解温度的变化曲线

4.3.6.2　共热解过程焦的形成机理

SJC+DCLR共热解过程焦表面官能团的演变规律如图4-25所示。低变质煤中含有大量的不稳定官能团（如羧基、羟基和甲氧基等）与脂肪族侧链，热解过程会产生大量的小分子自由基碎片。DCLR本身芳香度较高，重质组分在热解过程中会挥发逸出造成失重，也可分解生成分子量较大的自由基碎片。共热解过程中 SJC 与 DCLR 的水与吸附的小分子气体在 100℃左右开始脱除。372.12℃之前，弱键结构开始断裂析出 H_2O、CO_2 和 CO 等气体，同时桥键也开始断裂形成—CH_2—、—CH_2—CH_2—和—CH_2—O—等小分子自由基碎片。372.12～515.48℃区间脂肪烃侧链大量断裂释放出 CH_4，含氧官能团中的缔合—OH 开始脱落，气相产物中水和酚类物质增多。—C═O 开始形成芳香基团和脂肪基团，释放出 H_2O、CO 和 CO_2 等气体，芳香环簇间的—C—O—C—大量断裂，芳香烃类物质开始析出，气态产物收率急剧增加。SJC＋DCLR 共热解产生的大量芳香基团、脂肪基团与氢自由基结合形成稳定的焦油产物，或发生重排与缩聚反应形成半焦。热解温度达到 515.48℃以上时，氢自由基大量消耗，自由基碎片之间开始缩聚生成芳香度更高的焦，此过程主要释放出 H_2。

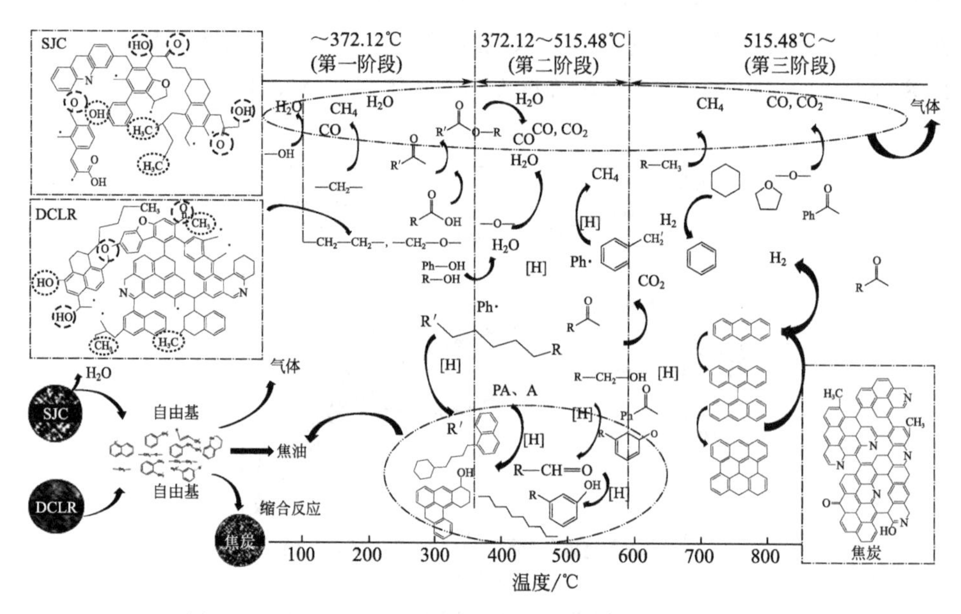

图 4-25　SJC＋DCLR 共热解过程焦表面官能团的演变规律

4.4　低变质煤与低温焦油重质组分（HS）共热解

陕北低变质煤生产兰炭的过程中得到的低温焦油，在 400℃左右除去焦油蒸馏残液（沥青）后，再经 180～230℃蒸馏脱除酚油、萘油，230～300℃脱去洗油后可得到重质组分（HS）[16]。低变质煤与该重质组分共热解过程中，重质组分可在煤颗粒间随意流动，充分润湿煤颗粒表面，改善热解反应条件与产品分布，进一步优化热解产物的结构与组成[14,17]。

4.4.1　共热解产物收率

SJC 与 SJC＋HS 热解产物收率变化如图 4-26。共热解后固体焦收率降低，煤焦油及煤气收率增加。SJC 热解焦收率为 79.00%，而共热解却只有 59.08%，煤焦油收率从 11.60%提高到了 23.78%，煤气收率提高了 7.74%。

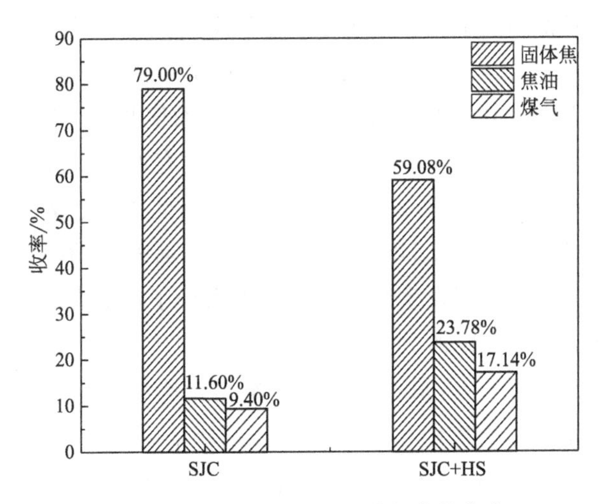

图 4-26　SJC 和 SJC＋HS 热解产物收率

4.4.2　共热解产品分析

4.4.2.1　煤气组成分析

热解煤气组成如表 4-10 所示。SJC＋HS 共热解煤气中 CO_2、CH_4 及 C_nH_m 的含量要比 SJC 单独热解时高 2 倍以上，而 H_2 含量则减少了 50%。SJC 本身就是含氢量较高的煤，热解过程中会产生大量 H_2 及 CH_4，共热解过程中 SJC 作为供氢体，提供大量的［H］自由基，使得 HS 发生加氢裂解反应，导致煤气中 H_2 与 CH_4 含量显著降低，而焦油中轻质组分含量增加，这说明共热解过程中煤与HS之间存在着协同作用。

表 4-10 不同热解方式下煤气的组成 单位:%(体积分数)

热解样品	热解煤气组成					
	CO_2	CO	CH_4	C_nH_m	H_2	$H_2+CO+CH_4$
SJC	3.92	14.58	16.30	1.97	41.87	72.75
SJC+HS	10.83	11.70	37.84	4.03	19.69	69.23

4.4.2.2 固体焦的FTIR分析

固体焦的FTIR分析结果如图4-27所示。$3425cm^{-1}$处为羟基(—OH)的伸缩振动，SJC热解焦表面—OH的伸缩振动的强度比共热解更加强烈，说明HS的添加可促使羟基自由基脱落或发生缩合反应，产生如H_2O、小分子醇、酚或大分子环氧类等其他含氧结构物质，从而使共热解焦表面羟基振动减弱。$1107cm^{-1}$处为C—O的面外振动，表明可能存在醚或环氧类物质，而醚键(C—O—C)在热解时容易断裂分解为CO，因此该峰代表的是大分子环氧类物质的C—O振动，SJC+HS共热解后C—O面外振动峰更加强烈，说明HS与SJC中羟基结构作用发生缩合反应产生大分子环氧类物质，使固体焦表面羟基含量降低，C—O键的数量增加。$2904cm^{-1}$归属于—CH_2—伸缩振动，$1460cm^{-1}$归属于—CH_2—变形振动，共热解后两个吸收峰强度并没有明显变化，说明HS的加入不会影响焦表面脂肪烃结构的形成。$1639cm^{-1}$处为羰基(C═O)的伸缩振动，说明固体焦表面结构中存在羧基、醛或酮类结构。煤热解时脂肪侧链上连接的—COOH、—C═O很容易裂解产生CO_2或CO气体，固体焦表面的羰基应该是与芳香族物质结合的—C═O。共热解后$1639cm^{-1}$与$1409cm^{-1}$处的吸收峰强度变化不大，但均向右偏移。影响峰位变化的内部因素包括电子效应和氢键效应，—C═O伸缩振动频率向低波数方向移动，这可能是产生了氢键效应，而—CH_2—变形振动吸收峰向右偏移可能是电子效应中共轭效应影响导致的。$2347cm^{-1}$处存在峰型尖锐的吸收峰，归属于—C≡N的伸缩振动，此峰仅存在于SJC+HS共热解焦表面，说明SJC与HS之间可能产生了协同作用，煤中烯烃类结构在NH_3存在的条件下发生氧化反应生成了腈类物质。煤热解过程中大部分氮保留在固体焦中，NH_3应该是由重油中含氮杂环直接断裂分解而释放的—N、—NH、—NH_2自由基与煤热解产生的[H]自由基结合转化而成。

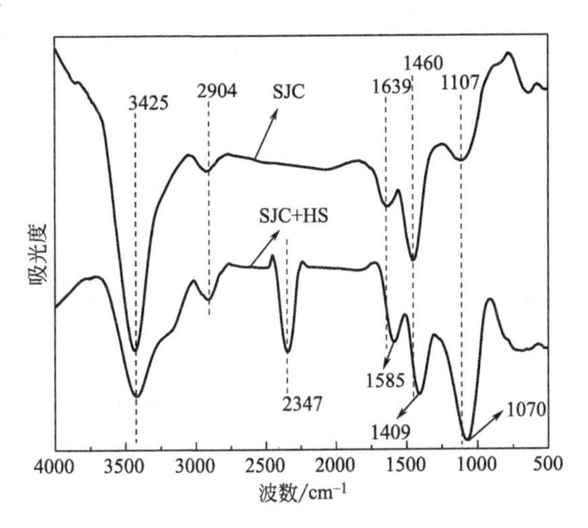

图 4-27 SJC 与 SJC+HS 热解固体焦的 FTIR 分析

4.4.2.3 焦油的 GC-MS 分析

采用岛津公司 GCMS-QP2010 Plus 型气相色谱-质谱联用仪对热解焦油及原料成分及含量进行分析。对待鉴定组分按概率匹配（PBM）法与 NIST08 和 NIST08S 谱库化合物图谱数据进行计算机检索对照，根据置信度或相似度确定组分的结构。对比结果表明，组分含量在 0.5%以上的物质相似度在 95%以上，而组分含量在 0.1%以上的物质相似度可达 60%以上，而含量小于 0.1%的组分当作未知物处理。将 GC-MS 分析后含量在 0.1%以上的物质分为 7 类，作为热解焦油及原料 HS 的主要组成，根据碳原子数可将焦油组分分为轻质油、中质油及重质油，结果分别如表 4-11、表 4-12 所示。表中 SJC+HS 共热解后焦油中各组分的理论值采用式（4-23）进行估算。

表 4-11 热解焦油及原料重油的组成 单位：%

样品	主要组成						
	烷烃类	烯烃类	芳香烃类	酚类	醇类	酮类	醛类
HS	21.57	0.69	33.93	21.29	3.28	1.03	0.99
SJC	8.58	0.61	51.22	21.30	1.11	0.15	1.13
SJC+HS	3.29	0.20	69.36	13.20	—	—	0.53
理论值	11.18	0.63	47.76	21.30	1.54	0.33	1.10

表 4-12 热解焦油及原料重油中碳原子数 单位：%

样品	热解焦油中碳原子数		
	$C_{6\sim10}$	$C_{11\sim19}$	$C_{>20}$
HS	22.05	38.93	29.39
SJC	48.72	34.33	9.06
SJC+HS	28.20	48.70	18.68
理论值	43.39	35.25	13.13

$$W_{SJC+HS}=W_{SJC}\times0.8+W_{HS}\times0.2 \tag{4-23}$$

其中，W_{SJC+HS} 为组分在 SJC+HS 共热解焦油中的百分含量，%；W_{SJC} 为组分在 SJC 单独热解焦油中的百分含量，%；W_{HS} 为该组分在 HS 中的百分含量，%。

由表 4-11 可知，热解焦油与重油均含有烷烃、芳香烃、酚类物质及少量烯烃、酮及醛类物质。与理论值相比，SJC+HS 共热解焦油中烷烃、烯烃、酚、醇、酮及醛类物质含量均有所降低，而芳香烃含量则提高了 21.60%，烷烃与酚类物质分别降低 7.89%与 8.10%。烷烃类物质大幅度减少说明在共热解过程中的确有协同作用存在，导致其在高温区发生二次裂解反应产生了 H_2 和 CH_4，也可能是环烷烃发生芳构化反应形成芳香烃类物质，导致芳香烃含量提高，如式（4-24）、式（4-25）所示。苯酚与氢作用形成环醇，进一步裂解成小分子气态烃和 H_2O，导致酚类物质含量降低，如式（4-26）所示。

$$C_nH_m+C_{n-x}H_{m-y}\longrightarrow H_2+CH_4+C \tag{4-24}$$

$$\text{1,2-二甲基环戊烷}\longrightarrow\text{甲基环己烷}\xrightarrow{-3H_2}\text{甲苯} \tag{4-25}$$

$$\text{苯酚}\xrightarrow{+H_2}\text{环己醇}\xrightarrow{+H_2}C_3H_8+C_2H_6+CH_4+H_2O \tag{4-26}$$

热解过程中 SJC 产生的大量 H_2 起到了供氢作用，HS 的加入导致氢自由基不会优先与氧结合生成水或氢气，而是促使其与重油中的烃类自由基结合产生一些轻组分物质，这在一定程度上有助于焦油产品轻质化，使得芳香烃含量有所提高。

由表 4-12 可知，SJC 单独热解焦油中含有 48.72%的轻质油，而重质油只占 9.06%，SJC+HS 共热解后轻质油含量减少至 28.20%，与理论值相比轻质组分含量降低了 15.19%，中质与重质组分含量分别增加了 13.45%、

5.55%。共热解焦油中轻质组分含量的减少是由于重油中轻质组分发生加氢反应后再进一步裂解为小分子气态烃、H_2O 等，中质组分含量增加可能是由重油中重质组分的加氢裂解所造成的。焦油中重质组分含量增加说明在共热解过程中 HS 会阻碍 SJC 热解产生的大分子气相物质裂解，这可能是因为 HS 抑制了煤在第二阶段热解，即在共热解第二阶段 HS 中的重质组分优先裂解，而 SJC 产生的大分子气相物质则来不及完全裂解，从而使焦油中重质组分含量有所提高。

4.4.3　气相产物的析出特性

4.4.3.1　失重特性分析

SJC 及 SJC+HS 样品的 TG/DTG/DSC 曲线如图 4-28，热解特性参数如表 4-13 所示，表中，$T_{on\ set}$ 为热解开始温度，T_{max} 为最大热解速率对应的温度，T_{end} 为热解结束温度。由图 4-28 可以看出，两种样品的失重特性极为相似，650℃之前 SJC+HS 的失重要明显大于 SJC。DTG 曲线上二者均在 90℃、448℃及 695℃附近出现最大失重速率峰，表明这些温度均有大量挥发分析出。90℃时煤表面吸附水大量析出；448℃时煤/重油快速热解产生大量焦油，同时析出 CO_2、CO、CH_4 等气体；695℃主要是半焦收缩，产生了少量焦油，析出以 CO、CH_4、H_2 为主的气体。值得注意的是，共热解的 DTG 曲线在 238℃附近出现了一个失重速率峰，这说明此时 HS 中低沸点化合物开始挥发，且一些不稳定键也开始断裂形成小分子量的轻质挥发性化合物，如 CO_2、H_2O 等。DSC 曲线分析表明，两种样品均在 85℃附近出现了吸热峰，这是样品表面吸附水蒸发吸热导致的，SJC+HS 共热解在 560～690℃也处于吸热状态，此时不仅 SJC 开始剧烈热解，重油组成中一些高能键也产生断裂与环裂，发生裂解和缩聚反应产生小分子挥发性物质。SJC 单独热解在 734.03℃以后放热速率逐渐减小，而 SJC+HS 却在 913.31℃出现吸热最高峰，这可能是二次裂解放热所致。

结合图 4-28 与表 4-13，SJC 与 SJC+HS 的热解过程均可分为三个阶段，第一阶段是初温到开始热解温度 $T_{on\ set}$，失重速率较小。对于 SJC 的热解 180℃之前主要是煤粒表面吸附水和吸附气体的释放，之后则是煤中弱化学键的断裂、重组，释放以 CO_2 为主的气体产物。SJC+HS 在 149.27～336.30℃区间出现了一个明显的失重速率峰，这时 HS 中低沸点化合物开始挥发，并且

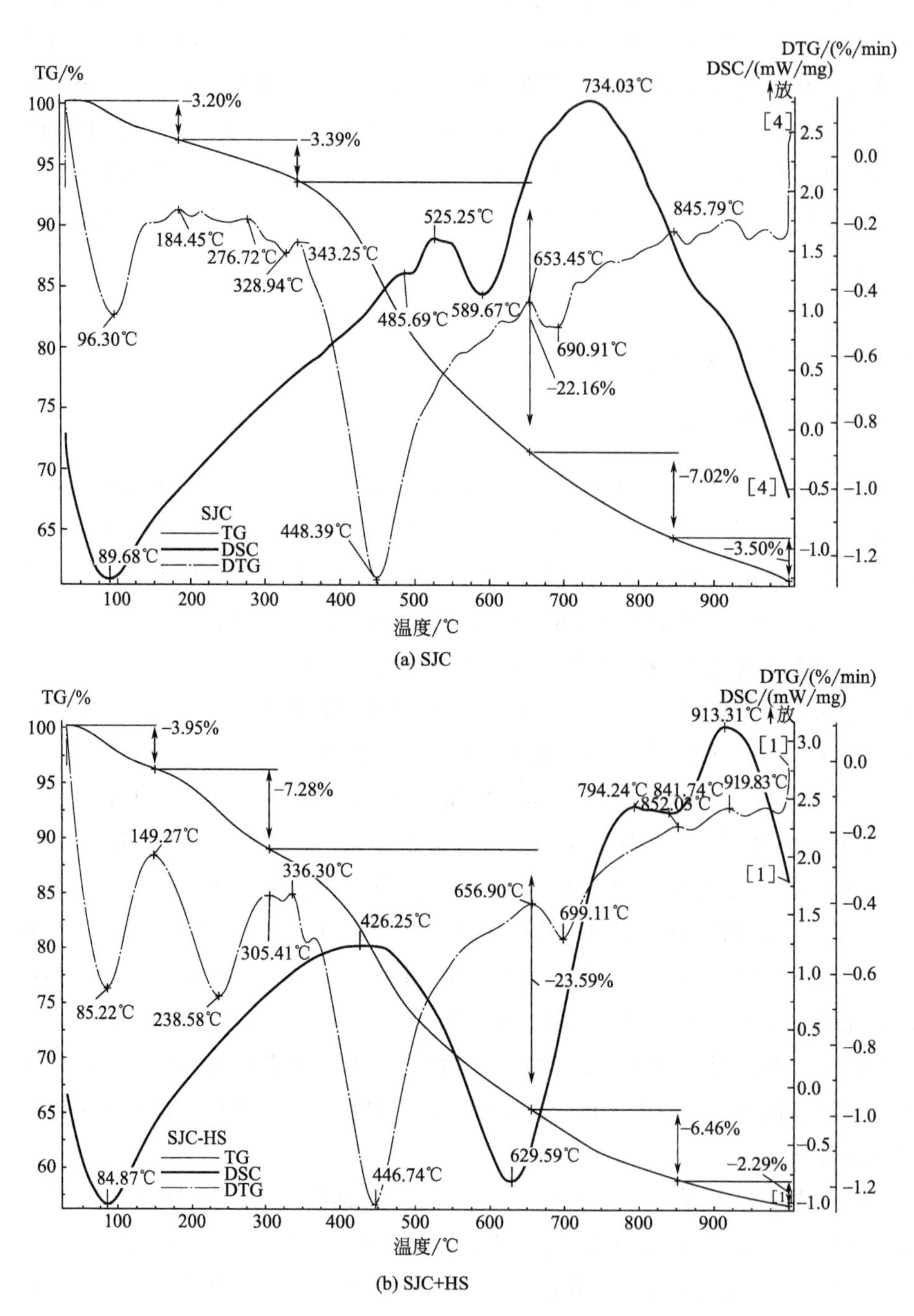

(a) SJC

(b) SJC+HS

图 4-28　SJC 及 SJC＋HS 样品的 TG/DTG/DSC 曲线

表 4-13　SJC 及 SJC+HS 的热解特性参数

样品	特征温度/℃			DTG_{max}/(%/min)	总失重率/%
	$T_{on\ set}$	T_{max}	T_{end}		
SJC	343.25	448.39	845.79	1.24	28.75
SJC+HS	149.27	446.74	852.03	1.24	34.82

弱化学键开始断裂产生以 CO_2 为主的气体和小分子轻质挥发性物质，从而导致实际热解温度降低。第二阶段由开始热解温度 $T_{on\ set}$ 到 655℃附近，TG 曲线下降明显，DTG 曲线在 447℃左右出现最大失重速率峰，失重率大于 20%，此阶段发生解聚和分解反应，释放出大量挥发分，形成半焦。第三阶段在 655～850℃之间，挥发分继续析出，气体产物主要以 H_2 和 CO 为主，失重速率逐渐减小。

4.4.3.2　气相产物的析出规律

热解气相产物的红外分析如图 4-29 所示。各吸收峰出现的位置没有明显的变化，但其宽度和振动强度随着温度的变化差异较大，说明 HS 的加入不会改变气相产物的组成，但是受到温度的影响各产物组成则会发生有规律的变化，这与焦油的 GC-MS 以及煤气组成分析结果一致。4000～3500cm^{-1} 处为羟基的特征吸收峰，除了包括 H_2O 分子中的—OH 吸收峰外，还包括 3500～3400cm^{-1} 处酚类化合物中—OH 的吸收峰。3400～3100cm^{-1} 处为 N—H 键或芳香族 C—H 的吸收振动，由于 SJC 和 HS 含氮量低，此峰主要代表热解焦油中芳香类物质。2400～2264cm^{-1} 和 600cm^{-1} 处为 CO_2 的特征吸收峰，1750～1600cm^{-1} 处为 C═O 基团的弯曲振动吸收峰，由于热解焦油中醛、酮、酸类物质含量很少，故主要为与芳香族物质结合的 C═O。1600～1460cm^{-1} 为 C═C 振动吸收峰，代表焦油中的芳香组分。在 3016cm^{-1} 和 2180cm^{-1} 左右的弱吸收峰，分别对应 CH_4 和 CO 的析出，这两个峰在 450℃才出现，说明在热解第二阶段才开始析出 CH_4 和 CO。

值得注意的是，SJC 热解过程中归属于 N—H 和芳香族 C—H 析出的吸收峰在整个热解区域内存在，并且振动强度较大，而 SJC+HS 共热解时该吸收峰在 500℃以后才开始出现，振动强度较弱。有 HS 存在的情况下，当温度低于 500℃时，重油热解产生的含氮自由基与煤中烯烃结构会结合生成腈类物质，使 N 元素以 C≡N 键的形式留在固体焦中，此时热解焦油中含氮物质减

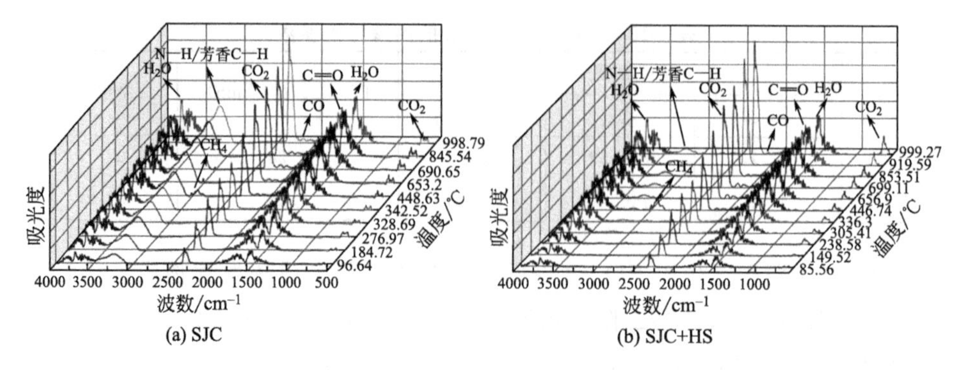

图 4-29　SJC 与 SJC＋HS 析出气相物质的红外光谱图

少，500℃以后焦油开始大量析出，此时芳香族物质含量逐渐增加，该吸收峰又逐渐增强。因此，低于 500℃时该吸收峰主要代表的是气相产物中的含氮组分，温度大于 500℃时则主要代表芳香族物质。

随着热解温度升高，$2400\sim2264\text{cm}^{-1}$ 处吸收峰的强度逐渐增大，说明在整个热解温度区间均有 CO_2 析出。CO_2 主要由羰基（C═O）和含羰基官能团（—COOH、—COOR）热解产生，第一阶段析出的主要为煤表面吸附的 CO_2，第二阶段是由煤与重油中脂肪族侧链上羰基的断裂重组产生的，第三阶段则是与芳香族物质结合的羰基的断裂重组，850℃以后主要是煤中矿物质的分解，如式（4-27）～式(4-29）所示。

$$\text{(烷基链)}-\underset{\substack{|\\ \text{C}(=\text{O})\text{CH}_3}}{\text{CH}}-\text{(烷基链)} + 2[\text{H}] \longrightarrow \text{(烷基链)}-\underset{\substack{|\\ \text{CH}_3}}{\text{CH}}-\text{(烷基链)} + CO_2 \tag{4-27}$$

$$2\ \text{C}_{10}\text{H}_7-\text{C}(=\text{O})-\text{CH}_3 + 11[\text{H}] \longrightarrow 2\ \text{C}_{10}\text{H}_8 + CO_2 + 3CH_4 \tag{4-28}$$

$$CaCO_3 \longrightarrow CaO + CO_2 \tag{4-29}$$

CO 和 CH_4 的析出主要出现在热解第二阶段，CO 主要来自二芳基醚及气相产物的二次裂解，如式（4-30）～式(4-33）所示。CH_4 主要归因于第二阶段甲氧基的断裂重组与第三阶段焦油中烷烃类物质的二次裂解，如式（4-34）、式（4-35）所示。

$$\text{C}_6\text{H}_5-\text{O}-\text{C}_6\text{H}_5 + 2[\text{H}] + \text{C} \longrightarrow 2\ \text{C}_6\text{H}_6 + CO \tag{4-30}$$

$$CO_2 + H_2O \longrightarrow 2CO + H_2 \tag{4-31}$$

$$C+CO_2 \longrightarrow 2CO \tag{4-32}$$

$$R—O—CH_3 + [H] \longrightarrow R' + CH_4 + CO \tag{4-33}$$

$$C_6H_5CH_3 + 2[H] \longrightarrow C_6H_6 + CH_4 \tag{4-34}$$

$$C+2H_2 \longrightarrow CH_4 \tag{4-35}$$

4.4.4　SJC+ HS 共热解过程与反应机理

综上所述，SJC+HS 共热解过程中存在着显著的协同效应，主要反应历程如图 4-30 所示。热解第一阶段（约 305℃）SJC 和 HS 中弱化学键断裂产生少量 CO_2 和 H_2O，并且 HS 中低沸点化合物在此时挥发析出。热解第二阶段（305～655℃）SJC 和 HS 均发生剧烈热解，产生大量自由基碎片，并释放出以 CO_2、CO 和 CH_4 为主的气体，同时 SJC 热解还产生大量氢自由基，大量的自由基碎片与氢自由基结合发生加氢裂解反应形成焦油和煤气，氢自由基会优先与 HS 产生的自由基碎片结合，使热解焦油中轻质组分含量降低，中质组分含量增大。氢自由基与 HS 优先结合导致 SJC 产生的自由基碎片不能完全加氢转化，从而使热解焦油中重质组分含量提高。双重加氢作用导致煤气中 CO_2、CH_4 及 C_nH_m 的含量提高，而 H_2 含量则明显降低。当温度达到 655℃后，没有转化的自由基碎片开始缩合成大分子化合物，进而形成固体焦。

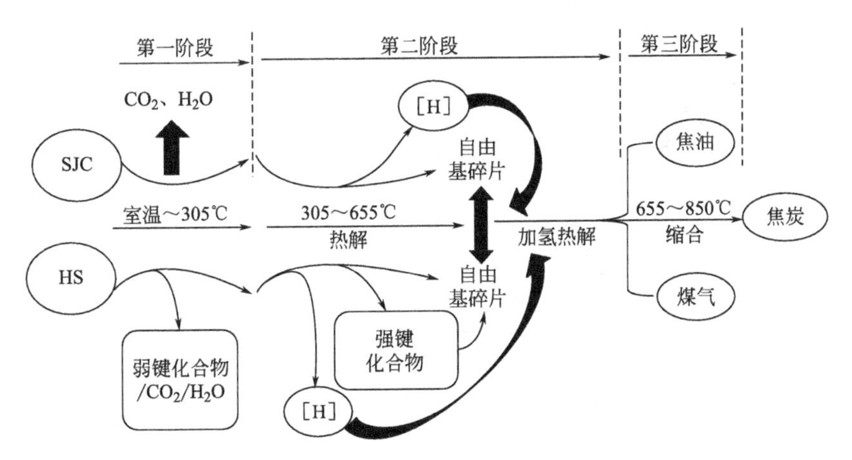

图 4-30　SJC+HS 共热解过程的反应历程

4.5 低变质煤与沥青（LQ）共热解

煤沥青（LQ）主要由四环以上的多环、稠环芳烃及其衍生物和少量较短的脂肪族侧链组成，可作为黏结剂在成型热解过程中形成牢固的骨架增强型焦的强度。因此，进一步研究陕北低变质煤与沥青的共热解特性及其作用机制是至关重要的[18~21]。

4.5.1 共热解失重特性分析

图 4-31 为 SJC、LQ 以及 SJC+LQ 共热解的 TG-DTG 曲线，表 4-14 为热解特性参数。由图 4-31 可知，SJC+LQ 共热解和 SJC 单独热解时的失重特性相似，但与 LQ 热解差异较大。由 TG 和 DTG 曲线可知，SJC 有三处较为明显的失重速率峰，100℃是因为释放存在的吸附水和小分子气体，450℃时失重量达到最大值 21.08%，而 690℃附近较为明显的失重速率峰则归因于煤中矿物质的热分解。350℃之后 LQ 的失重量明显大于 SJC 与 SJC+LQ，失重速率为 28.54%，这是因为 LQ 中芳香族化合物的含量多于 SJC 与混合样品。SJC+LQ 共热解过程大致分为三个阶段。365.96℃之前失重量较小，主要释放出吸附气体与水分。365.96～498.16℃，共热解反应剧烈，大量氢自由基与自由基碎片形成，自由基碎片与氢自由基相互结合释放出大量焦油、CO、CO_2 和

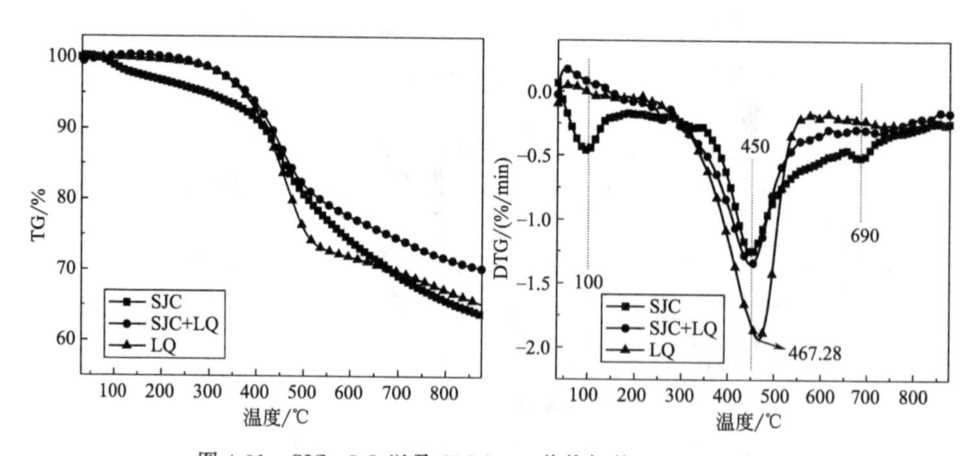

图 4-31 SJC、LQ 以及 SJC+LQ 共热解的 TG-DTG 曲线

芳香族类气体。由表 4-14 可以看出，共热解剧烈开始的温度及最大失重速率 R_{max} 均介于 SJC、LQ 单独热解之间，而反应结束温度却比单独热解低，这可能是样品中多环芳烃的释放增强了缩聚反应，导致热解温度区间变小。498.16℃以后半焦开始收缩，失重较小，主要析出以 CO、CH_4 和 H_2 为主的气体。

表 4-14　样品的热解特性参数

样品	特征温度/℃			R_{max}/(%/min)	失重率/%
	$T_{on\ set}$	T_{max}	T_{end}		
SJC	343.25	449.39	653.45	1.27	22.16
SJC+LQ	365.96	450.86	498.16	1.88	23.45
LQ	375.58	467.28	509.63	1.94	28.54

4.5.2　共热解过程气相产物的析出规律

图 4-32 为热解过程中析出气相物质的红外光谱。气体产物的释放分布于整个热解过程，而且随着温度升高，气体的释放量呈现逐渐增加的趋势。4000～3500cm^{-1} 处为游离—OH 的吸收峰，可能为气态 H_2O 或酚类化合物的伸缩振动。LQ 热解前期—OH 的吸收强度较 SJC 低，但随着热解过程的进行其吸收强度逐渐增大，SJC＋LQ 共热解的吸收强度明显高于单独热解。3400～3100cm^{-1} 处为芳香族 C—H 或 N—H 键的吸收振动峰，可能为含氮芳香类物质，LQ 热解过程中—NH 的吸收强度整体低于 SJC，共热解的吸收强度最低，LQ 的加入使得气相产物中含氮物质保留于固体焦中。值得注意的是，CO_2 的释放贯穿于整个热解区间，2400～2260cm^{-1} 与 669cm^{-1} 附近的吸收峰强度随着热解温度升高而逐渐增强，共热解及 LQ 热解过程中 CO_2 的释放量远大于 SJC 单独热解。1750～1680cm^{-1} 处的吸收峰为芳香族中 C═O 的弯曲振动峰，也可能为—COOH 中高度缔合 C═O 的伸缩振动，1625～1400cm^{-1} 芳环的骨架振动吸收峰分布于整个热解区间。LQ 的加入使得共热解气相产物中—OH、芳香烃、CO 和 CO_2 的吸收强度增大，而—NH 吸收强度却有所减小。

热解过程气相产物的析出特性曲线如图 4-33 所示。随着温度升高，热解过程中样品中外在水与内在水的释放以及—COOH、—CH_3O 等含氧基团的加氢反应导致气相产物中 H_2O 及酚类物质的析出强度逐渐增大，且 SJC+LQ 共热解过程的释放量要高于单独热解，说明共热解过程存在大量的氢自由基，如

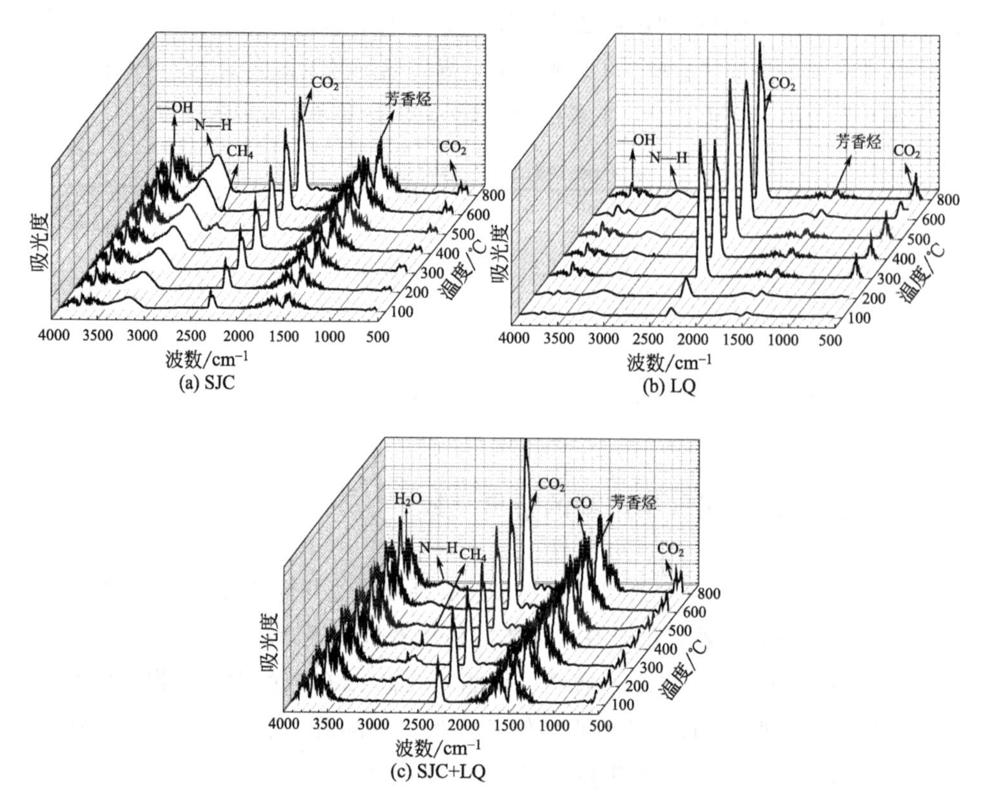

图 4-32 SJC、LQ 与 SJC+LQ 热解气相物质析出的红外光谱图

图 4-33(a)。相关反应如式 (4-36)～式(4-38) 所示。

$$2R—COOH+4[H] \longrightarrow CO_2+2H_2O+2R' \quad (4\text{-}36)$$

$$R—CH_2OH+[H] \longrightarrow R'—CH_3+H_2O \quad (4\text{-}37)$$

$$—\overset{\overset{\displaystyle O}{\|}}{C}— +[H] \longrightarrow —CH_2—OH \longrightarrow —CH_3+H_2O \quad (4\text{-}38)$$

单独热解过程中含氮化合物的析出明显高于 SJC+LQ 共热解，如图 4-33(b)。CH_4+烷烃类物质的析出在 400～700℃区间比较明显，如图 4-33(c)。LQ 热解过程的析出峰值约在 500℃出现，强度较弱，SJC 与 SJC+LQ 共热解过程在 550℃附近出现最大峰值。共热解的析出强度与持续的温度区间均较大，说明 LQ 的加入有利于 CH_4 与烷烃类物质释放，反应如式 (4-39)、式(4-40) 所示。

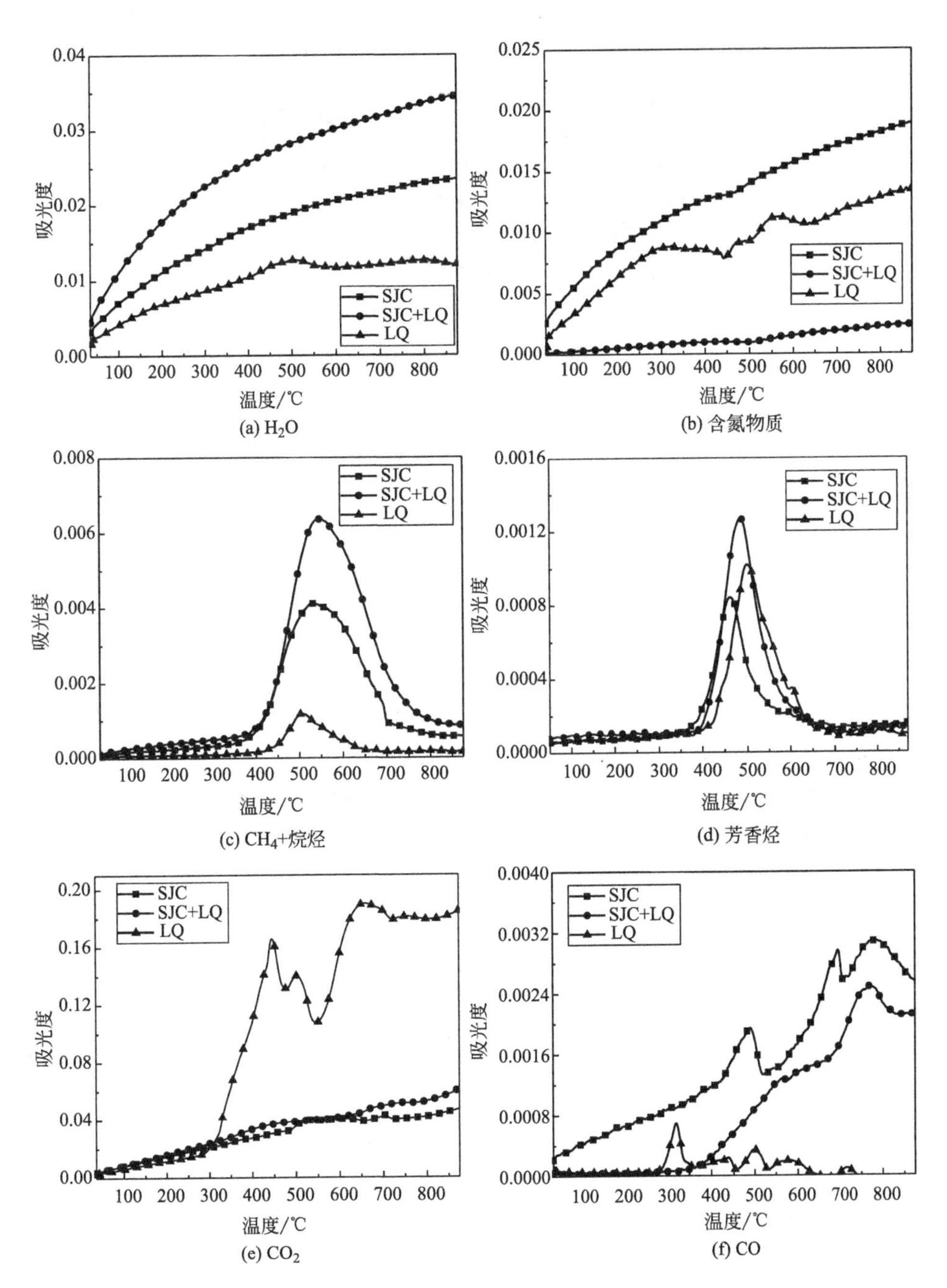

0.04
0.03
0.02
0.01
0.00
吸光度
100 200 300 400 500 600 700 800
温度/℃
SJC
SJC+LQ
LQ
(a) H_2O
0.025
0.020
0.015
0.010
0.005
0.000
吸光度
100 200 300 400 500 600 700 800
温度/℃
SJC
SJC+LQ
LQ
(b) 含氮物质
0.008
0.006
0.004
0.002
0.000
吸光度
100 200 300 400 500 600 700 800
温度/℃
SJC
SJC+LQ
LQ
(c) CH_4+烷烃
0.0016
0.0012
0.0008
0.0004
0.0000
吸光度
100 200 300 400 500 600 700 800
温度/℃
SJC
SJC+LQ
LQ
(d) 芳香烃
0.20
0.16
0.12
0.08
0.04
0.00
吸光度
100 200 300 400 500 600 700 800
温度/℃
SJC
SJC+LQ
LQ
(e) CO_2
0.0040
0.0032
0.0024
0.0016
0.0008
0.0000
吸光度
100 200 300 400 500 600 700 800
温度/℃
SJC
SJC+LQ
LQ
(f) CO

图 4-33

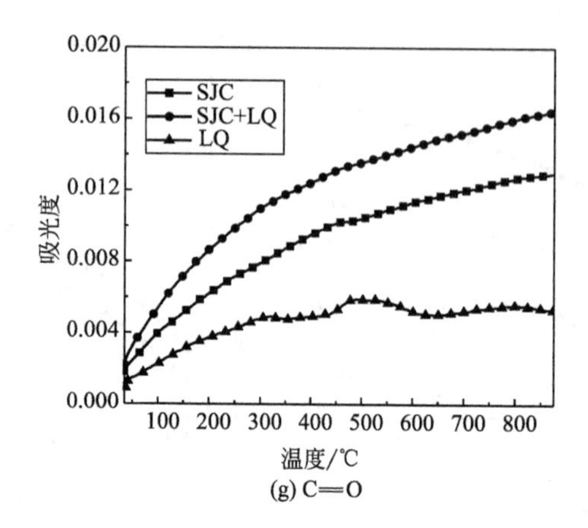

(g) C═O

图 4-33　热解气相组分随热解温度的变化曲线

$$R \longrightarrow R' + CH_4 \quad (4\text{-}39)$$

$$CH_3 \longrightarrow H_2C{=}CH_2 + \quad + H_2 \quad (4\text{-}40)$$

由图 4-33(d) 可知，芳香烃的析出主要在 400～650℃区间内，共热解过程的最大析出温度介于 SJC 与 LQ 单独热解之间，且其析出强度要高于单独热解，说明 LQ 的加入有助于共热解气相产物中芳香烃生成，反应如式 (4-41)～式(4-43) 所示。

$$C_2H_5 \xrightarrow[-3H_2]{} C_2H_5 \quad (4\text{-}41)$$

$$\xrightarrow[-H_2]{} CH_3 \xrightarrow[-3H_2]{} CH_3 \quad (4\text{-}42)$$

$$CH_3, CH_3 \rightleftharpoons CH_3 \xrightarrow[-3H_2]{} CH_3 \quad (4\text{-}43)$$

随热解温度升高气相产物中 CO_2 的析出强度逐渐增大，如图 4-33(e)。300℃以后 LQ 热解释放的 CO_2 远远高于 SJC，反应如式 (4-44)、式 (4-45) 所示，但共热解的 CO_2 析出强度却略高于 SJC，说明共热解生成的 CO_2 可能会参与二次反应。

$$\mathrm{R{-}\overset{\overset{\displaystyle O}{\|}}{C}{-}O{-}R' \longrightarrow R+R'+CO_2} \tag{4-44}$$

$$\mathrm{O \quad OH \longrightarrow \quad +CO_2} \tag{4-45}$$

图 4-33(f) 为热解气相产物中 CO 随温度变化的析出曲线。值得注意的是，LQ 热解所释放的 CO 吸收强度最弱，在 300℃左右时出现了最大峰。共热解样品的 CO 释放量在 300℃左右增量缓慢，但在 400℃以后大量析出。与 SJC 的 CO 释放不同的是 LQ 的最大析出温度在 750℃左右。煤中桥键的断裂、酚类的热解、羰基和醚键的断裂或者短链脂肪酸的热解等都会释放出 CO，反应如式 (4-46)～式(4-50) 所示。

$$\mathrm{{-}CH_2{-}+H_2O \longrightarrow CO+2H_2} \tag{4-46}$$

$$\mathrm{{-}CH_2{-}+{-}O{-} \longrightarrow CO+H_2} \tag{4-47}$$

$$\mathrm{OH \quad OH \longrightarrow \quad +H_2O+CO} \tag{4-48}$$

$$\mathrm{O \quad OH \; +2\,[H] \longrightarrow \quad +CO+H_2O} \tag{4-49}$$

$$\mathrm{O \longrightarrow \quad +CO+CH_4} \tag{4-50}$$

SJC+LQ 共热解气相产物中检测到大量含 C═O 物质，如图 4-33(g) 所示。表明 LQ 的加入促进了热解气相产物中含 C═O 物质的生成。

4.5.3　固体焦的原位红外分析

不同热解温度下样品的固体焦原位红外谱图如图 4-34 所示，共热解样品中沥青的添加比例为 40%。由图 4-34 可以看出，LQ 与 SJC 单独热解焦中均存在芳香烃、脂肪烃以及羟基、羧基、羰基、醚键等含氧官能团，随着热解温度升高，各官能团所归属的吸收峰强度逐渐减弱。SJC 热解焦中羟基 (3650～3200cm^{-1})、羰基 (1730～1680cm^{-1}) 吸收峰强度略高于 LQ，而含氮化合物 (3480～3200cm^{-1})、脂肪烃 (2960～2850cm^{-1}) 与芳香烃 (1600～1450cm^{-1}) 则与 LQ 接近。煤沥青中含有较多的多环芳烃和脂肪烃类物质，氮原子主要以吡啶、吡咯和质子化吡啶存在，以碳氧单键形式存在的氧原子官能团含量高达70%，其他以C═O和—COOH的形式存在。由图4-34(c)可以看出，LQ的加入使得共热解过程中各官能团所归属的吸收峰强度随温度升高明显减小。羟基吸收峰强度减弱得最为明显，这是因为随着热解温度升高一部分水分被脱除，另一部分参与反应转化为羰基，因此热解气体中H_2O和C═O含量较高。共热解样品中含氮化合物的吸收峰强度高于单独热解，说明大多数N元素被保留在固体焦中。

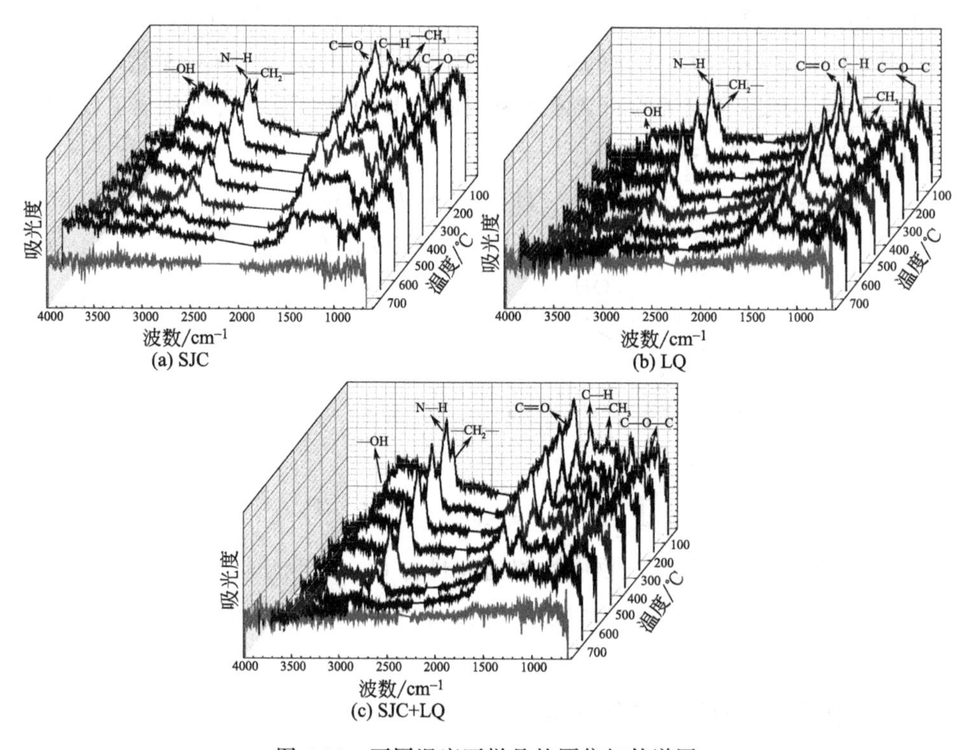

图4-34 不同温度下样品的原位红外谱图

4.5.4 热解过程活性官能团的演变

4.5.4.1 芳香烃

以芳香烃结构Ph—CH的弯曲振动（880～700cm^{-1}）、伸缩振动（3100～3000cm^{-1}）以及Ph—C═C的骨架振动（1600～1450cm^{-1}）来解析热解过程固体焦表面芳香烃结构的演变规律。由图4-35(a)～(d)可以看出，随着热解温度升高，芳香环上—CH 的吸收峰强度总体上均呈现逐渐减弱的趋势。与 SJC 相比，LQ 芳香环上四氢相连的—CH 吸收峰（750cm^{-1}）强度较弱，且在 200℃略微增加，随后缓慢减弱。共热解与 LQ 单独热解过程均在 600℃后骤减，但 600℃以后共热解样品的吸收峰强度要高于单独热解。共热解焦表面两氢相连的吸收振动峰（825cm^{-1}）强度与四氢相连的变化趋势类似，LQ 热解的单氢吸收峰（880cm^{-1}）强度整体呈现逐渐下降的趋势，相比于 SJC 与 SJC+LQ，变化趋势较为平缓，650℃以后 LQ 与 SJC+LQ 的吸收峰强度高于 SJC。LQ 中芳香烃—CH 在 3050cm^{-1} 附近吸收峰强度与 SJC 相比较弱，且在 500℃时达到最弱，LQ 的加入使得共热解样品的吸收峰强度变化更为明显。由图 4-35(e) 可知，1550cm^{-1} 附近 LQ 的芳香环 C═C 骨架振动强度较低，随着热解过程的进行 400℃之后强度逐渐增强，600℃以后发生骤减，这说明在热解第三阶段芳香环结构被大量破坏。而 SJC+LQ 共热解在 500℃以后吸收峰强度减弱，650℃时大于 SJC 与 LQ 单独热解。

4.5.4.2 脂肪烃

以甲基（—CH_3）的伸缩振动（2960～2945cm^{-1}）与亚甲基（—CH_2—）的伸缩振动（2925～2850cm^{-1}）来解析热解过程固体焦表面脂肪烃结构的演变规律。由图 4-36 可以看出，固体焦表面脂肪烃—CH_3 与—CH_2—的吸收强度均随热解温度升高逐渐减弱，这是热解过程中脂肪族侧链的大量断裂及脂肪烃类物质的分解所造成的。由图 4-36(a)、图 4-36(b) 可知，LQ 的加入使得共热解焦表面—CH_3 的吸收强度剧烈减弱，而—CH_2—吸收强度则大于 SJC 与 LQ 单独热解。

对不同热解温度时脂肪族—CH 结构（3000～2800cm^{-1}）的红外光谱进行曲线拟合，分为 5 个吸收峰伸缩振动区间，非对称伸缩振动的—CH 结构吸收强度远大于伸缩振动，如图 4-37 所示（仅以 450℃为例）。图 4-38 为温度对甲基与亚甲基拟合面积的影响曲线。由图 4-38(a) 可以看出—CH_3 峰面积逐渐减小，LQ 的加入使得共热解的—CH_3 峰面积大于单独热解。250℃以后—CH_2—的峰面积开始急剧减小 [图 4-38(b)]。由图 4-39 可看出，SJC 热解的 CH_3/CH_2 比值随温度升高逐渐增大，而共热解过程则呈现先减后增的趋势，这是因为沥青中含有的脂肪烃类物质丰富，LQ 产生的氢自由基促进了加氢裂解反应使得芳香烃被破坏形成脂肪烃，650℃时 CH_3/CH_2 值达到最低值。随后由于大分子自由基之间的缩聚反应，形成的半焦芳香度更高，CH_3/CH_2 值逐渐增大。

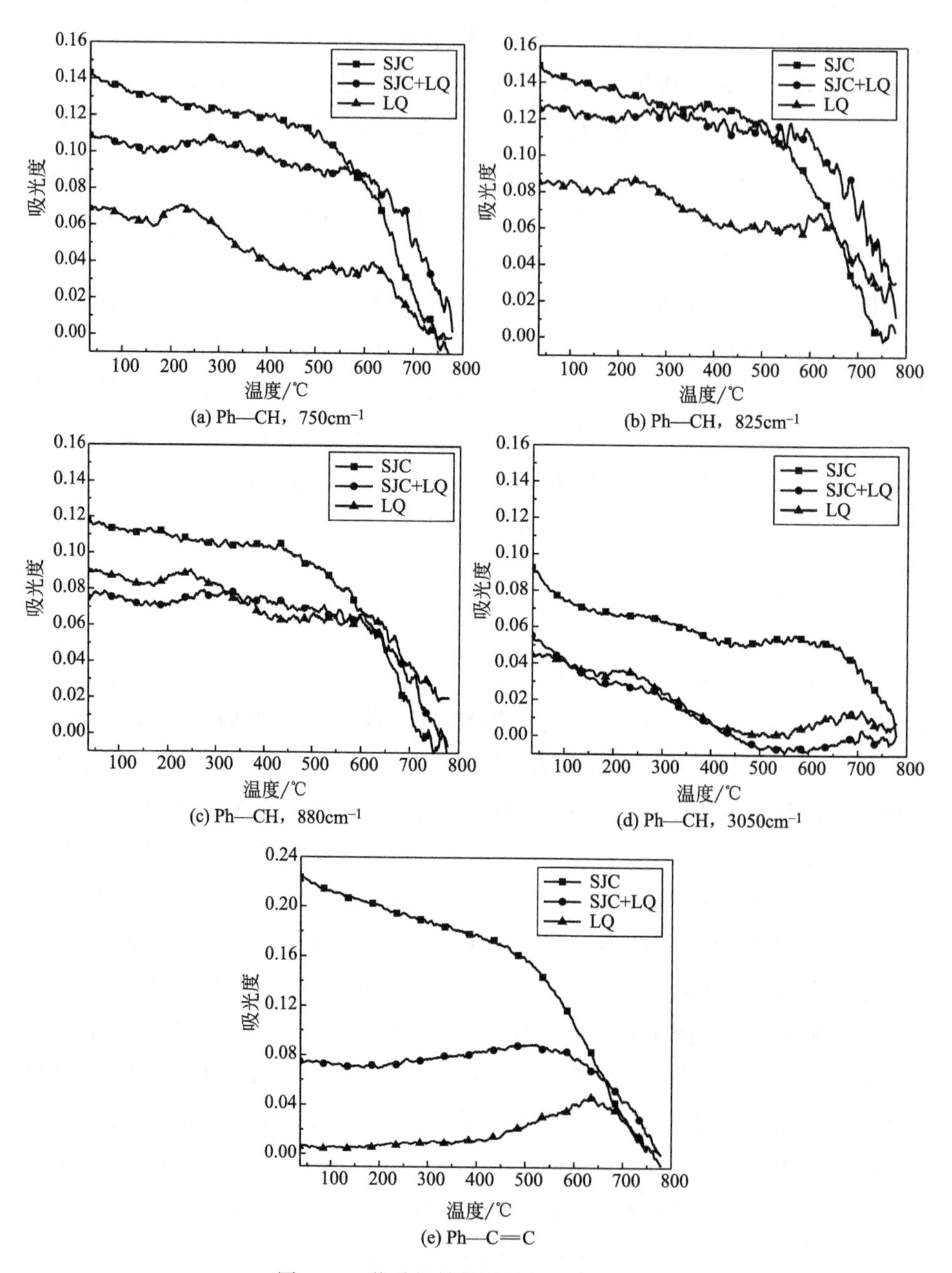

(a) Ph—CH，750cm^{-1}

(b) Ph—CH，825cm^{-1}

(c) Ph—CH，880cm^{-1}

(d) Ph—CH，3050cm^{-1}

(e) Ph—C═C

图 4-35 芳香烃结构随热解温度的变化

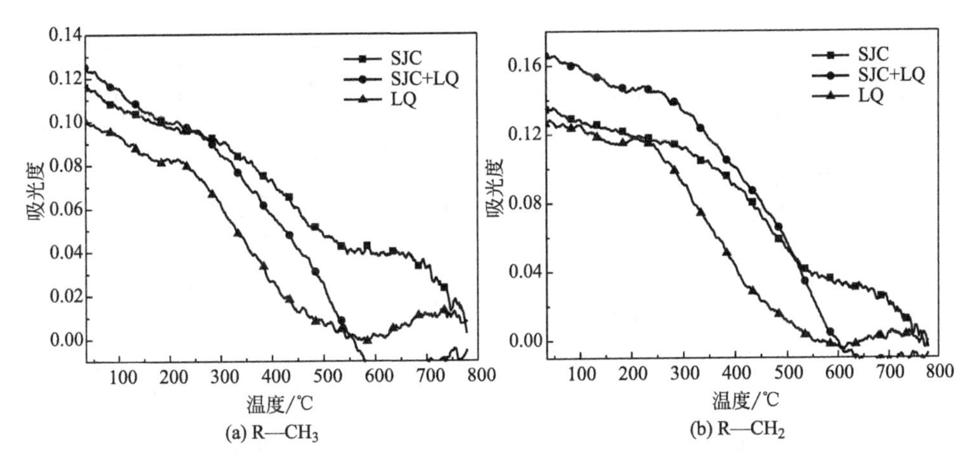

图 4-36　脂肪烃结构随热解温度的变化

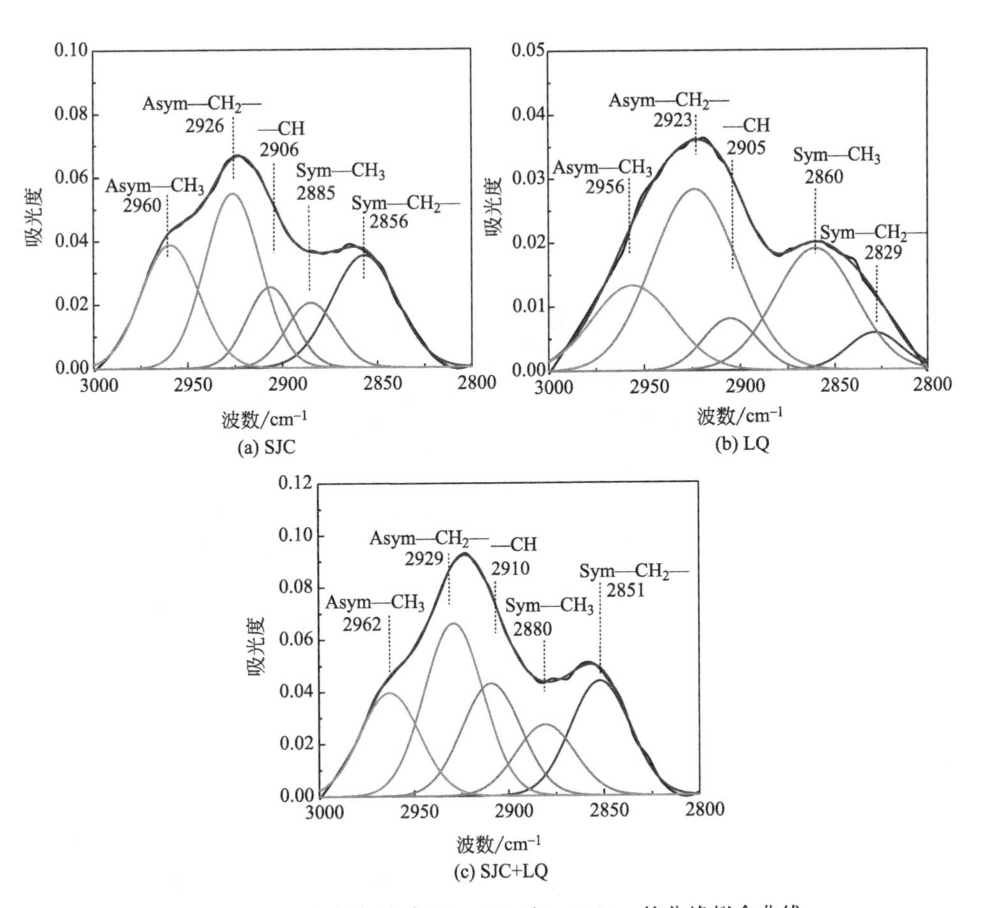

图 4-37　450℃热解焦表面—CH_3 和—CH_2—的分峰拟合曲线

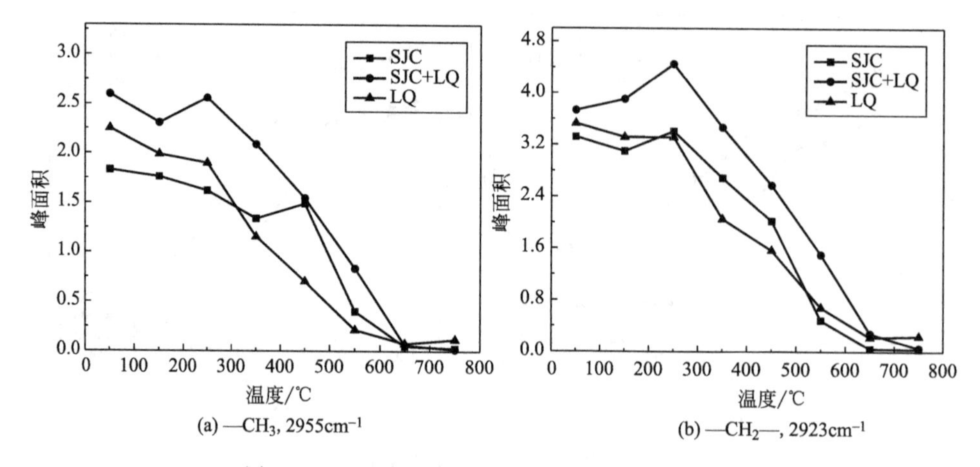

图 4-38 不同热解温度下脂肪烃吸收峰面积变化

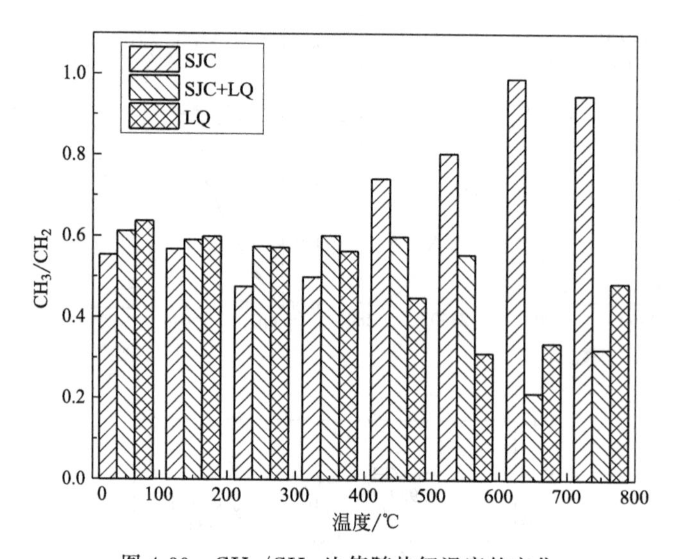

图 4-39 CH_3/CH_2 比值随热解温度的变化

4.5.4.3 含氧官能团

以—OH 的伸缩振动（3650～3200cm^{-1}），C ═O 的伸缩振动（1730～1680cm^{-1}）以及 C—O—C 的伸缩振动（1338～1020cm^{-1}）来解析热解过程中含氧官能团的演变规律。

（1）羟基

煤沥青是热解焦油中的重质组分，自由羟基（3650cm^{-1}）的含量较少，由图4-40可以看出，LQ的加入使得共热解样品中自由羟基的吸收强度减弱，而缔合羟基（3380cm^{-1}）的吸收强度随热解温度升高逐渐减弱，500℃以前的吸光度骤减是因为样品中一部分缔合羟基发生脱除或与其他官能团发生反应。500℃以后缓慢增强，在热解产生的氢自由基作用下固体焦表面重新生成了不易脱落的缔合羟基。由于羟基的吸收强度较低，未进行分峰拟合分析。

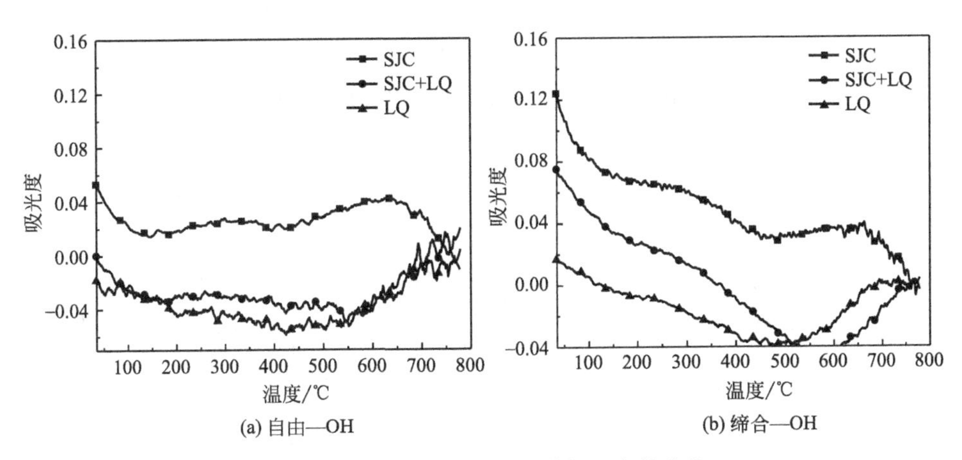

图4-40 羟基吸收峰强度随热解温度的变化

（2）羰基

图4-41为样品中C═O吸收峰强度随热解温度的变化曲线。LQ热解过程中C═O的吸收强度远低于SJC及共热解，600℃以前基本保持不变，而600℃以后则逐渐减弱。共热解过程中C═O的吸收峰强度在400℃以后急剧减弱，说明此时固体焦表面的C═O被大量消耗。

图4-42为450℃时热解固体焦表面C═O（1800～1500cm^{-1}）的分峰拟合曲线，图4-43为峰面积变化曲线，SJC+LQ共热解过程各羰基官能团的峰面积均大于SJC与LQ单独热解。由图4-43(a)可知，酯类C═O的吸收峰面积随热解温度升高先增大后减小，共热解样品的吸收峰面积在550℃以前快速下降，这主要归因于羧基发生交联反应生成的酸酐或酯类物质的迅速分解。图4-43(b)～(e)分别为热解过程中酮C═O、醛C═O、羧酸C═O和醌C═O的吸收峰面积变化曲线，可以看出LQ的加入使得共热解过程的峰面

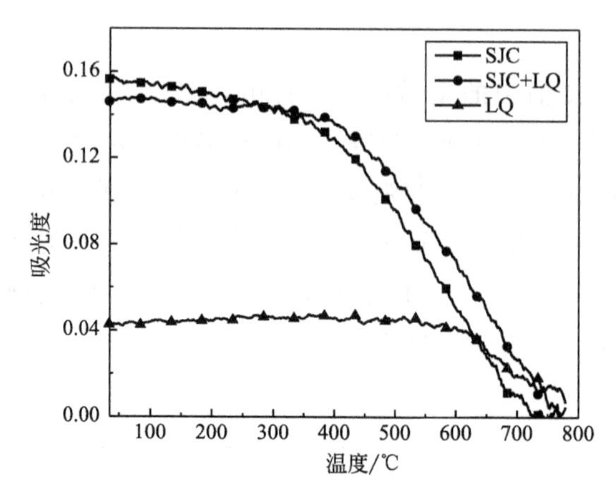

图 4-41 羰基吸收峰强度随热解温度的变化

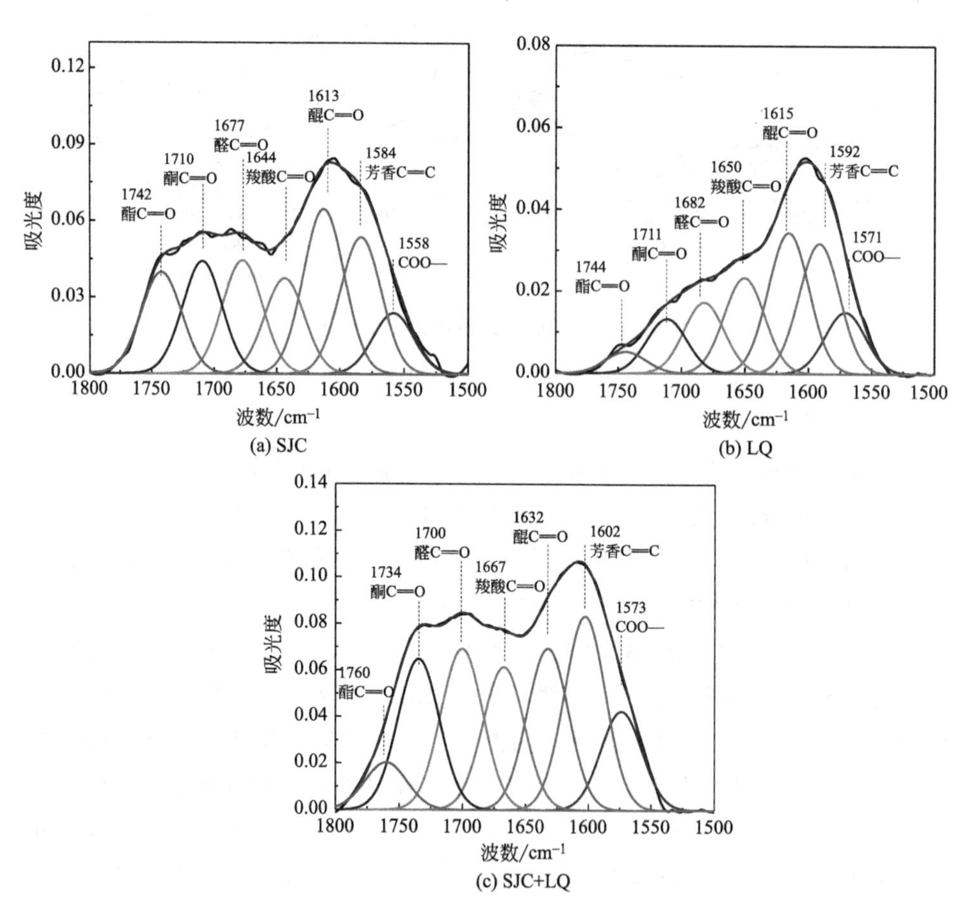

图 4-42 450℃热解焦表面 C═O 的分峰拟合曲线

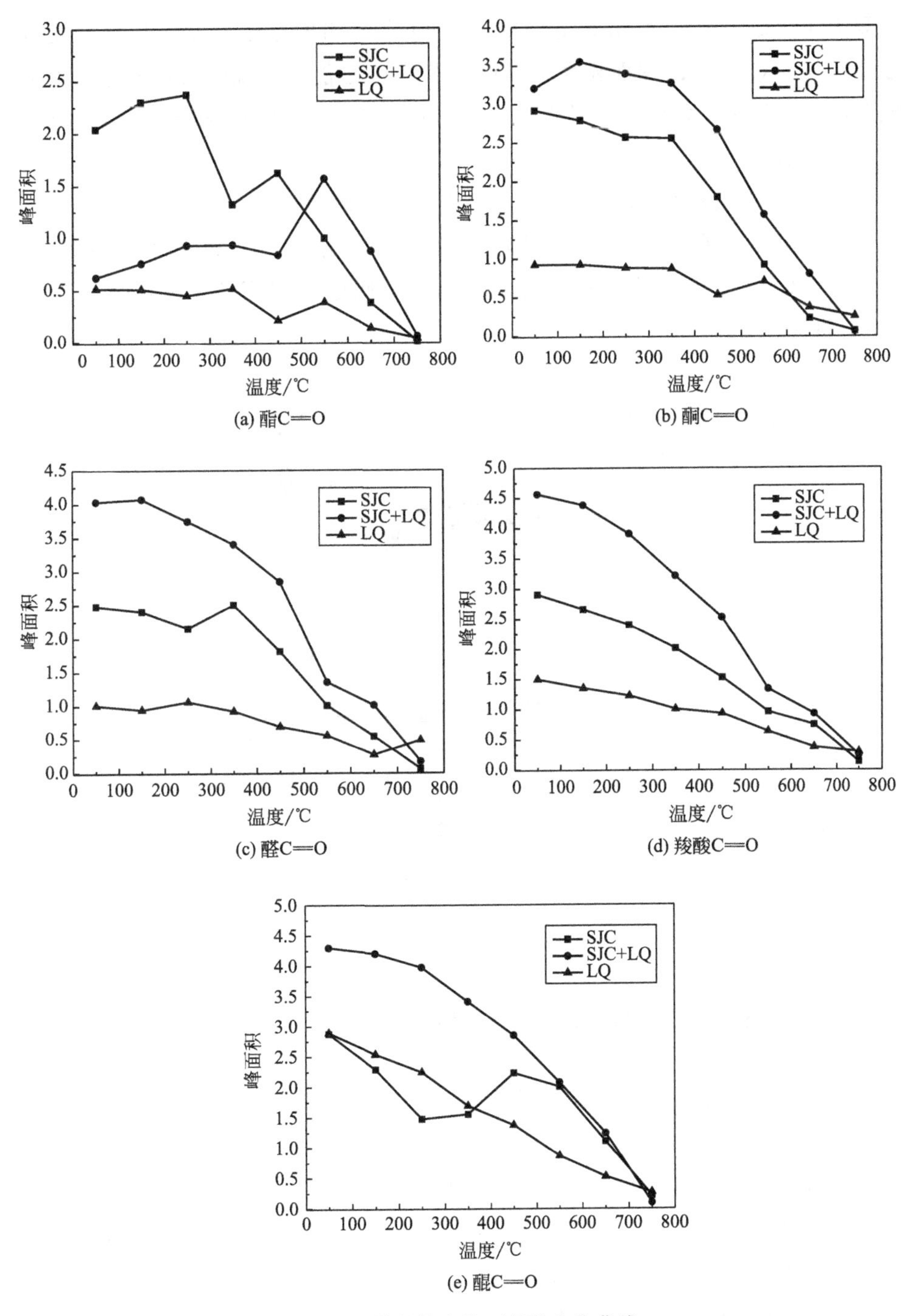

图 4-43　羰基拟合峰面积的变化曲线

积要大于单独热解，说明有更多的 C═O 官能团发生了转变。另外，羧酸 C═O 与醌 C═O 的峰面积大于其他含 C═O 官能团，说明共热解样品中羧酸与醌含量较高，热解时更易生成 CO、CO_2、含 C═O 物质和芳香烃类物质。

（3）醚键

图 4-44 为醚键 C—O—C 的吸收峰强度随热解温度的变化曲线。LQ 热解过程中随温度升高 C—O—C 的吸收强度基本稳定，600℃以后才开始减弱。SJC 与 SJC+LQ 的变化趋势相近，C—O—C 吸收峰强度的急剧减弱出现在 450℃附近。

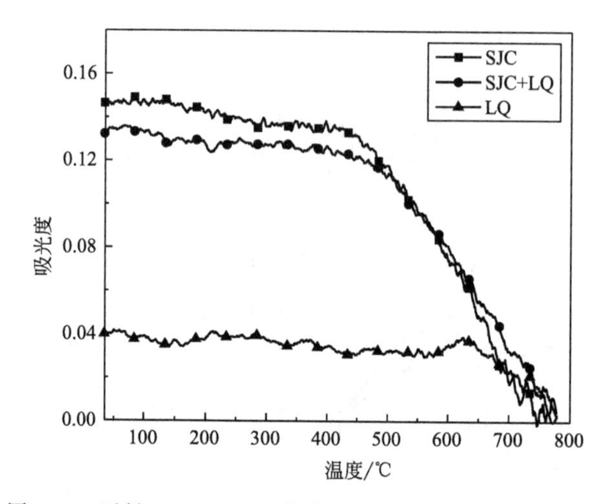

图 4-44 醚键 C—O—C 吸收峰强度随热解温度的变化曲线

4.5.5 共热解过程固体焦的形成机理

陕北低变质煤结构中含有丰富的低分子化合物、侧链及各种官能团，主要有—COOH、—OH、—C—O—C—、C═O 等含氧官能团，芳香类 C═C 及—CH，脂肪类—CH_3、—CH_2—和 ≡CH 等以及含有 S、N 等杂原子的官能团，这是其反应性高、易于转化的主要原因。沥青分子结构则主要以芳香族及其衍生物为主。SJC+LQ 共热解过程中，365.96℃之前主要是小分子气体的脱除、水分的逸出以及样品中弱化学键发生断裂形成部分自由基碎片。365.96～498.16℃区间侧链大量断裂，诸多官能团脱落形成大量的自由基碎片，自由基碎片与 SJC 热解产生的氢自由基结合生成稳定的小分子气态烃。羰基官能团被大量消耗，气相产物中存在大量含 C ═O 物质，大量 N 被固定在固体焦中。LQ 的存在促使大量自由基碎片与氢自由基结合形成焦油，抑制了自由基碎片之间的缩合反应，强化了热解过程的芳构化作用，使得热解焦油大量析出，芳香烃类物质含量增加。498.16℃到反应结束，热解过程产生的氢自由基消耗殆尽，自由基碎片之间的缩合反应加强，逐步形成了强度较大的固体焦。SJC+LQ 共热解过程中固体焦表面官能团的演变过程如图 4-45 所示。

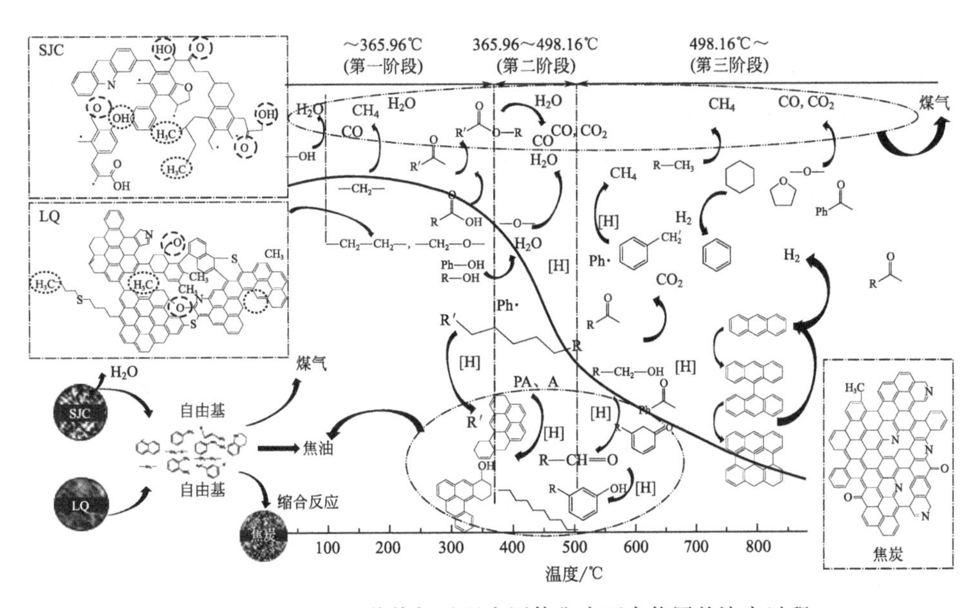

图 4-45　SJC+LQ 共热解过程中固体焦表面官能团的演变过程

陕北低变质煤与液化残渣、低温焦油的重质组分以及沥青的共热解过程可分为三个阶段，协同效应主要发生在热解的第二阶段。共热解过程中大分子结构断裂、支链或侧链脱落、氢键断裂等反应产生了大量自由基碎片及氢自由基，二者之间的相互作用形成了更为稳定的气相产物。研究表明，共热解过程中低变质煤与液化残渣、低温焦油的重质组分以及沥青等均为供氢体，供氢作用与协同效应的共同作用导致氢元素重新分配，使得液相产物收率增大，热解气中 H_2 含量降低。共热解焦油中重质组分（$C_{\geqslant 20}$）与中质组分（$C_{11\sim 19}$）含量有所增加，轻质组分（$C_{5\sim 10}$）含量减少，芳香烃含量均大幅度减小，而烷烃类物质含量增大。陕北低变质煤与诸多富氢有机物质的共热解可以改善热解产品的分布，调节热解焦油组成，有助于热解产品的进一步加工利用，值得进行系统深入的基础理论研究。

参考文献

[1] 宋永辉，折建梅，兰新哲，等．微波场中低变质煤与油页岩的热解［J］．煤炭转化，2012，35（2）：22-26.

[2] 付建平，宋永辉，闫敏，等．微波功率对低变质煤与塑料共热解焦油的影响［J］．煤炭转化，2013，36（2）：63-66.

[3] Soncini R. M.，Means N. C.，Weiland N. T.. Co-pyrolysis of low rank coals and biomass: product distributions［J］. Fuel，2013，112：74-82.

[4] Miao Zhen-yong，Wu Guo-guang，Li Ping，et al. Investigation into co-pyrolysis characteristics of oil shale and coal［J］. International Journal of Mining Science and Technology，2012，（2）：245-249.

[5] Jin X.，Li E.，Pan C.，et al. Interaction of coal and oil in confined pyrolysis experiments: insight from the yield and composition of gas hydrocarbons［J］. Marine and Petroleum Geology，2013，48：379-391.

[6] 楚希杰，赵丽红，李文，等．神华煤及其直接液化残渣热解动力学试验研究［J］．煤炭科学技术，2010，38（5）：121-124.

[7] Chu X.，Li W.，Li B.，et al. Gasification property of direct coal liquefaction residue with steam［J］. Process safety and environmental protection，2006，84（6）：440-445.

[8] 方磊，周俊虎，周志军，等．煤液化残渣与褐煤混煤燃烧特性的实验研究［J］．燃料化学学报，2006，34（2）：245-248.

[9] Xiao Nan，Zhou Ying，Qiu Jie-Shan，et al. Preparation of carbon nanofibers/carbon foam monolithic composite from coal liquefaction residue［J］. Fuel，2010，89（5）：1169-1171.

[10] SONG Yong-hui，MA Qiao-na，HE Wen-jin. Effect of extracted compositions of liquefaction residue on the structure and properties of the formed-coke［J］. MATEC Web of Conferences，2016，67：1-10.

[11] Yonghui Song，Ning Yin，Di Yao，et al. Co-pyrolysis characteristics and synergistic mechanism of low-rank coal and direct liquefaction residue［J］. Energy Sources Part A Recovery Utilization and Environmental Effects，2019：1-15.

[12] SONG Yong-hui，MA Qiao-na，HE Wen-jin，et al. A Comparative study on the pyrolysis characteristics of direct-coal-liquefaction residue through microwave and conventional methods［J］. Spectroscopy and Spectral Analysis，2018，38（4）：1313-1318.

[13] 宋永辉，雷思明，马巧娜，等．TG-FTIR法研究低变质煤共热解过程气体的析出规律［J］．光谱学与光谱分析，2019，39（02）：565-570.

[14] SONG Yonghui, MAQiaona, HE Wenjin. Co-pyrolysis properties and product composition of low-rank coal and heavy oil [J] . Energy Fuels, 2017, 31 (1) : 217-223.

[15] YonghuiSong, SimingLei, JinchengLi, et al. In situ FT-IR analysis of coke formation mechanism during Co-pyrolysis of low-rank coal and direct coal liquefaction residue [J] . Renewable Energy, 2021, 179: 2048-2062.

[16] 张军民，刘弓．低温煤焦油的综合利用 [J] . 煤炭转化，2010，33 (3) : 92-96.

[17] 赵玲玲，宋永辉，尹宁，等．重质油添加量对低变质粉煤共热解过程产品组成的影响 [J] . 煤炭转化，2018，41 (03) : 27-32.

[18] 尹宁，宋永辉，陈瑶，等．低变质粉煤与沥青成型热解制备型焦的研究 [J] . 煤炭转化，2019，42 (02) : 25-31.

[19] 尹宁．低变质粉煤成型热解制备型焦及共热解过程分析 [D] . 西安：西安建筑科技大学，2020.

[20] Ting Su, Yonghui Song, Xinzhe Lan. Product characteristics and interaction mechanism in low-rank coal and coking coal co-pyrolysis process [J] . Journal of Chemical Engineering of Japan, 2020, 53 (3) : 1-10.

[21] 宋永辉，苏婷，兰新哲，等．微波场中长焰煤与焦煤共热解实验研究 [J] . 煤炭转化，2011，34 (3) : 7-10+ 26.

第5章 低变质粉煤成型热解制备型焦技术

陕北低变质煤转化途径之一是采用内热式气体热载体工艺生产兰炭，要求原料煤必须是粒度大于 25mm 的块煤，而在实际煤矿生产中，块煤产量仅有 30％～40％，这已经成为制约我国兰炭产业发展的一个主要因素。低变质粉煤热解研究最多的是固体热载体工艺，由于存在重质焦油和半焦微细粒子黏附在旋风分离器和冷却管路的内壁对系统的稳定运行造成影响以及粉煤与固体热载体的快速混合与加热、热解挥发分的快速分离等关键问题，迄今为止仍然没有实现真正的商业化应用。西安建筑科技大学陕西省冶金工程技术研究中心多年来密切关注我国低变质煤资源的清洁转化与分级提质以及我国兰炭产业可持续发展过程中的关键瓶颈问题，依托陕北丰富的低变质粉煤资源，提出了以液化残渣、重质油及煤焦油沥青等为黏结剂，通过成型热解工艺生产型焦的研究思路，并申请了两项国家发明专利[1,2]。

5.1 概述

型焦是以半焦粉、冶金焦粉或者原煤粉为原料，配入或不配入黏结剂经过捏合、搅拌、压制成型煤，然后经过高温炭化后获得的具有一定块度、一定形状和一定强度的碳质产品。型焦产品不仅可以替代冶金焦作为高炉用焦，而且可以应用于铸造、化肥、造气及民用燃料等行业领域[3]。型焦技术具有自动化程度高、可连续生产、污染少、不黏煤或弱黏煤等低变质煤的用量大等特点，已经引起了众多研究人员的关注。

根据成型时原料的不同状态，型焦工艺可分为热压型焦和冷压型焦工艺两种[3,4]。热压型焦工艺在成型前需进行预热处理，使煤料在软化温度范围内进行成型，一般煤料的预热处理温度为400～500℃。在热压成型之后，型煤经过炭化、热焖处理之后就变成型焦产品。热压型焦工艺的优点是无需外加黏结剂、固定碳的含量高、型焦强度高、灰分增加量少。不足之处是仅仅适用于有黏结性的单种煤或配合煤，不适合无烟煤、瘦煤等弱黏结性的单种煤，而且工艺复杂，成型过程需要保温，工业化难度较大。

冷压型焦工艺不需要对原料煤进行低温预炭化处理，主要可分为不加黏结剂与加黏结剂成型两类。第一类是指成型过程只靠压力成型，常用于变质程度比较低的褐煤和泥煤，这类煤可塑性比较大，煤结构中存在大量氧键，成型时容易形成“固体搭桥”，型煤强度比较高，成型压力一般在100～200MPa。第二类主要以弱黏结性煤及不黏煤为主煤，添加一定比例的黏结剂，经过均匀混合与蒸汽加热、混捏处理，在低温或者常温下成型，型煤经高温炭化处理即可制得型焦产品，原料煤主要以贫煤、无烟煤、长焰煤等一些可塑性差的煤为主。由于借助黏结剂的作用，成型压力比较低，一般为15～50MPa，常温或低温下成型，工业操作简单易行，是目前型焦技术研究开发的重点。

目前比较典型的加黏结剂冷压型焦工艺主要有DKS法、FMC法和HBNPC法[5]。DKS法以不黏结性煤为原料，常在不黏结性煤中添加一定量的黏结性煤、焦粉或石油焦来组成混合料，然后添加10%左右的焦油或者沥青作为黏结剂，冷压成型后制得的型煤在外热式焦炉内炭化，结焦时间为10h，炭化炉火道温度约为1300℃。FMC法不要求原料煤有任何黏结性，而需要自身提供成型用的黏结剂，最大特点在于能够利用单种高挥发分煤，不需要外加黏结剂。HBNPC法原料由85%～90%的低挥发分不黏结煤、10%～15%的黏结性煤以及10%的沥青黏结剂混合而成，经冷压成型后在炉内经挥发、焙烧和冷却三个阶段制得型焦。研究表明，加黏结剂冷压型焦工艺的关键在于黏结剂的选择与应用，研究较多的有无机黏结剂和有机黏结剂，有机黏结剂主要有焦油渣、煤焦油沥青及其他能源化工领域的重质组分等[6]。由此说明，利用陕北低变质粉煤制备型焦技术是可行的，但黏结剂的优化选择、受热过程黏结性的影响因素以及黏结成焦机理的研究是其关键所在。

5.2 工艺过程与研究方法

原料SJC与DCLR、LQ、JM等添加剂分别粉碎、筛分后得到粒径≤60

目的粉料，置于干燥箱中在100℃下干燥。将添加剂和SJC按照一定比例混合后，准确称取15g混合料，随后加入10%的水，搅拌均匀后置于Φ30mm×80mm的模具中，利用台式粉末压片机在一定压力下加压成型得到圆柱形型煤，自然风干24h。风干后的型煤装入石英反应器中，然后置于马弗炉中，首先通入氮气排出反应器中的空气，随后以5℃/min的升温速率升温至一定温度，并在终温下恒温一定时间，随炉冷却至室温，得到型焦产品。热解过程中气体产物通过导管排出，经过两级冷却后分别收集焦油、煤气。

热解产物收率及型焦抗压强度计算方法见文献[7]。热重分析采用STA 449 F3型热分析仪（德国），型焦抗压强度测定采用FYD-40-A型台式粉末压片机。

5.3 以液化残渣（DCLR）为黏结剂制备型焦

以SJC为主原料，DCLR为黏结剂，采用冷压成型技术制备型焦，主要研究液化残渣灰分、添加量、冷压成型压力、热解终温及恒温时间、液化残渣萃取组分等因素对型焦收率及抗压强度的影响[8~11]。

5.3.1 液化残渣的灰分组成及其对型焦结构性能的影响

5.3.1.1 灰分对液化残渣组成的影响

称取定量DCLR加入质量分数为5%的HF溶液，DCLR与HF的质量比为2∶1，室温下搅拌1h，随后固液分离、洗涤、干燥，最终得到脱灰后的液化残渣（D-DCLR），工业分析与元素及黏结性分析如表5-1所示。按国标GB/T 212—2008中煤灰分测定规定的灰化条件，利用JY38S单道扫描型高频耦合等离子直读光谱仪对灰组成进行测定，结果如表5-2所示。

表5-1 样品工业分析与元素及黏结性分析

样品	工业分析/%				元素分析/%					黏结性指数	
	M_t	A_{ad}	V_{ad}	FC_{ad}	C_{ad}	O_{ad}	H_{ad}	N_{ad}	$S_{t,ad}$	G	Y/mm
DCLR	0.14	17.74	33.75	48.37	75.00	17.83	4.22	0.79	2.16	92	24
D-DCLR	0.26	10.62	33.19	55.93	78.58	14.83	4.44	0.81	1.34	98	26

由表5-1可以看出，经过去灰处理后，液化残渣的灰分含量明显减小，而其黏结指数（G值）与胶质层厚度（Y值）均有所提高，说明去灰有助于提高

DCLR 的黏结性与结焦性。从表 5-2 可以看出，D-DCLR 中 Fe_2O_3、SO_3 及 SiO_2 的含量均有所减少，而 CaO 含量则有所升高。

表 5-2　液化残渣灰分组成分析　　单位：%

样品	SiO_2	Al_2O_3	TiO_2	Fe_2O_3	CaO	MgO	K_2O	Na_2O	P_2O_5	SO_3
DCLR	19.80	8.76	0.93	29.09	17.44	1.35	0.20	1.18	0.06	20.46
D-DCLR	16.78	8.11	0.64	20.24	32.31	1.40	0.28	1.62	0.06	14.56

以氮气作为载气，流量为 5mL/min，升温速率为 20℃/min，终温为 900℃，对 DCLR 与 D-DCLR 进行热重实验，结果如图 5-1，热解特性参数如表 5-3，红外分析结果如图 5-2 所示。

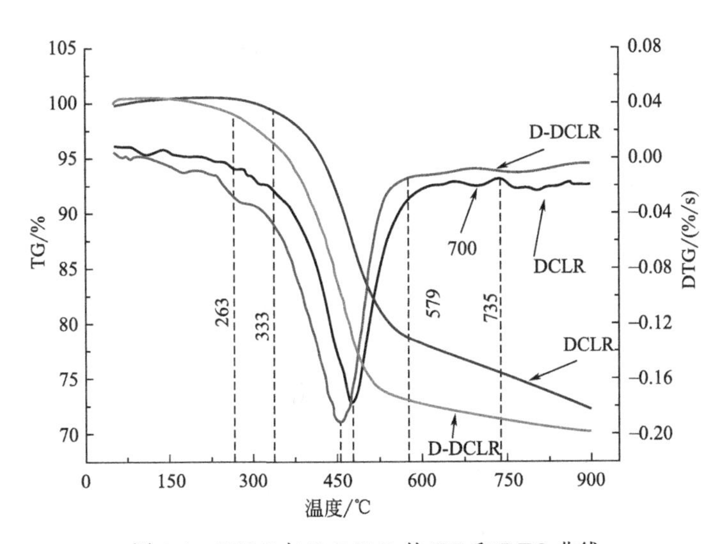

图 5-1　DCLR 与 D-DCLR 的 TG 和 DTG 曲线

表 5-3　DCLR 与 D-DCLR 的热解特性参数

样品	T_i/℃	T_f/℃	R_∞/(%/min)	T_∞/℃	V_f/%
DCLR	333	735	10.21	478	22.31
D-DCLR	263	579	11.28	452	29.84

由图 5-1 与表 5-3 可以看出，去灰前后液化残渣的热解特性有较大的变化，TG 和 DTG 曲线均出现了一定程度的偏离。D-DCLR 的初始反应温度 T_i 降低了 70℃，终了反应温度（T_f）降低了 156℃，最大失重速率（R_∞）增大，而最大失重速率对应的温度（T_∞）则有所降低。DCLR 中的重质组分具有良好

的溶剂效能和供氢性能，热解过程中会产生大量的胶质体，脱灰处理之后，胶质体出现的温度间隔增大，同时其流动性会提高，使得胶质体有充足的时间更加充分地在煤颗粒之间流动黏结，这对型焦抗压强度的提高是有利的。另外，去灰前后二者达到热解终温时的总失重率（V_f）相差7%左右，这是因为灰分的存在可能会占据煤焦的部分空隙，使得煤焦的孔隙率有所降低，反应表面积大幅度减小，从而导致煤焦活性降低。DTG曲线700℃附近均出现了波动，主要是矿物质的剧烈热分解所造成的。

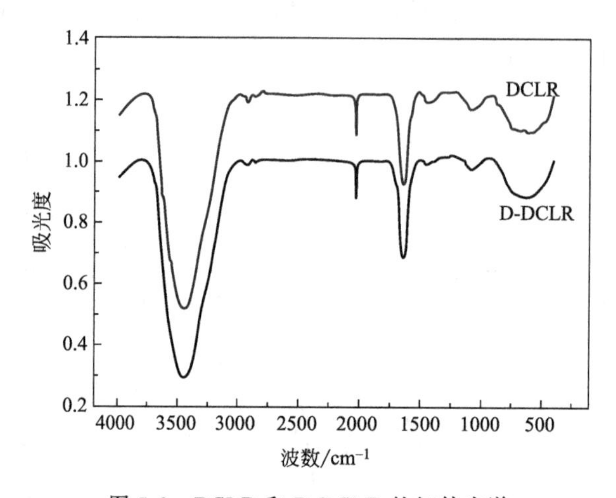

图5-2 DCLR和D-DCLR的红外光谱

由图5-2可以看出，去灰处理后DCLR表面官能团种类并没有发生变化，只是$1080cm^{-1}$及$572cm^{-1}$处归属矿物质的吸收峰强度有所不同。酸洗后DCLR中有机大分子的主体结构基本上没有发生变化，但羟基吸收峰从$3200cm^{-1}$迁移至$3440cm^{-1}$，表明羟基是以多聚体的缔合结构形式存在的，这种缔合结构会形成大量的氢键，在热解过程中起到供氢的作用。

5.3.1.2 热解产物收率

液化残渣的添加比例为40%，热解终温700℃，热解时间90min时，热解产物收率如图5-3所示。以D-DCLR为黏结剂时型焦的收率降低，而焦油和气体收率则有所增加。D-DCLR中氢含量增大，使得反应体系中的活性氢浓度增加，强化了热解过程中的供氢作用。具有一定供氢能力的黏结剂可以使热解产生的游离自由基碎片被氢饱和，防止炭网之间发生交联，从而使自由基趋向稳定，形成挥发分析出，使得失重量增加，焦油和热解气体收率增大。

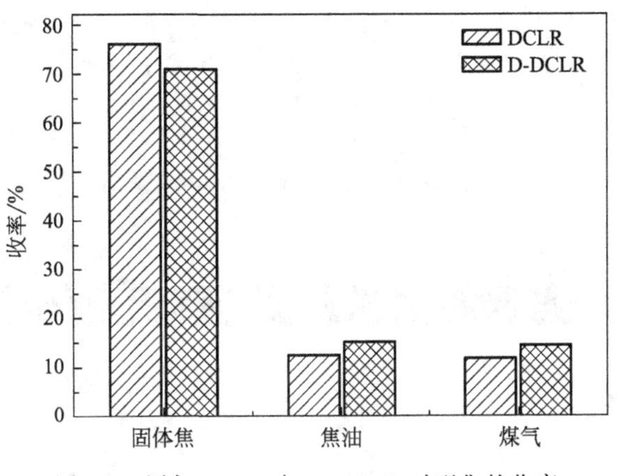

图 5-3　添加 DCLR 与 D-DCLR 时型焦的收率

5.3.1.3　型焦结构性能分析

取成型压力为 6MPa，DCLR 与 D-DCLR 添加量分别为 10%、20%、30%，热解终温为 700℃，热解时间 90min 进行实验，型焦抗压强度如图 5-4，SEM 分析如图 5-5 所示。添加比例不同时 D-DCLR 制备的型焦抗压强度均比

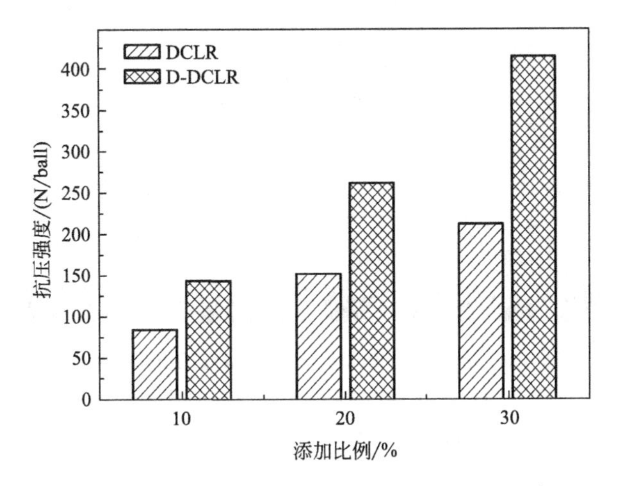

图 5-4　液化残渣添加量不同时型焦的抗压强度

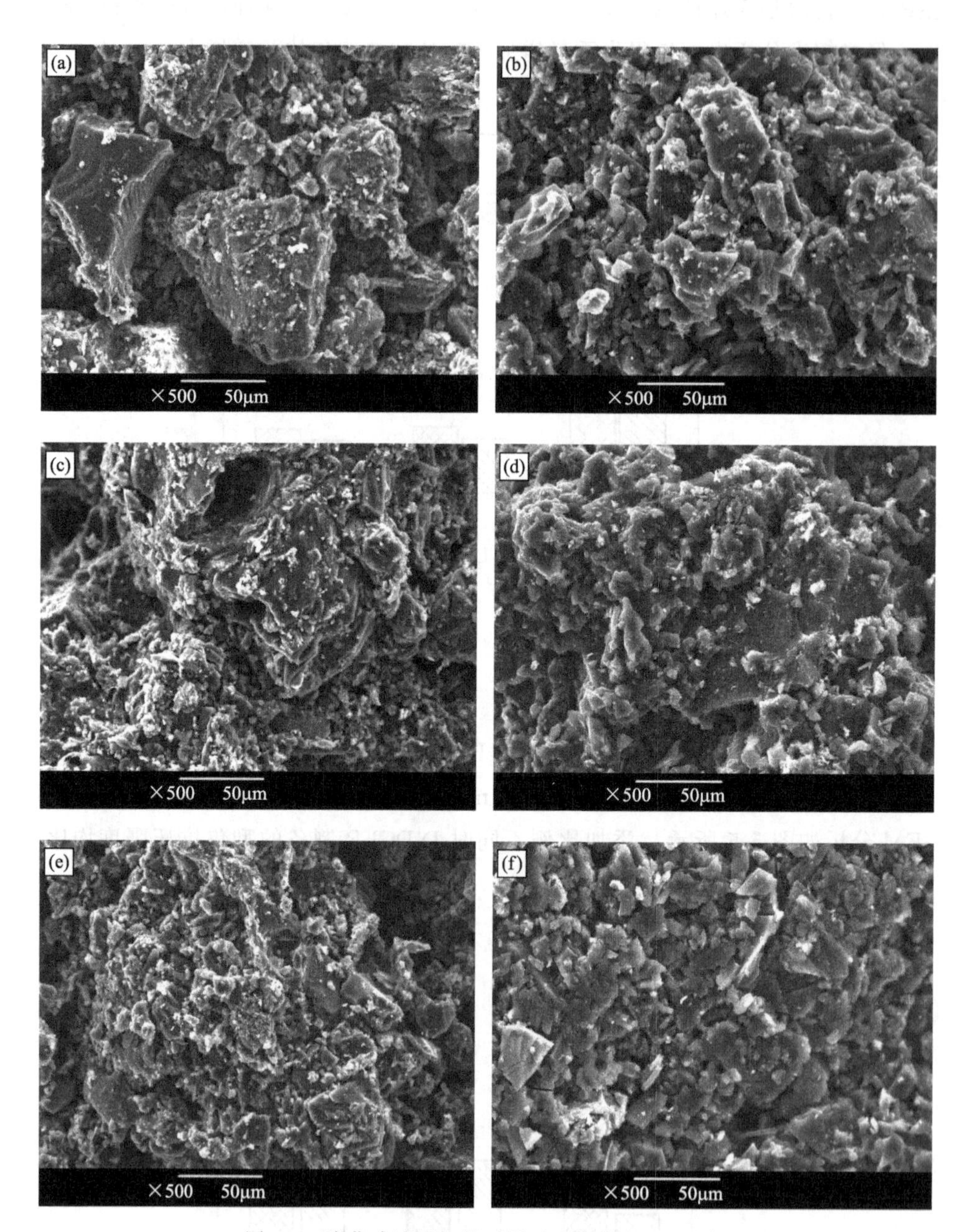

图 5-5 液化残渣添加量不同时型焦的 SEM 照片

(a) 10%DCLR；(b) 10%D-DCLR；(c) 20%DCLR；(d) 20%D-DCLR；
(e) 30%DCLR；(f) 30%D-DCLR

DCLR高，30%时差值高达200N/ball左右。D-DCLR的G值与Y值均有所提高，那就意味着热解过程中能够产生更多的胶质体，使得型焦抗压强度增大。另外，灰分的体积膨胀系数是固体炭多孔体的6～10倍，当型焦在高温下收缩时，灰分颗粒表现出与收缩应力方向相反的膨胀应力，就会产生以灰分颗粒为中心的放射性微裂纹，从而导致型焦抗压强度减小，因此灰分含量越大，型焦抗压强度越低。

由图5-5可以看出，以D-DCLR为添加剂制备的型焦［(b)、(d)、(f)］比DCLR制备的型焦［(a)、(c)、(e)］表面更为致密，颗粒间孔隙结构更加丰富。DCLR中重质组分的溶剂化作用有利于煤组分在热解过程中分子重排，使中间相得到改善。同时，灰分中部分无机矿物质在热解过程中既不会发生熔融，又不产生黏结和收缩，仅仅作为夹杂存在终将导致型焦表面裂纹增多，抗压强度降低。由此说明，灰分的脱除有助于热解过程胶质体产生，有助于型焦表面孔隙均匀分布以及表面裂纹减少，对提高型焦抗压强度是有利的。

5.3.2 液化残渣添加比例对热解过程及型焦结构性能的影响

成型压力为6.0MPa，选取D-DCLR添加比例为0、10%、20%、30%、40%及50%进行实验，结果分别如图5-6～图5-10所示。

5.3.2.1 热解产物收率

图5-6为共热解产物收率的理论计算与实验结果的对比曲线，产物收率理论值（Y）按式(5-1)进行计算：

$$Y = Y_{\text{D-DCLR}} \times T + Y_{\text{SJC}} \times (1 - T) \tag{5-1}$$

式中，Y_{SJC}、$Y_{\text{D-DCLR}}$分别为SJC与D-DCLR单独热解时各产物的收率，%；T为原料中D-DCLR的添加比例，%。

由图5-6可以看出，随着D-DCLR添加比例增大，型焦收率逐渐降低，焦油与煤气收率则逐渐增大，实验结果与理论计算结果均存在较大的偏差。型焦收率随D-DCLR添加量的增大而逐渐减小，D-DCLR的加入能够促进热解过程进行，添加量越大促进效应越明显。焦油与热解气体收率的实际结果均高于理论值，这是因为在热解温度区间内，液化残渣中的重质组分首先软化熔融，在煤颗粒之间流动，抑制了热解产物逸出，导致热解产物中大分子物质逐渐转

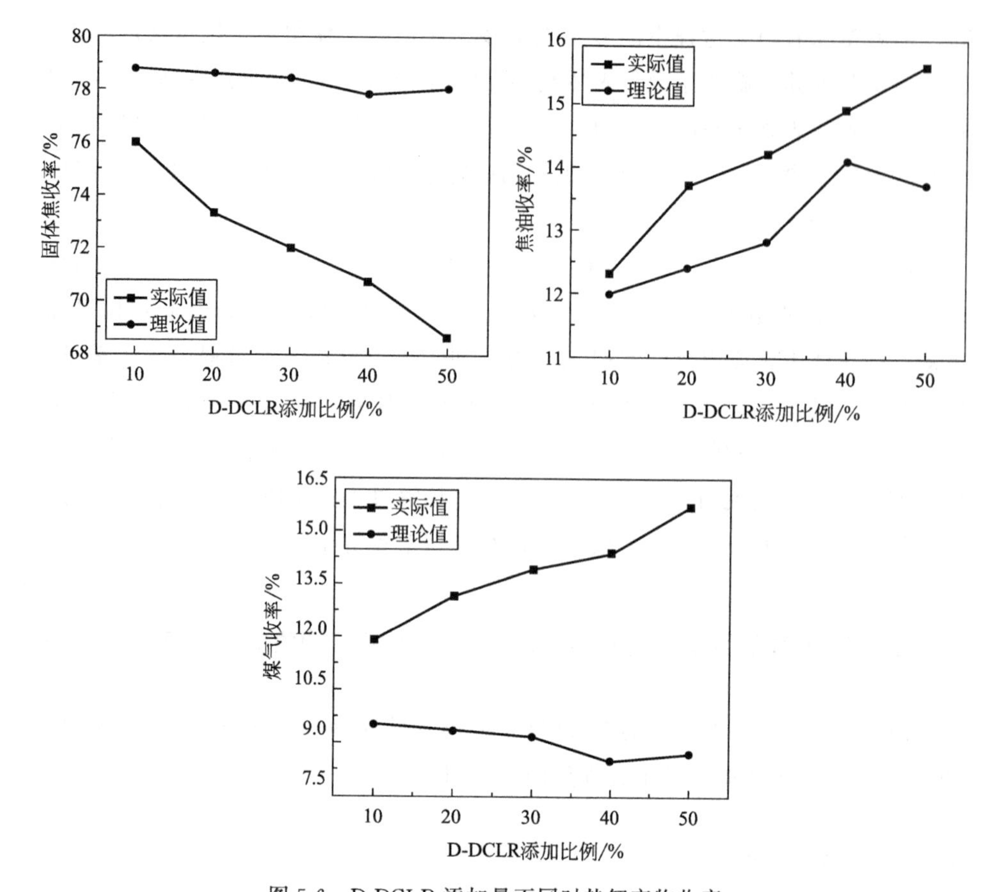

图 5-6　D-DCLR 添加量不同时热解产物收率

变为小分子物质，最终以气体形式逸出。

5.3.2.2　热解气体组成分析

表 5-4 为热解煤气组成的分析结果，图 5-7 为共热解气体理论计算与实验结果的对比，气体理论计算（Y）如式(5-2)。

$$Y = Y_{\text{D-DCLR}} \times T + Y_{\text{SJC}} \times (1 - T) \tag{5-2}$$

式中，Y_{SJC}、$Y_{\text{D-DCLR}}$ 为 SJC 与 D-DCLR 单独热解时各种气体所占体积分数,%；T 为原料中 D-DCLR 的添加比例,%。

表 5-4　不同 D-DCLR 添加比例下煤气的组成

气体组分/%	D-DCLR 添加量/%					SJC/%	D-DCLR/%
	10	20	30	40	50	100	100
CO_2	3.15	4.47	4.77	4.78	4.75	3.92	0.61
CO	11.98	10.86	9.33	7.31	6.29	14.58	0.90
CH_4	14.75	18.59	21.69	21.18	21.35	16.30	10.92
C_nH_m	1.01	2.11	2.73	3.07	3.82	1.97	6.31
H_2	46.93	43.43	41.80	41.29	40.87	41.87	63.90
$H_2+CO+CH_4$	73.66	72.88	68.26	69.78	68.51	72.75	79.61

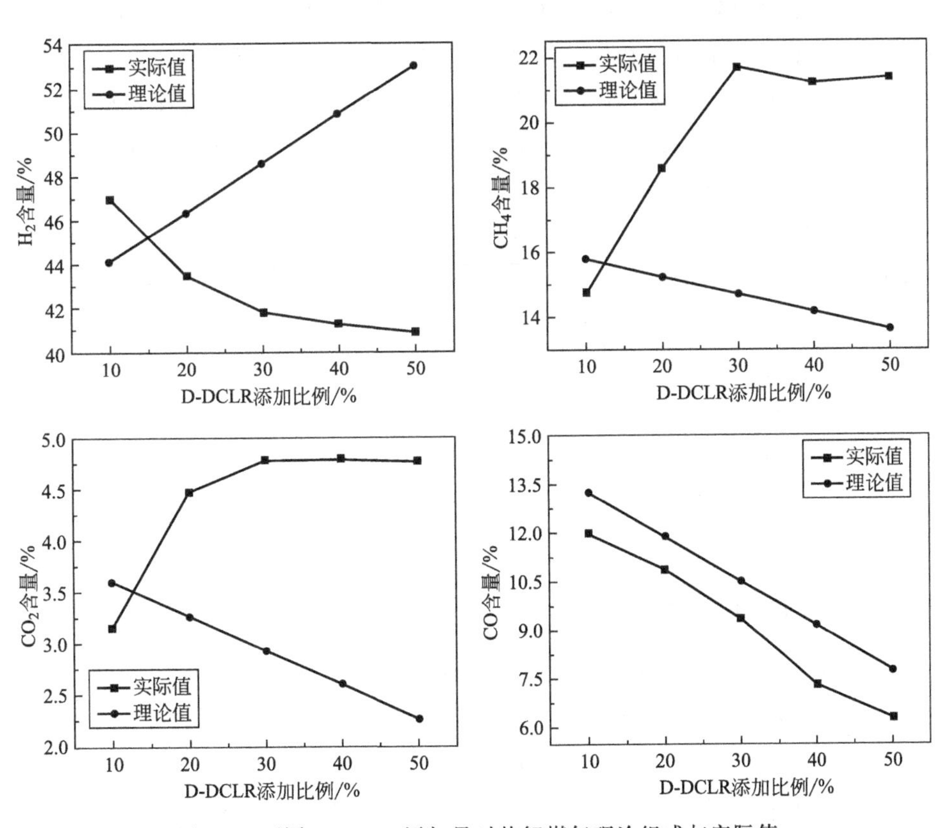

图 5-7　不同 D-DCLR 添加量时热解煤气理论组成与实际值

由表 5-4 与图 5-7 可以看出，随着 D-DCLR 添加量增加，热解煤气中 H_2、CO 含量逐渐降低，CH_4、CO_2 含量先增加随后保持不变。除了 CO 理论含量比实际含量略高，D-DCLR 添加量不同时 H_2、CH_4 与 CO_2 的理论含量与实际含量均出入较大。这说明型煤热解过程并不是两种原料单独热解的简单加和，二者之间有协同效应存在，主要体现在 D-DCLR 的供氢作用上。D-DCLR 单独热解时可以产生约 63.90%的 H_2，型煤热解过程中大量的 H_2 对 SJC 的热解起到了供氢作用，稳定了煤热解产生的自由基碎片，从而消耗了部分 H_2，导致热解气体中 H_2 含量逐渐降低，提高了热解气体中 CH_4 的含量。

5.3.2.3 热解焦油组成分析

热解焦油的气相色谱-质谱联用分析结果如表 5-5 所示。随着 D-DCLR 添加量增加，热解焦油中酚类物质含量呈现出增大的趋势。D-DCLR 添加量 40%时，焦油中芳香烃类物质从 10%时的 33.69%提高到了 59.48%。说明热解过程中产生的 H_2 起到了良好的供氢作用，导致氢自由基不会优先与氧结合生成水，而是促使其与烃类自由基碎片结合产生一些轻组分物质，这在一定程度上有助于脂肪烃和芳香烃含量提高。

表 5-5 D-DCLR 添加量不同时焦油的组成 单位：%

添加比例	烷烃类	烯烃类	芳香烃类	酚类	醇类	酮类	醛类	酸类
10	6.87	2.06	33.69	14.50	1.18	27.01	0	4.66
20	14.23	3.71	40.10	22.25	0	0	0.73	0
30	16.59	4.77	44.80	32.09	0	0	0	0
40	19.50	6.00	59.48	39.00	0	0	0	0
50	11.65	1.70	57.18	27.37	0	0	0	0

5.3.2.4 型焦结构性能分析

图 5-8 为成型压力 6.0MPa 时型焦的抗压强度，型焦抗压强度随 D-DCLR 添加量的变化呈现出先增大后降低的趋势，添加量 40%时达到最大值 573.3N/ball。D-DCLR 在热解过程中产生大量具有良好流动性的胶质体，这些胶质体能够浸润并黏结煤中颗粒，使得颗粒之间紧密地结合在一起。随着 D-DCLR 添加量增加，分解产生的胶质体越来越多，抗压强度逐渐提高。但是，有机基团的分解释放出大量挥发性组分，过多的胶质体阻碍了挥发分逸出，使得型焦内部与表面形成许多大小不一的孔洞。另外，D-DCLR 中矿物质会在型焦中形成裂纹中心，使得型焦容易碎裂，抗压强度降低。

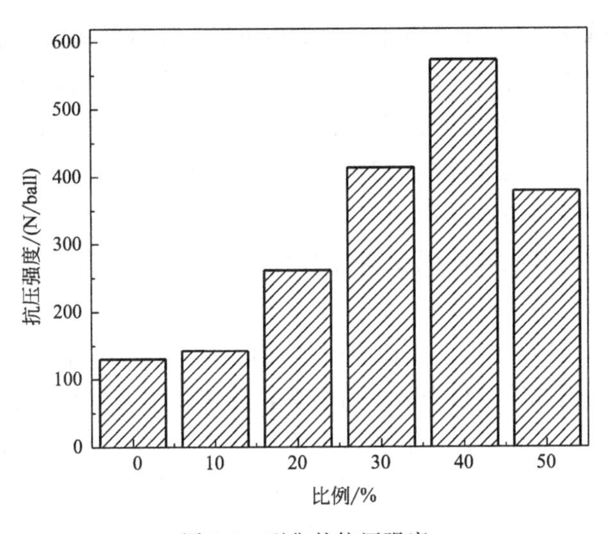

图 5-8　型焦的抗压强度

图 5-9 为 D-DCLR 添加量不同时型焦的红外光谱，$3440cm^{-1}$、$1640cm^{-1}$、$1080cm^{-1}$ 及 $572cm^{-1}$ 处出现了明显的吸收峰，分别归属于羟基的伸缩振动、芳香族中—C ═C—的伸缩振动、脂肪族与环醚及矿物质的吸收区域。随着 D-DCLR 添加量逐渐增加，型焦表面官能团种类并没有发生变化，但各官能团的

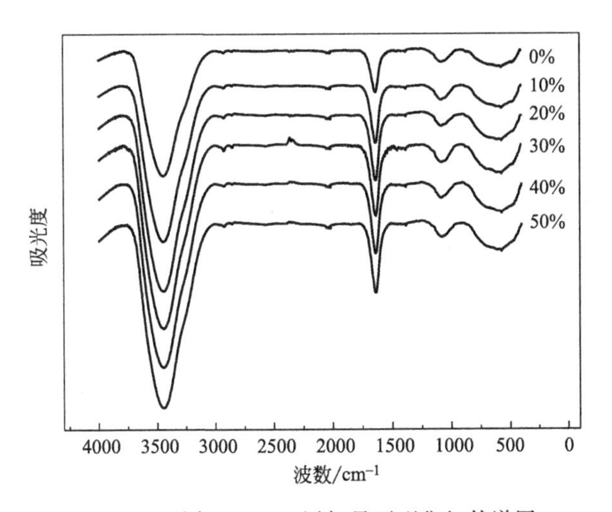

图 5-9　不同 D-DCLR 添加量下型焦红外谱图

吸收峰强度有明显的差异，除了 1076cm^{-1} 处没有变化外，其余三处均有所增强。羟基吸收峰从 3200cm^{-1} 偏移至 3440cm^{-1}，表明羟基以多聚体的缔合结构形式存在，这种缔合结构会使型焦中形成大量氢键，其作用力是非专一性分子间作用力的 10 倍，对于碳分子网络的稳定是不可忽略的。1640cm^{-1} 处是芳香族羰基的吸收峰，其强度随 D-DCLR 添加量增大逐渐增强，表明型焦的芳香度和缩合度在逐渐增强。572cm^{-1} 左右出现了一个较宽的吸收峰，主要是矿物质的吸收区域，其吸收峰强度随着 D-DCLR 添加量增加而逐渐增强，说明型焦中灰分含量在不断地增加，使得型焦抗压强度有所降低。

图 5-10 为不同 D-DCLR 添加量时型焦的 SEM 照片。随着 D-DCLR 添加量增加，型焦表面孔隙结构先减少后增多，颗粒黏结得越来越紧密。D-DCLR 在热解过程中熔融软化并产生胶质体，添加量较低时产生的胶质体少，热解过程中挥发分的析出导致固体焦产生裂缝和小孔［如图 5-10(a)］，型焦抗压强度低。随着 D-DCLR 添加量增加，产生的胶质体量逐渐增加，在颗粒之间流动浸润得越充分，颗粒逐渐结合得越紧密［如图 5-10(b)～(d)］，型焦抗压强度逐渐增大且体积收缩程度逐渐增强。D-DCLR 添加比例进一步增加，产生的过量胶质体将会封闭挥发分逸出的通道，型焦表面和内部形成许多较大的孔洞［如图 5-10(e)］，型焦抗压强度反而有所降低。

5.3.3 型焦制备过程的其他影响因素

5.3.3.1 成型压力

选取 D-DCLR 的添加比例为 40%，热解终温为 700℃，热解时间为 90min，恒温焖炉时间 90min，成型压力为 5.0MPa、5.5MPa、6.0MPa、6.5MPa 及 7.0MPa 进行实验，结果如图 5-11～图 5-13 所示。

由图 5-11 可以看出，冷压成型压力对产品收率影响不是很大。随着成型压力增加，型煤密度增加，孔隙率降低，D-DCLR 与 SJC 颗粒之间的接触表面积增大。液化残渣中大量的氢自由基在热解过程中会起到供氢作用，使得热解进行得更加充分，型焦收率有所降低。但是型煤密度增加阻碍了热解挥发物逸出，热解挥发物在颗粒内部停留时间延长，发生二次热解的可能性增大，部分大分子物质分解成小分子气体析出，造成了焦油收率稍有降低，气体收率稍有升高。随着压力进一步提高，超过一定范围时，型煤颗粒间的反弹逐渐明显，出现裂缝，并且压力过大会造成脱模困难，也会出现裂纹。

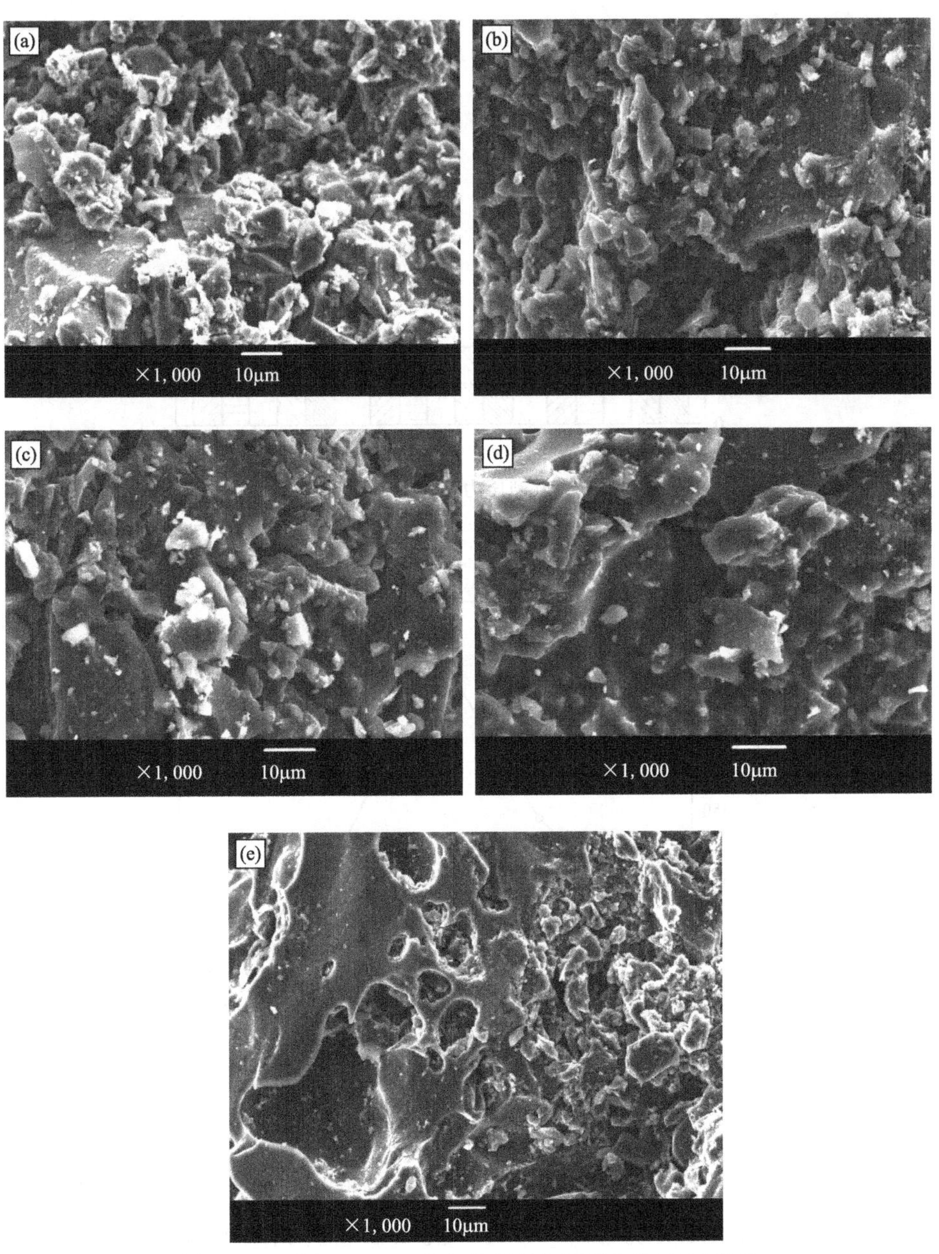

图 5-10　不同 D-DCLR 添加量下制备的型焦的 SEM 照片

(a) 10%；(b) 20%；(c) 30%；(d) 40%；(e) 50%

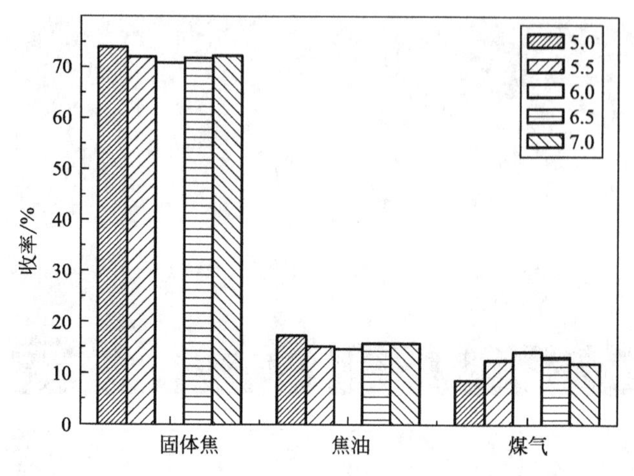

图 5-11 不同成型压力下型煤热解产品收率

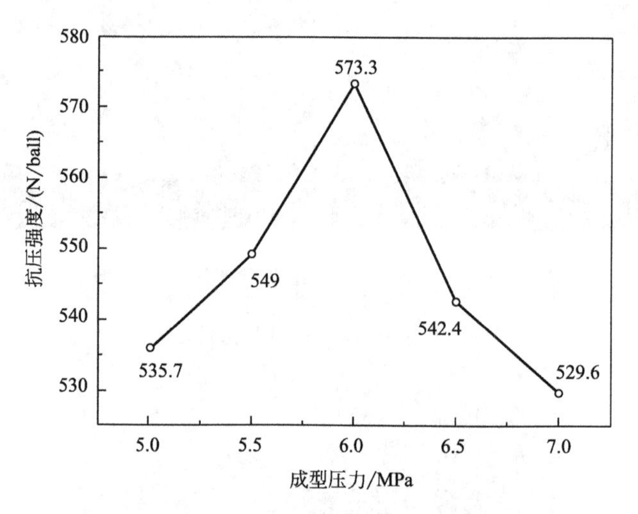

图 5-12 型焦抗压强度随成型压力的变化曲线

由图 5-12 可以看出，型焦抗压强度随着成型压力增大呈现出先升高后降低的趋势，成型压力为 6.0MPa 时，抗压强度达到最大值 573.3N/ball。成型压力越大，固体颗粒之间的啮合作用越强，型煤与型焦抗压强度则越大。型煤软化熔融阶段，D-DCLR 产生的胶质体在颗粒之间流动黏结，促使型焦抗压强度逐渐升高。成型压力超过一定范围时，颗粒之间的反弹同时逐

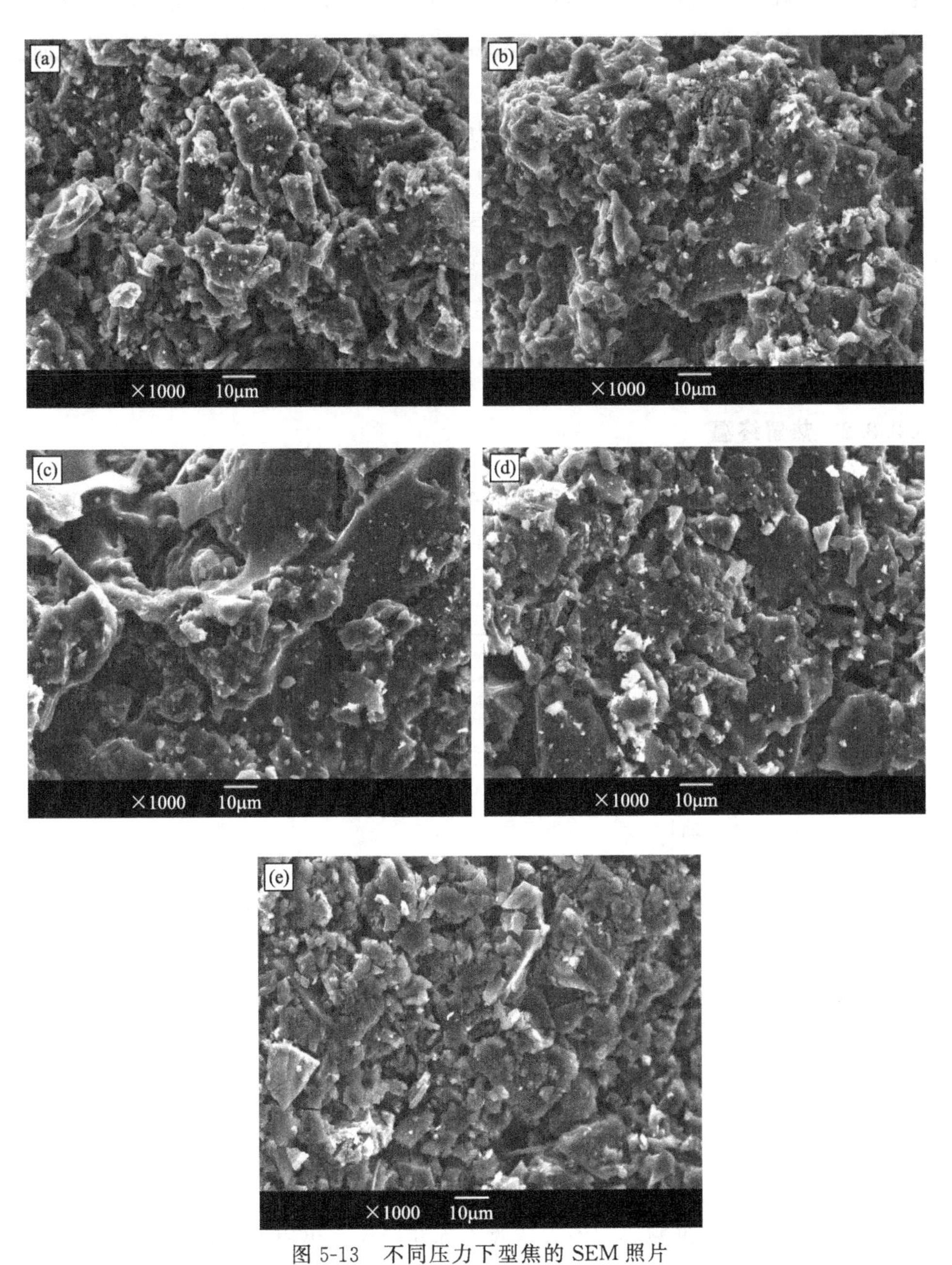

图 5-13　不同压力下型焦的 SEM 照片

(a) 5.0MPa；(b) 5.5MPa；(c) 6.0MPa；(d) 6.5MPa；(e) 7.0MPa

渐显现，脱模后出现的裂纹在热解过程中将成为熔融胶质体浸润及挥发分逸出的通道，固化收缩成焦后则变成大孔径的气孔，这使得型焦抗压强度反而有所降低。

从图 5-13 可以看出，随着成型压力提高型焦表面孔隙结构逐渐减少，颗粒之间结合得越来越紧密，但成型压力过大又开始出现裂缝。热解过程中 D-DCLR 产生的大量胶质体在颗粒之间流动浸润，熔融黏结。随着压力增大，颗粒挤压达到极限而出现反弹，使型煤出现一些微小的裂纹，热解过程中这些裂纹成为挥发分析出与胶质体浸入的通道，在收缩固化成焦后成为大孔径的孔道，抗压强度降低。

5.3.3.2 热解终温

取 D-DCLR 添加量为 40%，热解终温为 500℃、600℃、700℃、800℃、900℃及 1000℃进行实验，结果如图 5-14～图 5-16 所示。

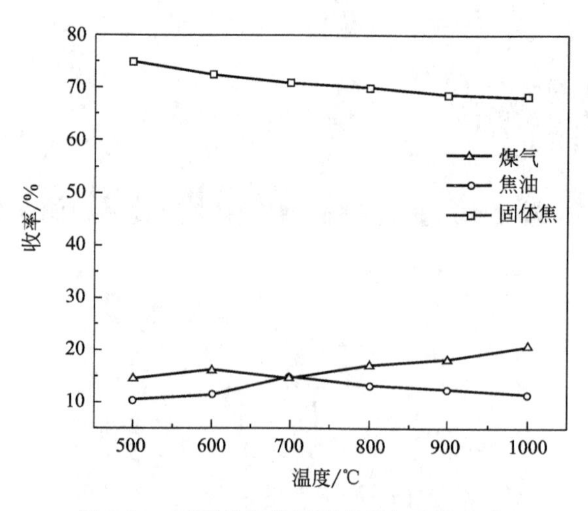

图 5-14 不同热解终温下的热解产品收率

从图 5-14 可以看出，热解终温对型焦收率的影响较大。随着热解终温逐渐升高，型焦收率逐渐减小，而煤气收率逐渐增大，焦油收率则呈现出先升高后降低的趋势，在 700℃时焦油收率达到最大值为 17.70%。终温越高热解反应进行得越充分，大分子物质将逐渐转变为小分子物质，最终转变为焦油和煤气逸出。

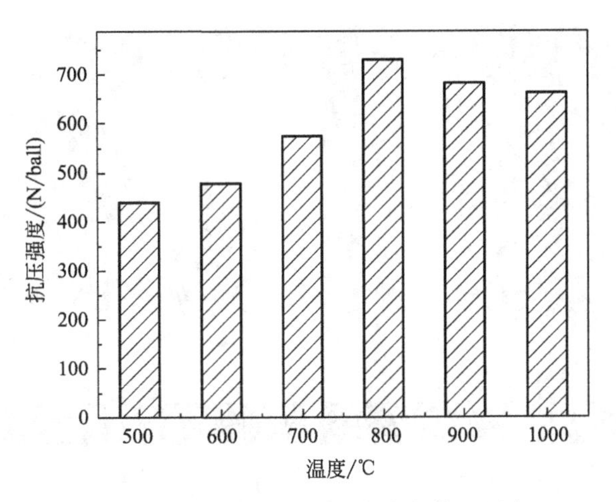

图 5-15　不同热解终温下型焦的抗压强度

由图 5-15 可以看出，随着热解温度升高，型焦抗压强度呈现出先升高后降低的趋势。当温度为 800℃时，型焦抗压强度达到最大值 728N/ball。热重分析表明，D-DCLR 在 225℃开始大量失重，510℃时热解及缩聚反应就已经趋于停止，此后只有少量低分子量挥发分缓慢析出。随热解温度升高，D-DCLR 热解产生的胶质体在颗粒之间熔融黏结，形成搭桥将颗粒连接起来，从而保证型焦具有一定的强度。热解温度过低，D-DCLR 的软化熔融及热解反应进行得不够完全，产生的胶质体不能充分浸润颗粒表面，不利于黏结和缩聚反应，导致型焦的抗压强度不高。热解温度过高，固体焦体积的快速收缩以及热解气的大量析出会导致型焦表面产生大量的裂纹，使得抗压强度有所降低。

从图 5-16 可以看出，随着热解温度逐渐提高，型焦表面空隙结构先减小而后又逐渐增多，颗粒从最初的分散状分布逐渐转变为紧密黏结状［如图 5-16(a)～(d)］。热解过程中 D-DCLR 熔融软化并分解产生胶质体，此过程是在软固化温度区间进行的，即胶质体从产生到固化的温度范围之内进行。当热解温逐渐升高时，软固化温度区间增大，有利于煤粒之间相互接触和充分黏结。然而，当温度超过一定范围时，型焦表面又开始出现了裂纹，这是由于固体焦密度逐渐增大、体积逐渐收缩，型焦内部及表面出现众多微小的裂纹。另外热解气体的大量析出也会加剧这种裂纹生成［如图 5-16(d)、(e)］。

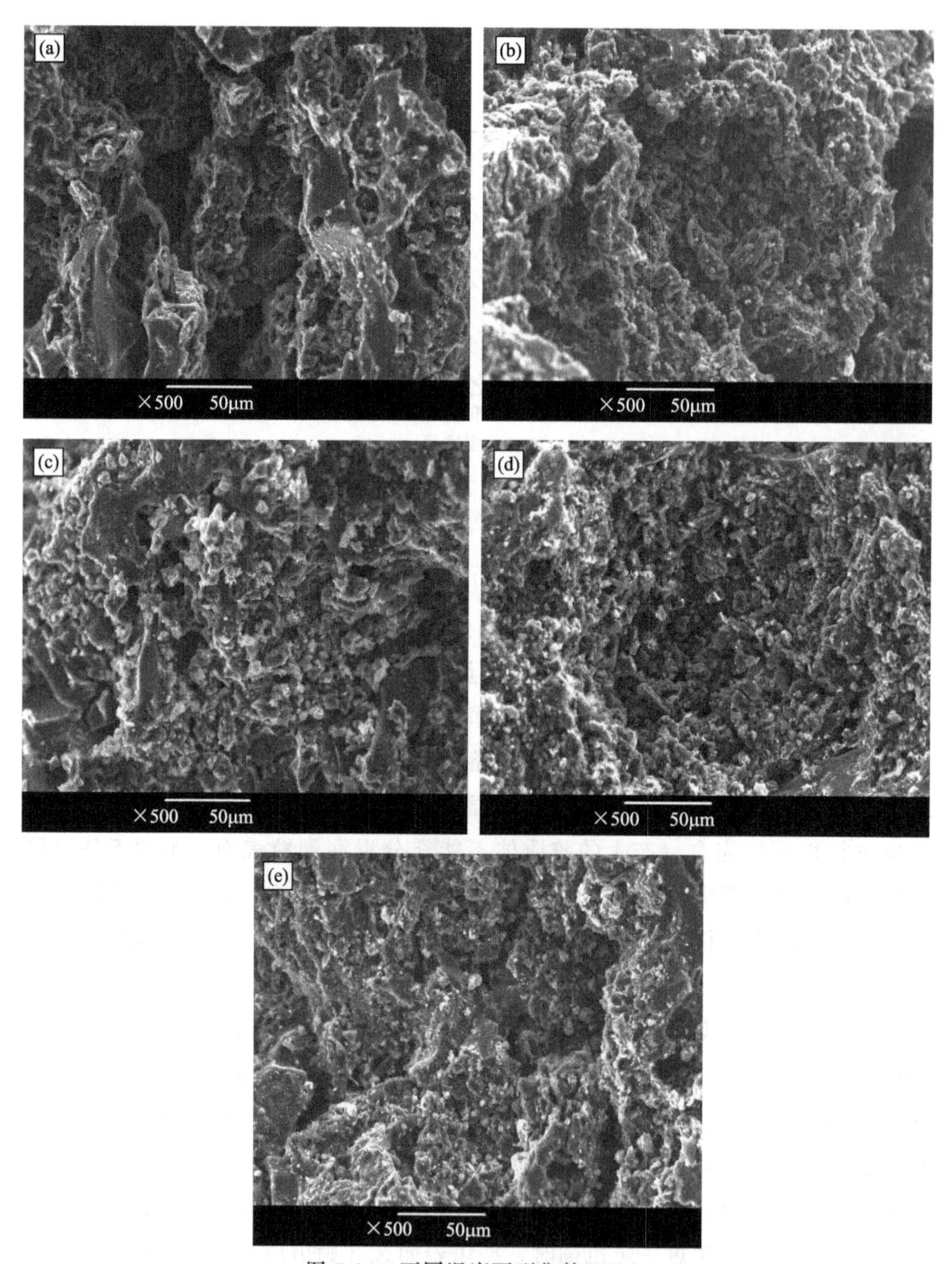

图 5-16 不同温度下型焦的 SEM

(a) 500℃；(b) 600℃；(c) 700℃；(d) 800℃；(e) 900℃

5.3.3.3　恒温时间

选取热解终温为 800℃，恒温时间为 30min、60min、90min、120min 及 150min 进行实验，结果如图 5-17～图 5-19 所示。

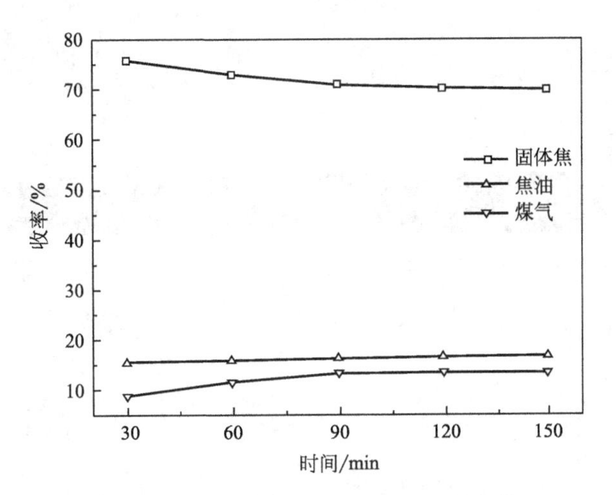

图 5-17　热解产物收率随恒温时间的变化

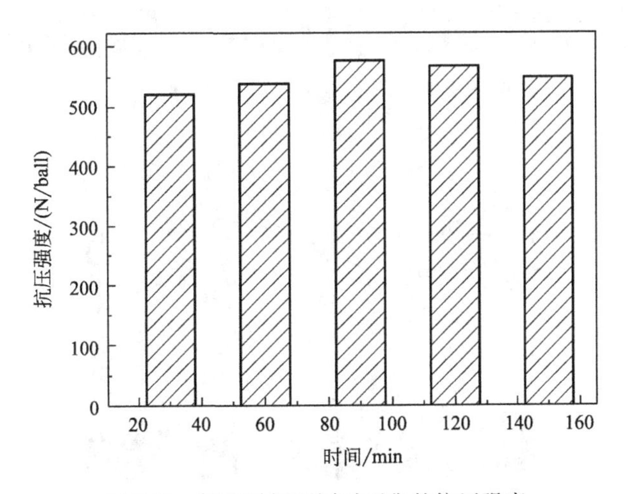

图 5-18　恒温时间不同时型焦的抗压强度

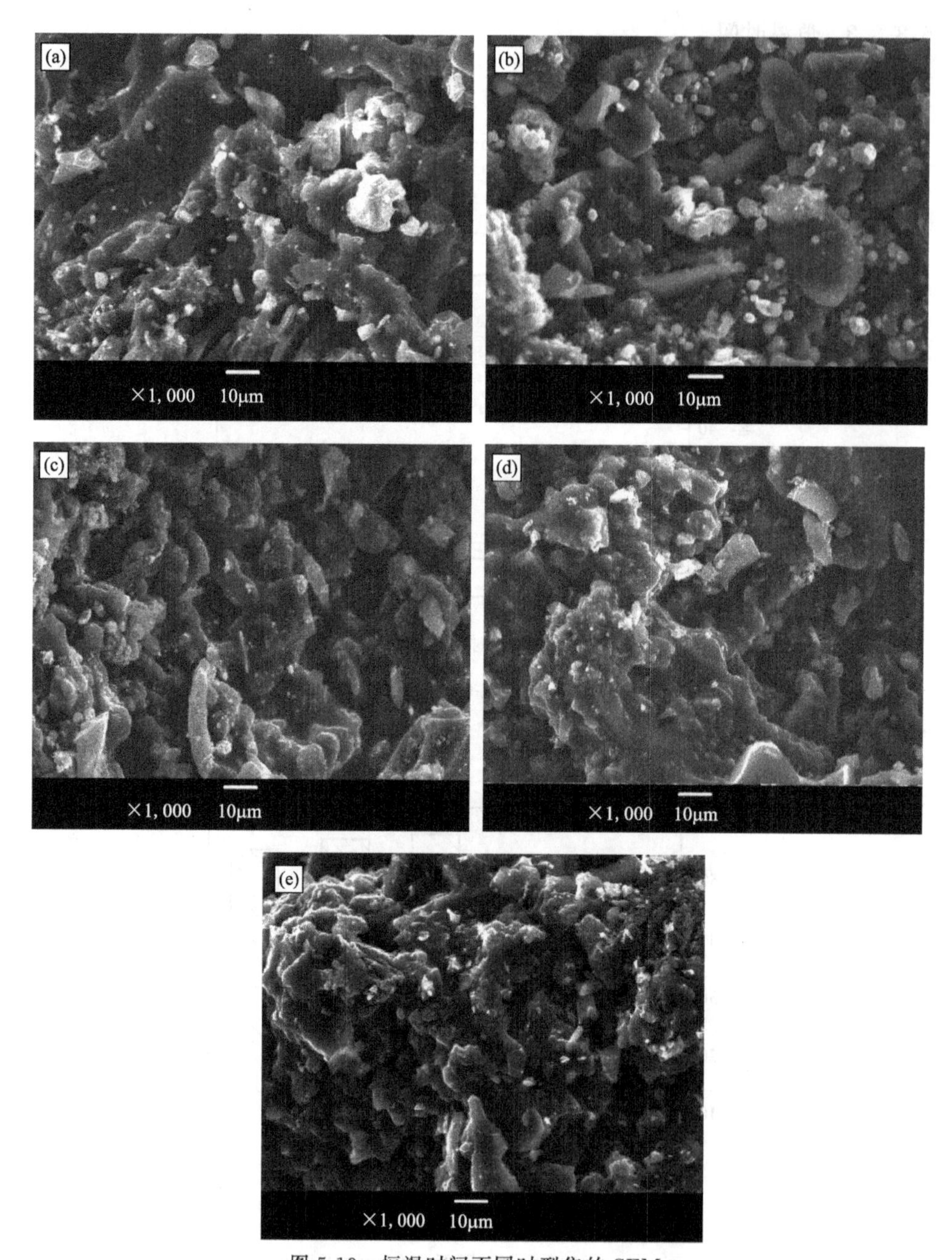

图 5-19 恒温时间不同时型焦的 SEM

(a) 30min；(b) 60min；(c) 90min；(d) 120min；(e) 150min

由图5-17可以看出，随着终温恒温时间延长，焦炭收率逐渐降低，气体与焦油收率逐渐升高，约90min后三者收率都趋于稳定，分别达到70.9%、16.1%与13.0%。恒温时间越长，型煤的热解就进行得越充分，大分子物质将逐渐转变为小分子物质，转变为焦油和煤气逸出。超过90min后热解反应已结束，热解产物收率不再发生变化。

由图5-18可以看出，保温一定时间有利于型焦抗压强度提高，然而时间又不宜过长。当恒温时间超过90min后，型焦抗压强度反而有所降低。恒温时间越长，固体焦表面与中心的温差就越小，温度越均匀，这有利于固体焦充分收缩，进一步缩聚脱氢，减少型焦的气孔率，从而提高抗压强度。如果恒温时间过长，型焦内部颗粒之间的桥键断裂，颗粒与黏结剂间融合的部分将会因为脱氢反应而产生多孔结构，从而引起型焦抗压强度降低，同时还会降低干馏炉的生产能力，增加生产成本。

由图5-19可以看出，在热解终温为800℃时，型焦的颗粒均被熔融物黏结在一起，没有明显的大裂纹和空隙。恒温时间从30min延长到90min时［如图5-19(a)～(c)］，型焦表面一些微小空隙逐渐消失，表明恒温时间延长有助于减小型焦的气孔率，从而提高型焦抗压强度。恒温时间从90min延长至150min时［如图5-19(c)～(e)］，型焦表面只出现了少量颗粒与一些细小的裂纹。

5.3.3.4　液化残渣萃取组分

采用正己烷、甲苯、四氢呋喃对D-DCLR进行索氏萃取实验，结果如表5-6所示。分别以脱除重质油（D-HS）、脱除沥青烯（D-A）与脱除前沥青烯（D-PA）的液化残渣为黏结剂制备型焦，黏结剂添加量均为40%，冷压成型压力为6.0MPa，热解终温为800℃，终温恒温时间为90min，热解产物收率及型焦抗压强度如图5-20、图5-21所示。

表5-6　去灰后液化残渣的索氏萃取结果　单位：%

实验	HS	A	PA	THFIS
1组	5.10	40.80	15.20	38.90
2组	5.07	41.04	13.60	35.65
平均值	5.09	40.92	14.40	37.28

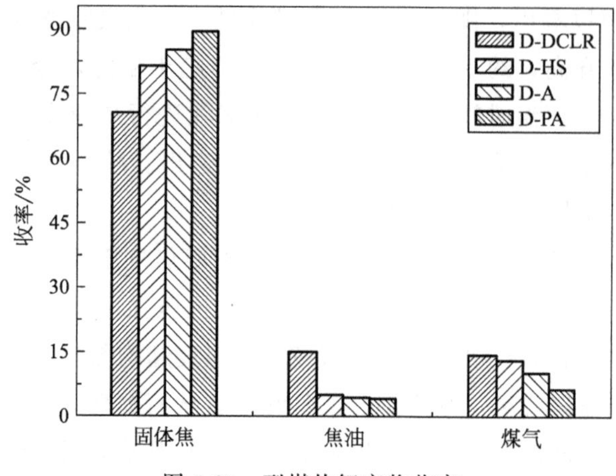

图 5-20 型煤热解产物收率

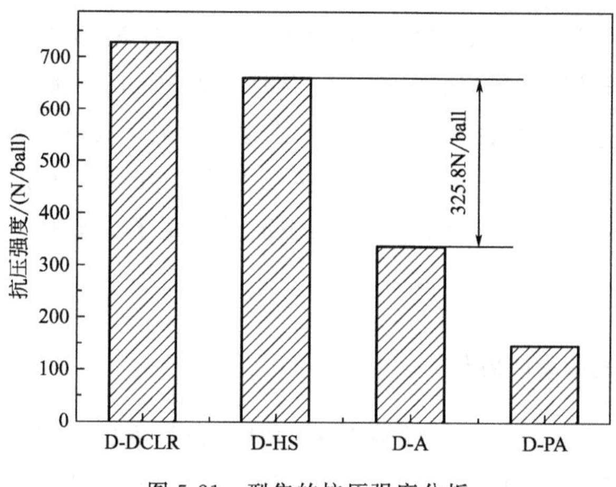

图 5-21 型焦的抗压强度分析

由图 5-20、图 5-21 可以看出，分别以 D-DCLR、D-HS、D-A、D-PA 为黏结剂，型焦的收率逐渐增大，抗压强度逐渐降低，尤其是在脱除沥青烯前后，抗压强度相差约 325N/ball。液化残渣中的灰分主要存在于 THFIS 中，THFIS 在 800℃时的失重率仅为 10%，THFIS 含量越高，型焦收率越大。重质组分在热解过程中没有发生明显的裂解和聚合，而是以油类物质析出，因此利用 D-HS 制备型焦时焦油收率没有明显变化。A 与 PA 在热解过程中均可裂解产生气体，但是 A 既发生裂解又有蒸发，且 PA 较 A 更容易发生聚合反应，因此 A、PA、THFIS 对气体产物的贡献是逐渐降低的。沥青烯和前沥青烯类物质具有极强的塑性，对型焦抗压强度起到了关键性的作用。

型焦的SEM照片如图5-22所示。以D-DCLR作黏结剂时，型焦［图5-22(a)］表面颗粒排列紧密有序，颗粒之间的孔隙很小且无明显裂纹。以D-HS与D-A作黏结剂时，型焦［图5-22(b)、图5-22(c)］表面均开始出现大的颗粒状物质，图5-22(c)中还可以看到明显的裂纹。由此说明，沥青烯的存在对型焦表面结构影响显著，这与型焦抗压强度的变化结果是一致的。热解过程中A、PA会形成大量具有良好流动性的胶质体，胶质体充分流动填充于颗粒之间，形成均匀、致密的孔隙结构。同时D-DCLR中沥青烯的含量约为前沥青烯含量的3倍左右，其对型焦抗压强度的影响更为显著。

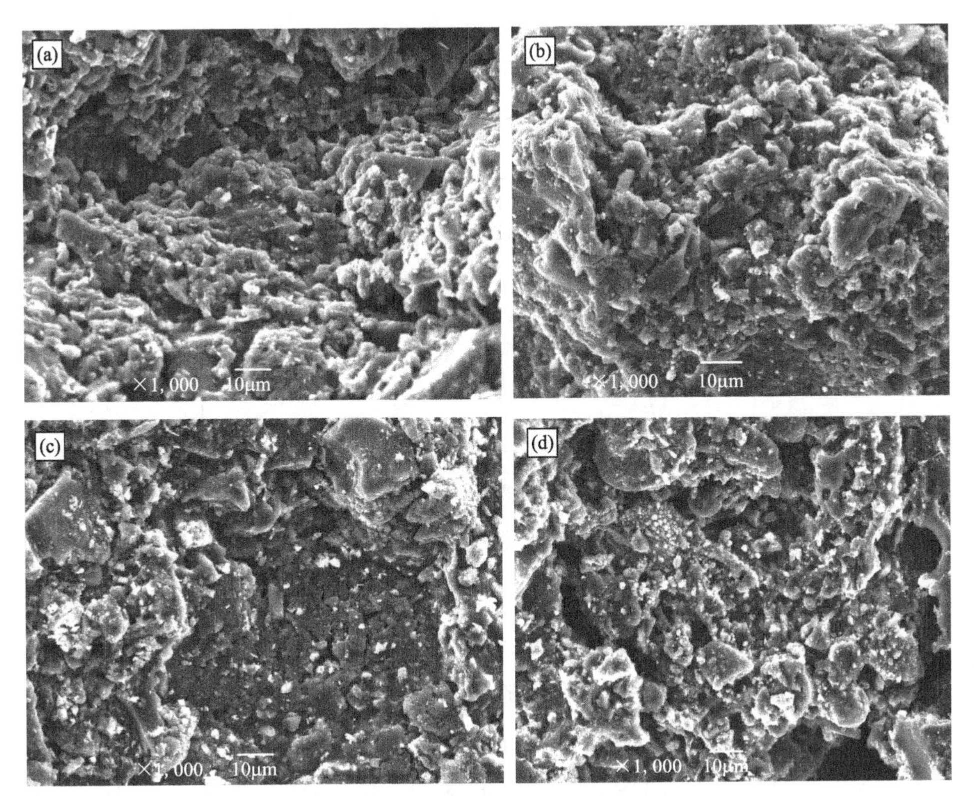

图5-22 黏结剂不同时型焦的SEM

(a) D-DCLR；(b) D-HS；(c) D-A；(d) D-PA

型焦的红外光谱分析如图5-23所示。随着黏结剂的变化型焦表面官能团种类并没有发生变化，各自吸收峰强度则有所不同。3440cm^{-1}左右出现分子氢键

—OH吸收峰，说明型焦表面含有醇羟基或酚羟基，羟基吸收峰从3200cm^{-1}迁移至3440cm^{-1}表明以多聚体的缔合结构形式存在。2900～2800cm^{-1}及2250cm^{-1}处的弱吸收峰分别为脂肪族或脂肪侧链炔烃中的不饱和三键伸缩振动和—C≡C—的伸缩振动，说明其中的脂肪侧链中含有炔烃结构，且随着D-DCLR的逐级萃取其强度逐渐增强，这可能是分子结构的不对称性加强使得振动偶极矩变大而导致的。脂肪侧链中的炔烃结构在共热解过程中很容易与HS、A、PA结构中的支链发生加成反应，使得三键断裂形成对称性较好的稳定物质。随着D-DCLR的逐级萃取，侧链中的炔烃结构被保留下来，分子结构的不对称性增强，吸收峰强度有所增大。

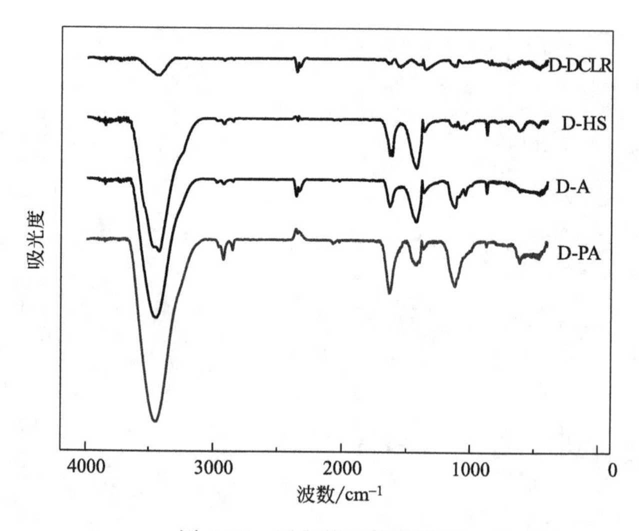

图5-23 型焦的红外光谱图

1640cm^{-1}处是芳香族羰基的吸收峰，其强度随D-DCLR的逐级萃取而逐渐增强，表明型焦的芳香度和缩合度随THFIS含量增大而增强。1460cm^{-1}处为—CH_2变角、—CH_3不对称变角的伸缩振动，且随着D-DCLR的逐级萃取而先变强后变弱，这说明HS不利于型焦分子结构中—CH_2变角、—CH_3不对称变角的形成，可能是HS的分子结构具有良好的对称性而导致的。1080cm^{-1}左右的特征峰是脂肪族与环醚等含氧官能团的吸收峰，其强度随D-DCLR的逐级萃取而增强，这说明THFIS结构中含有—C—O—C—结构，随着THFIS含量增加，醚键含量逐渐增大，其所导致的偶合不对称伸缩振动加强，使得吸收峰强度逐渐增强。900cm^{-1}处的弱吸收峰为苯环上的═C—H面外振动吸收峰，随着萃取进行此吸收峰强度逐渐变弱，可能是由于苯环上═C—H的振动方式不同而形成的。572cm^{-1}左右出现了一个较宽的吸收峰，且随着THFIS含量增加而增强，此处主要是矿物质的吸收区域，其强度随着THFIS增加而逐渐增强，说明型焦中灰分含量在不断增加，不利于型焦抗压强度增强。

5.4 以重质油（HS）、焦煤（JM）和沥青（LQ）为复合黏结剂制备型焦

型煤在一定温度条件下经过预氧化处理，例如空气氧化、酸氧化、双氧水氧化等，可有效改变型煤中煤粒及黏结剂的分子结构，从而改善热解型焦的抗压强度。本节主要向SJC中加入HS（20%）、JM（15%）及LQ（5%），均匀混合后成型，成型压力约为6.0MPa，型煤经24h自然干燥后进行氧化处理，随后在800℃下隔绝空气热解2h得到型焦[12,13]。

5.4.1 型煤低温氧化过程主要影响因素

5.4.1.1 氧化温度

在氧化时间2h，空气流量160L/h的条件下，控制氧化温度分别为50℃、100℃、150℃、200℃及250℃进行型煤的低温预氧化实验，结果如图5-24所示。

由图5-24可以看出，随着氧化处理温度升高，型焦抗压强度呈现出先增加后减小的趋势。温度较低时只有HS与煤粒均匀混合，而沥青的软化温度较高，低温处理时流动性较差，黏结效果不好，型焦抗压强度较低。随着温度提高抗压强度逐渐上升，HS流动性增加，与煤粉表面浸润均匀，其中的烃类物质易被氧化断键，而芳香烃本身含有大量碳氢键，温度升高芳化程度随之提高。同时，LQ软化点约为75～90℃，温度升高有益于LQ熔融混合，芳烃和胶质脱氢缩合生成水，重质组分中的活性基团缩合，生成分子量较大的物质，热解过程中有利于成焦并且提高型焦的抗压强度。随着氧化温度继续升高，HS中的轻质组分挥发会使型煤表面产生裂缝和孔隙，导致型煤与型焦的抗压强度减小。型煤的低温氧化过程属于放热反应，热量散出较为缓慢，而高温会

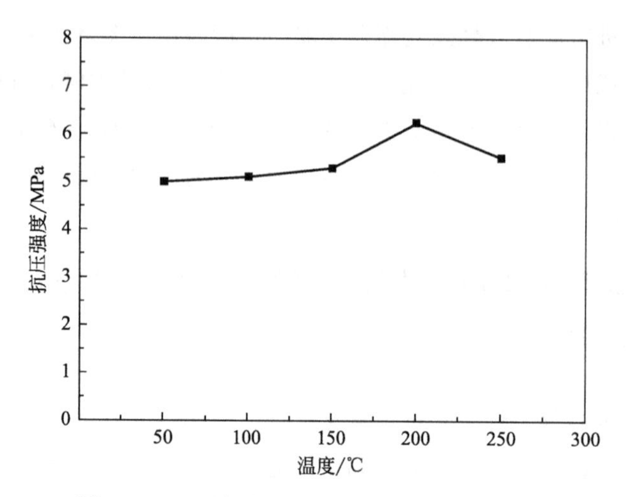

图 5-24 不同氧化温度对型焦抗压强度的影响

使型煤燃烧，势必会使抗压强度降低，因此氧化温度宜选为 200℃。

5.4.1.2 氧化时间

在氧化温度 200℃，氧化保温时间为 0.5h、1h、1.5h、2h、2.5h 及 3h 时进行低温预氧化实验，结果如图 5-25 所示。

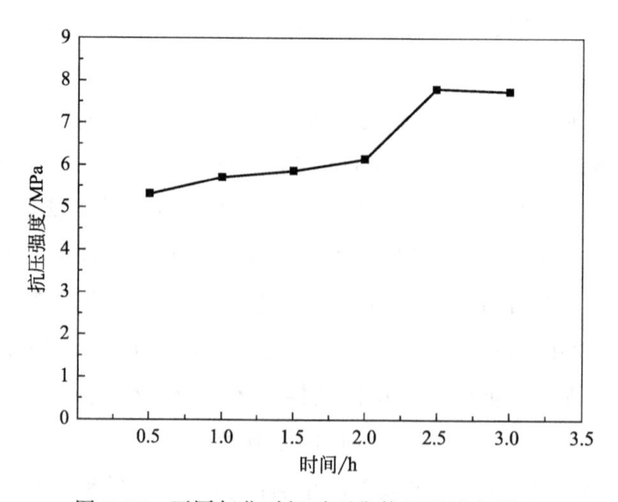

图 5-25 不同氧化时间对型焦抗压强度的影响

由图5-25可以看出，随着氧化时间延长，型焦抗压强度逐渐增大，2.5h达到最高值7.6MPa。氧化时间越长，通入的氧气越多，芳化程度高的芳香烃环上丰富的支链很容易与空气中氧发生反应，形成含有N、O等的多环杂原子物质，随后部分转化为沥青质。氧化时间越长，氧化反应进行得越充分，型焦抗压强度就越大。

5.4.1.3 空气流量

在氧化时间2.5h，空气流量分别为160L/h、200L/h、240L/h、280L/h及320L/h时进行低温预氧化实验，结果如图5-26所示。随着空气流量逐渐增大，型焦抗压强度呈现出先增高后降低的趋势，200L/h时型焦抗压强度达到最大值8.5MPa。通入的空气流量越大，单位时间内与型煤反应的氧气量也越大，LQ软化点和结焦值增大，型煤中沥青质含量有所增加。另外，HS与LQ中的烃类反应生成羧酸类、酮类和酯类物质，酯类物质逐步缩合成高分子量物质，改变了重质油结构及胶质体含量，从而影响型焦的抗压强度。空气的快速流动可以带走一部分反应热，防止温度过高引起自燃，但空气流量过大则会引起挥发分快速逸出，使得型焦结构中的裂缝增多，影响其抗压强度。

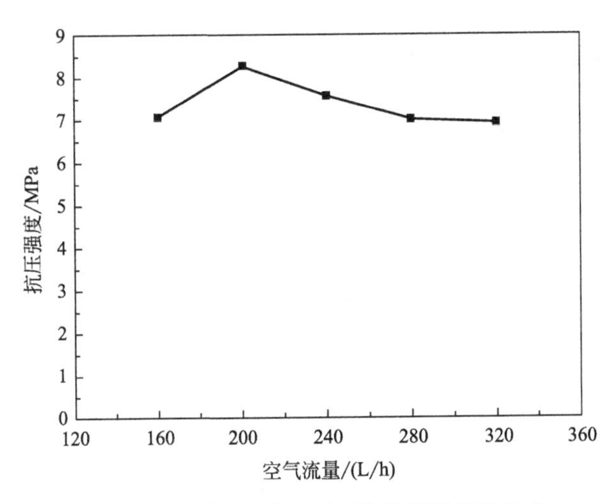

图5-26 不同空气流量对型焦抗压强度的影响

5.4.2 型煤低温氧化过程分析

氧化温度选取 150℃、200℃，氧化时间 2.5h，空气流量 200L/h，热解温度 800℃，热解时间 2h 进行型焦制备实验，与不经氧化处理的型焦进行对比分析。

5.4.2.1 氧化温度对产品收率的影响

图 5-27 给出了氧化温度 150℃、200℃时型煤、油、气的收率变化。氧化温度远低于热解温度，因此油、气产物的收率变化不明显。200℃时还没有达到煤中焦油的析出温度，此时析出的油主要是 HS 中轻质组分。另外，低温氧化时煤中易被氧化的羟基首先被氧化成羧基，随着温度升高，逐渐断裂生成 CO 及 CO_2，煤气收率较少。

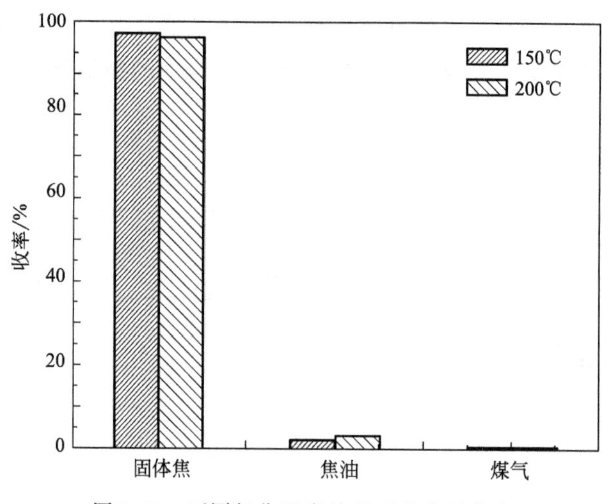

图 5-27 不同氧化温度处理后的产品收率

由图 5-28 可以看出，氧化过程对型煤热解后产物的收率影响较大。预氧化处理有助于提高型焦的收率，并且在一定范围内有助于焦油收率增大。预氧化型煤热解气体析出较少，煤中芳香族与脂肪族中的羰基、羧基和 O_2 发生反应生成碳氧化物。通入空气的过程中，黏结剂中 HS 和 LQ 与氧气进行脱氢聚合，转化为具有强黏结性的物质，增强了结焦性，有利于提高热解型焦的收

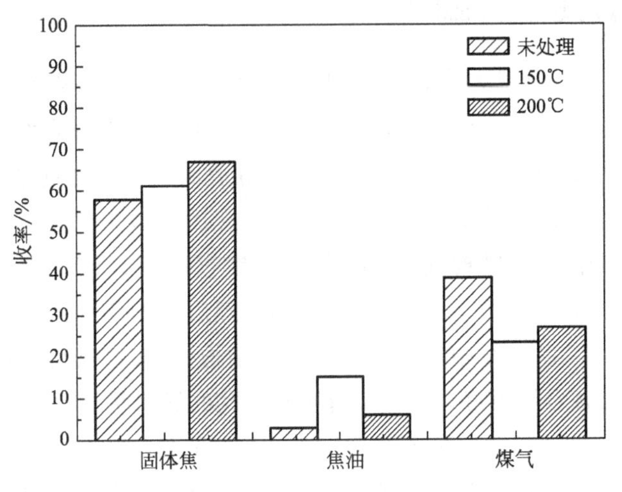

图 5-28　不同氧化温度处理后的热解产品收率

率，芳香烃和脂肪烃的羰基与 O_2 结合生成部分 CO、CO_2。因此，型煤氧化预处理会使型焦、焦油收率有所升高，气体收率降低。

5.4.2.2　氧化温度对型焦抗压强度的影响

由表 5-7 可以看出，随着预氧化温度升高，型煤与型焦的抗压强度均有所增大，热解后型焦的抗压强度是型煤的两倍。黏结剂中 20%的 HS 所含的芳香烃在氧化处理过程中侧链脱氢与氧结合生成水，而脱氢的分子链之间相互粘连，形成更加密集的大分子结构，有助于其在热解过程中结焦，提高型焦的抗压强度。LQ 分子被氧化生成 C—O—C、C ═O 等结构，彼此交互连接形成了更为稳固的链状大分子结构，在热解过程中充当炭化骨架，增加胶质体的含量，通过桥接将煤焦颗粒之间以化学方式黏结、成块，以保证其在炭化过程中不熔融，维持其原来的形状。

表 5-7　型煤和型焦的抗压强度分析

编号	型煤	抗压强度/MPa	编号	型焦	抗压强度/MPa
1	冷压型煤	2.94	4	冷压型煤热解	5.33
2	150℃氧化	3.57	5	150℃氧化后热解	6.46
3	200℃氧化	4.59	6	200℃氧化后热解	8.88

5.4.2.3 型煤及型焦的SEM分析

图5-29为型煤与型焦的SEM照片。由图5-29(a_1)可以看出，型煤表面颗粒较多，而且含有较多的空隙，经过了氧化处理后，型煤表面结构产生了明显的变化[图5-29(b_1)]。150℃下氧化的型煤表面颗粒状物质之间形成了良好的粘连，表面空隙结构减少。200℃下氧化处理后的型煤[图5-29(c_1)]表面平滑、致密，表面空隙结构进一步减少。型焦[图5-29(a_2)]表面颗粒呈松散状，没有形成明显的孔隙结构。150℃氧化处理后的型焦[图5-29(b_2)]表面颗粒融合性较好，已经开始形成规则的孔隙结构。200℃氧化处理的型焦[图5-29(c_2)]表面融合性更好，形成具有丰富微孔的蜂窝状结构。

SJC本身黏结性较差，单独成型困难，HS和LQ的加入可以使煤粉颗粒之间相互粘连，在外力作用下制成型煤，此时型煤抗压强度较低。氧化过程使黏结剂中的重质油、沥青结构发生转化，热解过程中产生的胶质体将在体系中充分流动，使得固体焦颗粒与胶质体紧密接触，当热解产生的大量气体逸出后，最终会形成具有丰富微孔的蜂窝状结构，型焦抗压强度随之增强。

5.4.2.4 型煤及型焦的FTIR分析

图5-30为型煤的红外谱线。3390cm^{-1}附近为羟基吸收峰，2930～2850cm^{-1}为环烷烃或脂肪烃—CH_3吸收峰，型煤的吸收峰强度最大，而经过氧化处理的振动强度较弱，氧化温度越低，振动强度越弱，说明在氧化过程中易氧化的酚或醇的羟基基团会被氧化生成CO_2、CO和H_2O等气体析出，并且脂肪烃和环烷烃的含量降低。1610～1470cm^{-1}附近存在芳烃、氢键缔合的羰基及—O—取代的芳烃C═C吸收峰，同样的型煤表现出的吸收峰强度最大，而经氧化处理后的振动强度较弱。1240cm^{-1}附近有醇、醚、酯的—CO吸收峰，型煤与氧化处理后的型煤振动强度差别不大，说明氧化过程对—CO影响较小，氧化处理过程导致含氧官能团类物质吸收峰强度减弱。

图5-31为型焦的红外分析谱线。3440cm^{-1}附近为羟基吸收峰，200℃氧化后型焦吸收峰强度最大，未氧化处理型焦的吸收峰强度强于150℃氧化。2930cm^{-1}附近为环烷烃或脂肪烃—CH_3吸收峰，三种型焦的吸收峰强度相差不大，热解过程中脂肪类物质基本随挥发分析出而逐渐消失。2380cm^{-1}附近存在—CN吸收峰，未氧化处理型焦的吸收峰振动强度最大，而经氧化处理型

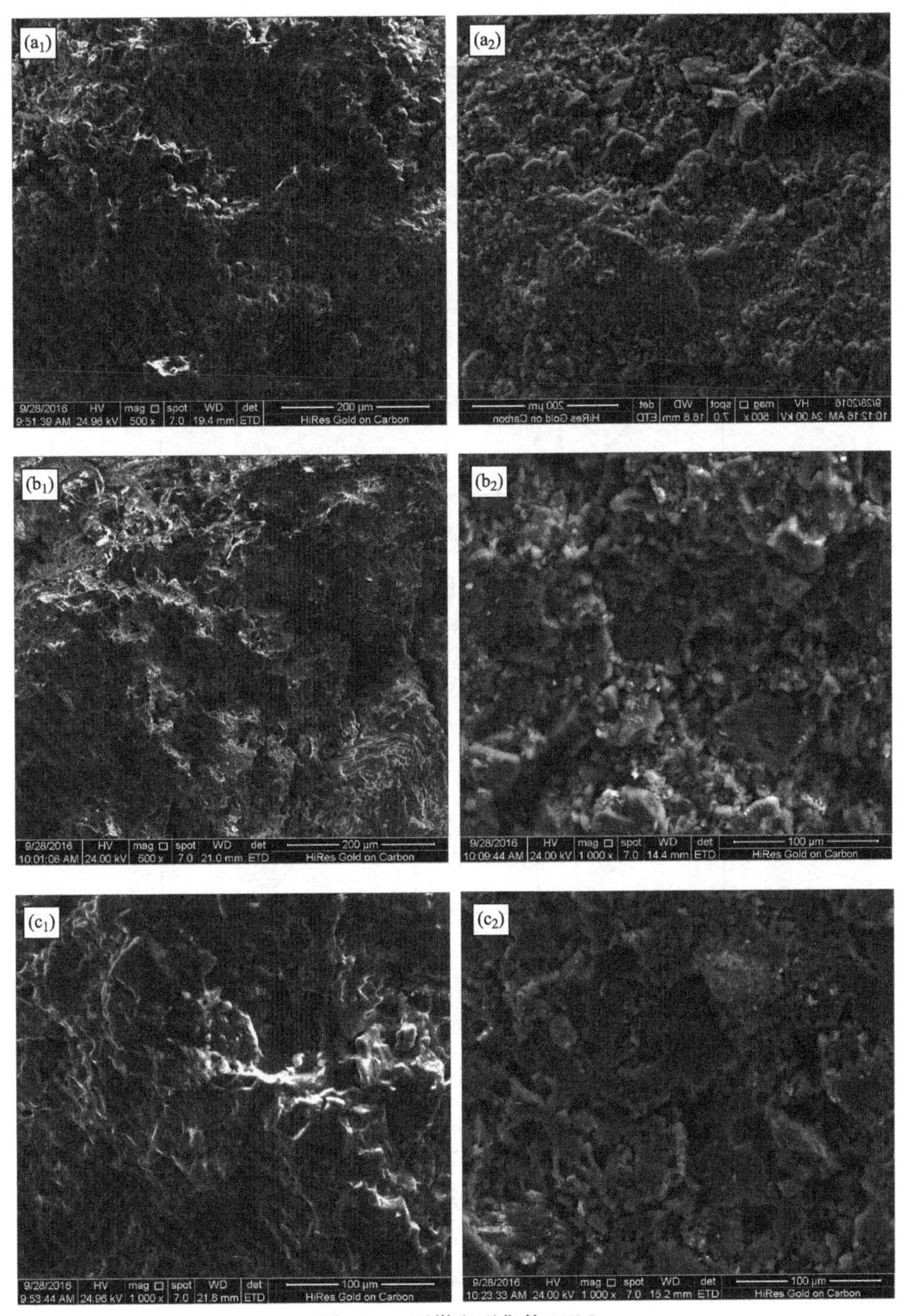

图 5-29　型煤和型焦的 SEM

(a_1) 原煤；(b_1) 150℃型煤；(c_1) 200℃型煤；(a_2) 原煤型焦；(b_2) 150℃型焦；(c_2) 200℃型焦

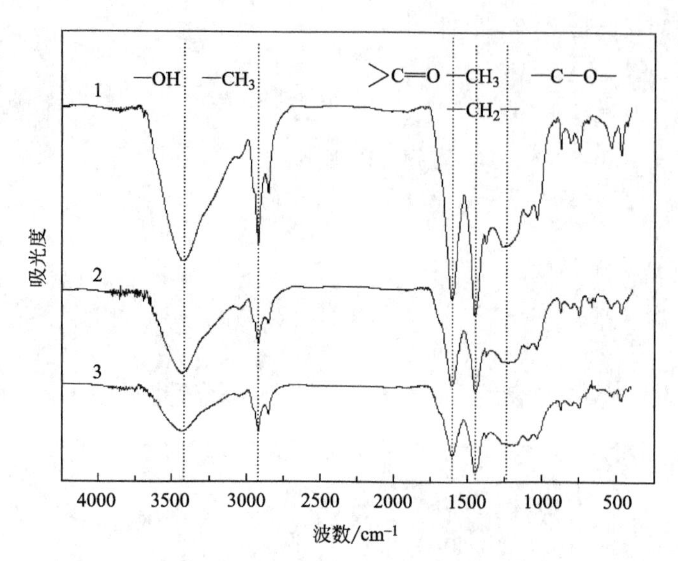

图 5-30 不同处理条件下型煤的红外光谱

1—原煤；2—150℃氧化；3—200℃氧化

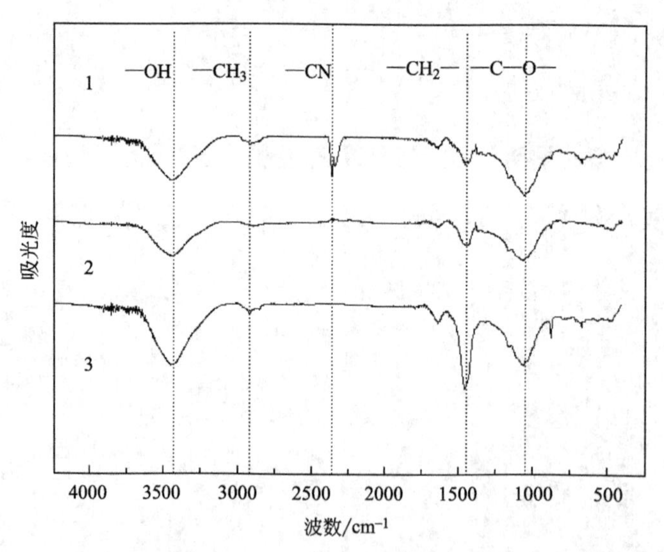

图 5-31 不同处理条件下型焦的红外光谱

1—原煤；2—150℃氧化；3—200℃氧化

焦的吸收峰表现很平缓，基本没有起伏。1460cm^{-1}附近存在—CH_2和—CH_3吸收峰，200℃氧化型焦的吸收峰强度最大，未氧化处理和150℃氧化处理型焦的振动强度稍弱。1160cm^{-1}附近有醇、醚、酯的—CO吸收峰，未氧化处理和200℃氧化处理型焦振动强度较强，150℃氧化处理型焦较弱。

5.4.2.5 四组分萃取分析

对型煤及氧化处理后的型煤进行索式萃取实验，结果如表5-8所示。由于黏结剂中有约20%的重质油，因此正己烷萃取时未经氧化处理的型煤中萃取出的重质油较多，而经过氧化处理的萃取产物中重质油（HS）的含量较小。甲苯萃取后未氧化型煤中沥青烯（A）含量不到3%，而经过氧化处理后沥青烯含量升高，200℃氧化后约为8%。四氢呋喃萃取后未氧化型煤中所含的前沥青烯（PA）较少，而经过150℃、200℃氧化处理的型煤前沥青烯含量都有了提高。沥青烯和前沥青烯等有较强的塑性，对型焦抗压强度有一定的影响。重质油中的沥青烯主要为芳香烃结构，多环稠合并富含杂原子，芳环上有烷基取代基，各链长度不同，甲基侧链含量较多，其分子式大致为$C_{101}H_{90.7}O_{3.6}N_2$。空气氧化过程中主要发生脱氢氧化聚合反应，重质油、沥青中的烷基氢和芳氢减少，生成了具有羟基、羧基、酯基等含氧官能团的稠环芳烃大分子，芳香程度较高。

表5-8 型煤和氧化后型煤的萃取组分含量 单位：%

型煤样品	HS	A	PA	THFIS
未氧化	15.60	2.76	1.60	80.01
150℃氧化	9.78	4.42	4.91	80.89
200℃氧化	0.13	7.84	4.43	87.60

5.4.2.6 低温氧化作用机理分析

SJC与60% SJC+20% HS+15% JM+5% LQ混合物在空气气氛下进行热重实验，氧化过程参数见表5-9，结果如图5-32。SJC的TG-DTG曲线显示118.79℃之前失重2.94%，84.10℃失重速率最大，这归属于水分的挥发。随后在185.79～276.63℃区间出现增重现象，增重0.42%，煤表面活性基团与吸附的氧气发生反应，此时会有少量的CO、CO_2产生。混合样品在120.35℃前失重为3.06%，300℃失重达到11.08%，黏结剂中重质油和沥青组分中的芳香类物质与空气中的氧发生脱氢反应，芳香类物质逐渐聚合成大分子物质。

表 5-9 粉煤及混合样品的氧化过程参数

样品	特征温度/℃			DTG_{max}/(%/min)	总失重量/%
	$T_{on\ set}$	T_{max}	T_{end}		
粉煤+黏结剂	49.32	217.77	300.00	0.98	14.14
粉煤	59.21	84.10	118.79	0.76	3.77

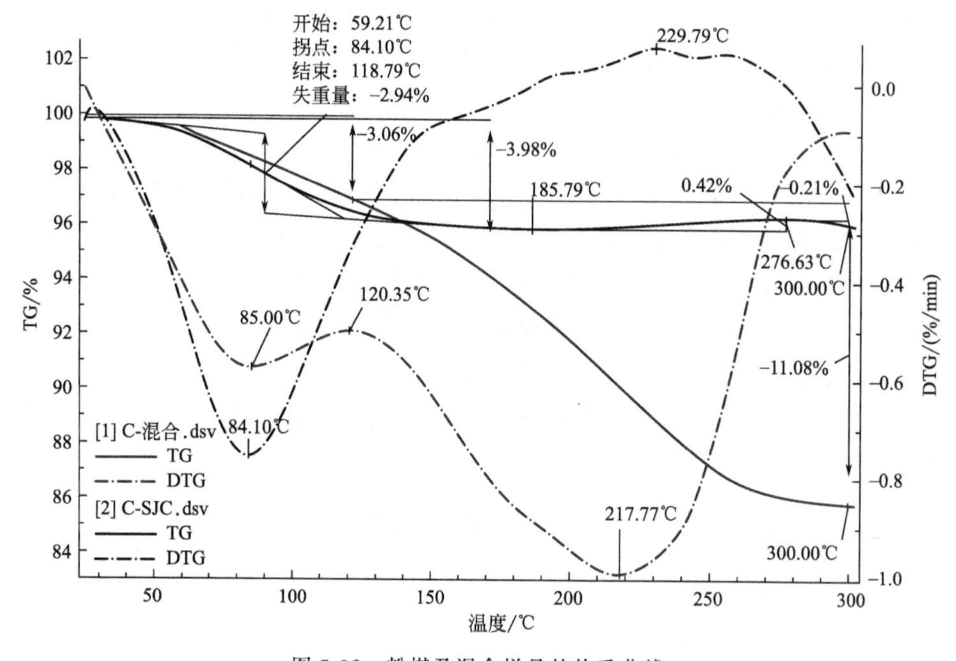

图 5-32 粉煤及混合样品的热重曲线

低变质煤的氧化过程中煤表面活性基团首先与氧反应生成羟基、羰基、羧基等官能团。脂肪烃与芳香烃的羟基不稳定，进一步反应生成醛与更稳定的羧基、羰基，释放出 CO、CO_2。反应如式(5-3)～式(5-8) 所示。

$$\text{C}_6\text{H}_5\text{—OH} \xrightarrow{[O]} \text{C}_6\text{H}_5\text{—C(=O)—H} \tag{5-3}$$

$$\text{R—OH} \xrightarrow{[O]} \text{R—C(=O)—H} \tag{5-4}$$

$$-\overset{\overset{O}{\|}}{C}-H \xrightarrow{[O]} -\overset{\overset{O}{\|}}{C}-OH \tag{5-5}$$

$$C_6H_5-\overset{\overset{O}{\|}}{C}-R + 1/2O_2 \longrightarrow C_6H_5-O-R + CO \tag{5-6}$$

$$C_6H_5-\overset{\overset{O}{\|}}{C}-R + O_2 \longrightarrow C_6H_5-O-R + CO_2 \tag{5-7}$$

$$2CO+O_2 \longrightarrow 2CO_2 \tag{5-8}$$

沥青、重质油等作为黏结剂时，二者均是结构复杂的芳香族大分子化合物，芳香烃侧链与 O_2 发生脱氢聚合反应，如式(5-9) 所示。氧气将芳香烃氧化生成芳香程度更高的稠环芳烃大分子。另外，实验已经证明氧化预处理过程有利于生成沥青烯和前沥青烯等，沥青烯是多环稠合芳烃，苯环上有烷基取代，并且含有较多的甲基侧链和少量的羟基、醚键及氮氧杂环结构，热解过程可形成胶质体，并使型焦具有良好的结焦性，有助于型焦抗压强度提高。

$$2C_6H_5-H + 1/2O_2 \longrightarrow C_6H_5-C_6H_5 + H_2O \tag{5-9}$$

由此可知，型煤热解前经过预氧化处理是有必要的，对型焦抗压强度的提高有较大的影响，氧化处理后的型焦抗压强度可提高 66.7%。氧化处理的温度为 200℃，保温 2.5h，空气流量为 200L/h。在一定温度范围内，随着氧化预处理温度升高，型焦抗压强度与热解焦油收率逐渐增大、气体收率降低。氧化处理使得型煤中沥青烯和前沥青烯的含量大幅增加，这是型焦抗压强度提高的关键。氧化过程中黏结剂中芳烃发生脱氢聚合，生成芳香程度更大的富含羧基、羟基等含氧基团的稠环大分子沥青质，有助于在热解过程中产生胶质体，提高型焦抗压强度。

5.4.3 热解过程主要影响因素

5.4.3.1 热解温度

将 200℃，空气流量 200L/h，氧化 2.5h 得到的型煤样品分别在 600℃、700℃、800℃、900℃及 1000℃条件下热解 2h，结果如图 5-33 所示。

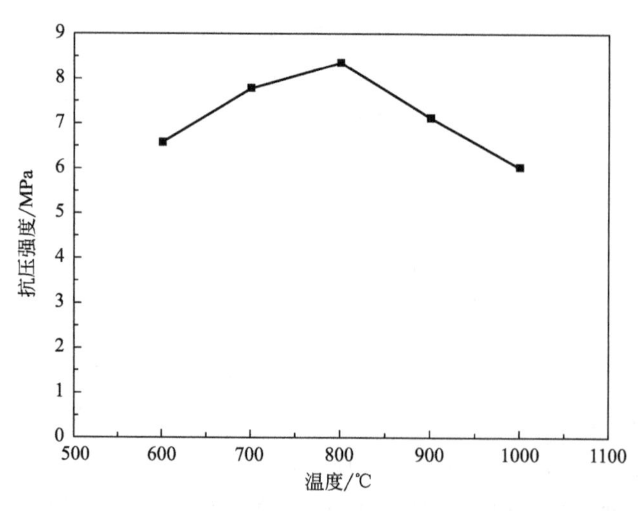

图 5-33 热解温度对型焦抗压强度的影响

由图 5-33 可以看出，随着热解温度升高，型焦抗压强度有了明显的提高，800℃时接近 9MPa，随后又有所降低。黏结剂中的重质组分与沥青在氧化过程中生成沥青质，热解过程中形成大量胶质体，使得煤料颗粒之间充分熔融、黏结。同时焦煤本身也具有较好的黏结性与结焦性，热解时也会产生热稳定性高的胶质体，在煤颗粒与颗粒之间起到“搭桥”的作用。热解温度较低，热解反应进行得不充分，产生的胶质体不能充分地浸润煤料颗粒的表面，这样就不利于颗粒的粘连和发生缩聚反应。但是，热解温度过高，型焦体积的过度收缩以及热解产物二次热解气体的析出会使型焦产生大量的裂缝与孔隙结构，导致型焦抗压强度降低。

5.4.3.2 热解时间

选择时间分别为 1h、2h、3h、4h、5h 进行型煤热解实验，结果如图 5-34 所示。随着热解时间延长，型焦抗压强度呈现出规律上升的趋势，4h 时达到最大值 12MPa。在热解终温下恒温保持一段时间，有利于改善型焦的内部结构，型焦表面气孔率有所减少，表面微孔与侧壁裂缝消失，显得更加光滑。在一定的恒温时间内，型焦表面与其内部的温度差缩小，减小生焦的出现概率。热解时间延长，有利于型焦充分收缩，减小型焦的气孔率，从而提高型焦的抗压强度。当热解时间超过 4h 后，型焦抗压强度有降低的趋势。随着热解时间延长，型焦内部煤料颗粒与黏结剂之间的连接部分可能会发生脱氢反应，进而产生多孔结构，使得型焦内部的桥键发生断裂，从而在宏观上引起型焦抗压强度降低。

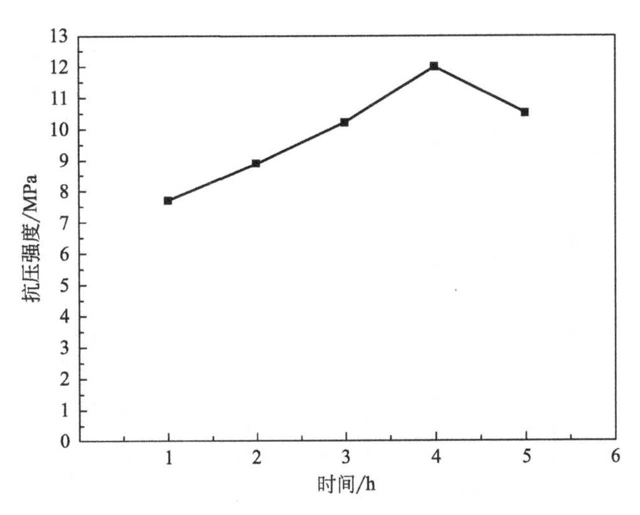

图 5-34 热解时间对型焦抗压强度的影响

5.4.4 原料配比对型焦制备过程的影响

为了研究氧化后型煤在高温时的热解反应机制，选取热解温度 1000℃，热解保温时间 4h 进行实验。原料配比方案如表 5-10 所示。

表 5-10 原料配比的选择方案

组别	粉煤/%	沥青/%	重质油/%	焦煤/%
1	60	5	20	15
2	60	10	10	20
3	60	15	10	15
4	60	20	10	10
5	60	15	15	10

5.4.4.1 热解产品收率与型焦抗压强度的分析

黏结剂配比对热解产物收率与型焦抗压强度的影响如图 5-35、图 5-36 所示。

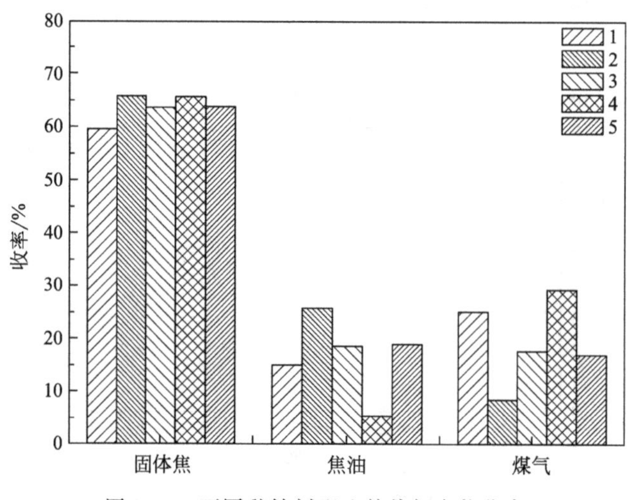

图 5-35 不同黏结剂配比的热解产物收率

由图 5-35 可以看出，当粉煤加入量不变时，添加剂配比的变化对型焦收率影响并不明显，基本保持在 60%左右。前 4 组样品中粉煤含量为 60%，而沥青含量逐渐增大，同时重质油与焦煤的用量有所调整，热解焦油收率随着沥青加入量增加呈现出先增后减的趋势，气体收率正好相反。第 5 组样品焦油与煤气收率均接近 20%。沥青的加入量增大，重质油与焦煤的总体加入量逐渐减少，经过低温预氧化处理，煤样的可成焦自由基碎片数量逐渐增加，型焦的收率有所增加。同时，热解过程中低变质煤将分解产生不饱和的自由基团，沥青热解产生的自由基中的氢与低变质煤热解产生的不饱和基团结合，整个反应过程中有供氢和受氢量上的匹配关系，当供氢量较多时在高温下以气体形式释放，导致热解煤气量逐渐增大[6,7]。

由图 5-36 可以看出，随着沥青加入量增加，前 4 组样品热解型焦的抗压强度逐渐增大，最大值可达到 18MPa，而第 5 组样品由于沥青用量减少，型焦抗压强度相应也较小，这说明沥青加入的量对型焦抗压强度有着重要的影响。黏结剂中沥青与重质油在预氧化作用下形成了大量沥青质，热解过程中会形成具有良好流动性的胶质体，在煤颗粒间充分流动、浸润，使颗粒之间形成了很好的粘连，从而提高了型焦的抗压强度。

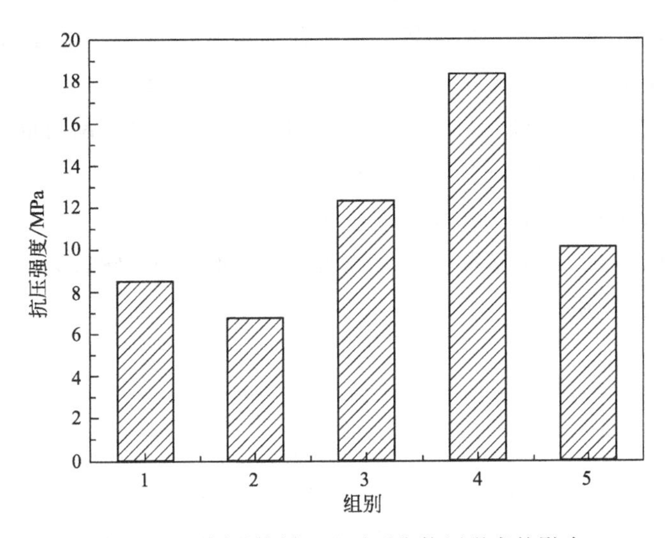

图 5-36 不同黏结剂配比对型焦抗压强度的影响

沥青是芳香族大分子混合体，结构复杂并且分子量范围广，其中所含的沥青质（β组分）是一种芳香族缩聚物，分子包括7个以上的苯环，C/H原子比约为1.06，具有极强的黏结性，热解过程中起主要的黏结作用。低变质煤的含氧官能团含量较高，黏结性差，单独热解难生成稳定的液相组分，但共热解过程中沥青有助于低变质煤有机组分溶解，有利于生成中间相，提高了型焦的抗压强度。重质油作为低温煤焦油中的重质组分，可以润湿煤料颗粒，通过施加机械压力和物理作用，使煤粉颗粒可以依靠分子间作用力粘连在一起，成型后型煤具有较高的强度，热解过程中也可参与型焦骨架形成。重质油中沥青质含量较少，对型焦抗压强度的变化贡献不是很大，只有按一定比例与沥青配合后才有助于提高型焦的强度。焦煤具有一定的黏结性，高温干馏时可以软化熔融成为塑性体，有助于结焦，但对型焦抗压强度影响没有沥青显著。

5.4.4.2 型焦的FTIR分析

由图5-37型焦的红外谱线可以看出，3420cm^{-1}附近羟基的吸收峰强度随沥青添加量增多而增强，型焦表面羟基官能团含量也逐渐增加，沥青加入量20%时其吸收强度达到最大。2950～2860cm^{-1}为环烷烃或脂肪烃—CH_3，前3组的吸收强度明显弱于第4组，热解过程中沥青聚合程度均匀增强，并且沥青质（β组分）和QI（喹啉不溶物）含量也会逐渐增加，因而提高了沥青的软化点和结焦值。1610cm^{-1}附近有氢键缔合的羰基、—O—取代的芳烃C═C吸收峰，前4组的吸收峰强度呈现出先减小后增大的趋势。1330～1110cm^{-1}附近有醇、醚、酯的—CO吸收峰，第1组吸收强度最大，说明重质油热解过程中产生的焦油含有较多的—CO官能团。对于第5组样品，3420cm^{-1}附近的羟基吸收峰强度弱于沥青添加量20%的第4组样品，1330～1110cm^{-1}附近的醇、醚、酯等C—O吸收峰最强，说明沥青、重质油热解后会产生大量含有—CO官能团的物质。

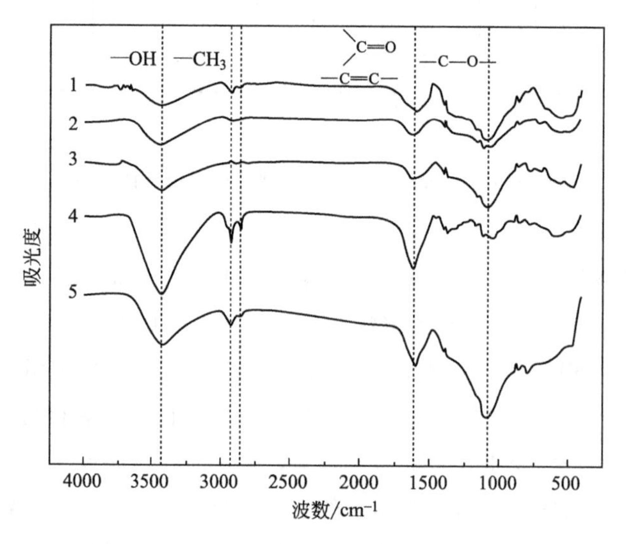

图5-37 不同黏结剂配比下型焦红外光谱图

5.4.4.3 型焦的SEM分析

图5-38为型焦的SEM照片。低变质粉煤本身黏结性差，热解过程中不能产生足够的胶质体，颗粒间的黏结主要依赖热解过程中的胶质体。随着沥青添加量增大，型焦表面逐渐出现蜂窝状的孔洞结构，微孔边界逐步转化为熔融状的清晰边界，导致型焦的抗压强度增大，如图5-38(d)。图5-38(a)～(c)及(e)

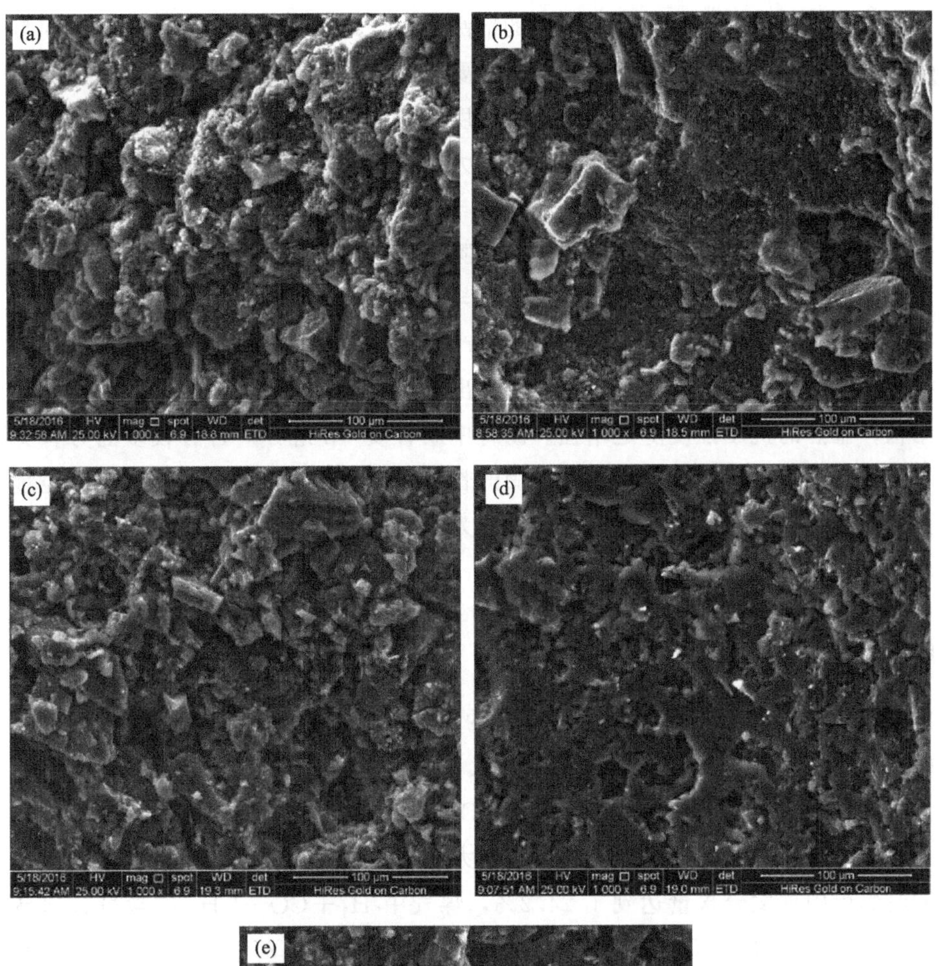

图 5-38　不同黏结剂配比下型焦的 SEM

(a) 1；(b) 2；(c) 3；(d) 4；(e) 5

中型焦表面表现出来的仅仅是颗粒的散乱堆积，并没有形成清晰的孔隙结构与熔融的边界，这就是型焦强度不高的主要原因。热解过程中粉煤与焦煤中的挥发分随热解温度升高会逐步逸出，当温度较高的时候，热解焦油及添加剂中重质油组分发生二次裂解的可能性增大，大量气体逸出将会导致型焦内部产生大量的孔隙结构。但是，当添加剂中沥青与焦煤添加量较少时，成焦过程中形成的胶质体数量不足，不能将颗粒间的空隙填满，成焦时不能形成蜂窝状的骨架结构，导致型焦抗压强度降低。当沥青与焦煤的添加量足够时，在解聚、分解及缩聚反应的共同作用下，热解过程中产生的胶质体将在体系中充分流动，使得颗粒与胶质体紧密接触，热解气体逸出后最终会形成具有丰富微孔的蜂窝状结构，型焦的抗压强度随之增强。沥青中沥青质（β组分）含有较多的芳香类和杂环物质，热解缩聚时能形成牢固的骨架结构。在氧化处理时，沥青质经过分解和缩合等反应转变为成焦物质，成为型焦的主体骨架，这充分说明沥青添加量是影响型焦抗压强度的关键因素。

5.4.4.4 热解煤气组成

表5-11为热解煤气中各主要组分的组成。煤气中 H_2 与 CH_4 的含量均比较高，随着沥青用量增加，煤气中CO、CH_4 含量逐渐减少，而 H_2、CO_2 含量的变化规律不是很明显，$H_2+CO+CH_4$ 的总含量大致呈现出减小的趋势。第1组样品中重质油与焦煤的添加量最大（35%），而二者的氢含量均比较高，同时焦煤中挥发分含量达到了24.2%，煤气中 $H_2+CO+CH_4$ 的含量远远高于其他样品。第3、5组样品中重质油与焦煤总含量为25%，$H_2+CO+CH_4$ 含量的变化不是很大。热解温度达到800～1150℃时，热解焦油会发生二次裂解生成 H_2 和CO，而焦煤是中等挥发分的烟煤，温度较低时脂肪烃侧链断裂生成 CH_4，随着热解温度升高，CH_4 随着煤分子中脂肪烃含量增加而增加。

表5-11 不同黏结剂配比下煤气各组分含量的分析结果 单位:%

组别	CO	CO_2	CH_4	C_nH_m	H_2	O_2	$H_2+CO+CH_4$
1	11.85	1.80	25.81	1.04	28.17	10.48	65.83
2	9.96	3.56	21.51	1.83	23.12	7.48	54.49
3	8.17	4.51	23.25	2.50	24.01	5.26	55.52
4	7.90	2.30	20.59	1.32	25.02	8.57	53.51
5	10.91	2.94	20.48	1.46	25.33	8.55	56.17

5.4.4.5　热解焦油的 GC-MS 分析

表 5-12 和表 5-13 为热解焦油的 GC-MS 分析结果。热解焦油中芳香类物质含量占较大的比重，均在 60%以上。随着沥青含量增加焦油中芳香类物质的含量逐渐增大，而烷类、烯类及酚类等其他物质的含量变化规律不是很明显。热解过程中产生的氢自由基不会优先与氧结合，而是促进氢自由基与黏结剂中的烃类物质结合产生轻质组分，脂肪烃的含量有所增加。热解焦油中的中质油（$C_{11\sim19}$）含量均达到了 50%以上，而 $C_{6\sim10}$、$C_{\geqslant20}$ 含量只有 $C_{11\sim19}$ 含量的一半，随着沥青用量增加，$C_{11\sim19}$ 含量逐渐增加，$C_{\geqslant20}$ 含量逐渐减少。沥青是多种芳烃组成的共熔混合物，所以热解焦油组成中芳香类含量较多，轻质油及中质油含量较多。第 1 组样品中重质组分添加量较多，中质油和重质油的含量相应较高。因此，沥青的加入不仅会产生胶质体，参与结焦过程形成炭质结构，通过桥链作用将颗粒以化学方式黏结成块，提高型焦的抗压强度，而且也可提高热解焦油中芳香类物质的含量，有利于煤焦油的进一步加工处理。

表 5-12　不同黏结剂配比下焦油的组成　　单位：%

组别	芳香类	烷类	烯类	醛	酯类	醇	杂环	酚
1	60.84	9.04	3.93	0.49	0.46	0.45	10.00	14.67
2	66.93	11.63	0.68	0.44	0.12	—	13.39	6.81
3	69.52	6.07	0.70	0.57	0.17	0.44	11.22	11.26
4	72.77	5.38	0.85	0.05	0.01	—	12.06	8.19
5	71.51	3.61	0.36	0.43	0.78	0.15	11.61	11.56

表 5-13　不同黏结剂配比下焦油中碳原子分布　　单位：%

组别	$C_{6\sim10}$	$C_{11\sim19}$	$C_{\geqslant20}$
1	16.34	57.36	26.30
2	20.61	53.12	26.27
3	21.85	53.99	24.16
4	22.08	54.52	23.40
5	19.17	55.43	25.40

图 5-39 为低变质粉煤 60%、沥青 20%、重质油和焦煤分别为 10%热解后得到的焦油离子色谱图，表 5-14 为热解焦油组成的定性定量分析。利用气相色谱质谱联用仪（GC-MS）一共鉴定出 37 种物质，其中烷烃 2 种，含量为

1.16%；烯烃1种，含量为1.02%；酚类4种，含量为4.83%；芳香烃30种，含量为55.24%。

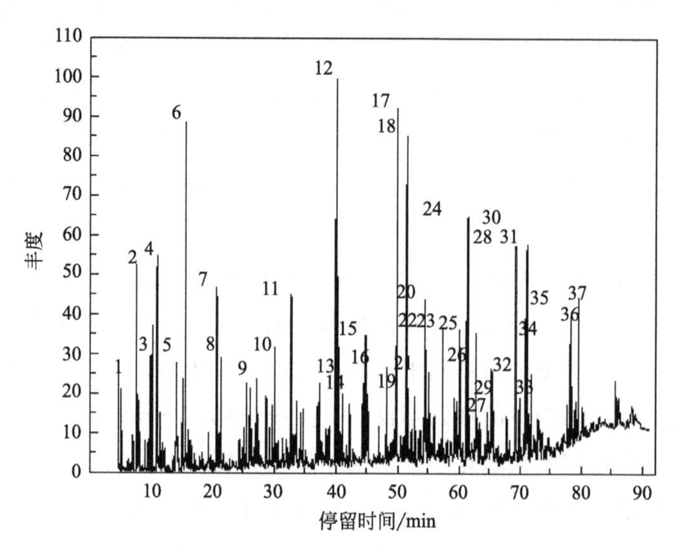

图5-39 最佳配比热解焦油的离子色谱图

表5-14 最佳黏结剂配比热解焦油组分的定性定量分析

编号	成分	含量/%	停留时间/min	种类
1	苯酚	1.73378	7.399	酚类
2	1-氯-2,3-二氢-1H-茚	0.75258	9.589	芳香类
3	2-甲基苯酚	0.70343	9.993	酚类
4	3-甲基苯酚	1.69852	10.832	酚类
5	2,3-二甲基苯酚	0.69111	15.004	酚类
6	萘	4.33101	15.515	芳香类
7	2-甲基萘	1.38907	20.536	芳香类
8	2-甲基萘	0.76599	21.275	芳香类
9	苊烯	1.02257	27.175	烯烃
10	二苯并呋喃	1.34724	29.944	芳香类
11	芴	1.35481	32.577	芳香类
12	菲	5.43392	39.898	芳香类
13	菲	2.13836	40.242	芳香类
14	5H-茚并[1,2-b]吡啶	0.85037	42.134	芳香类

续表

编号	成分	含量/%	停留时间/min	种类
15	2-甲基菲	0.61718	44.308	芳香类
16	4H-环五菲	0.55191	44.835	芳香类
17	荧蒽	5.20363	49.704	芳香类
18	芘	4.34434	51.313	芳香类
19	苯并[b]萘并[2,3-d]呋喃	0.76828	51.609	芳香类
20	11H-苯并[b]芴	1.00942	54.378	芳香类
21	11H-苯并[b]芴	0.83625	54.887	芳香类
22	二十烷	0.52365	57.212	烷烃
23	苯并[b]萘并[2,3-d]噻吩	0.64000	59.123	烷烃
24	苯并菲	2.92940	61.078	芳香类
25	苯并菲	3.07249	61.366	芳香类
26	7-甲基-苯并[a]蒽	0.63506	64.434	芳香类
27	苯并[e]醋菲烯	4.11219	69.087	芳香类
28	苯并[e]醋菲烯	1.41766	69.223	芳香类
29	苝	0.58971	69.739	芳香类
30	苝	2.40260	70.806	芳香类
31	苯并[e]醋菲烯	2.63648	71.124	芳香类
32	苝	0.84474	71.651	芳香类
33	茚并[1,2,3-cd]芘	1.57815	78.058	芳香类
34	苯并[b]三亚苯	0.59799	78.298	芳香类
35	茚并[1,2,3-cd]芘	1.63201	79.398	芳香类
36	3,4:8,9-二苯并芘	0.58957	85.482	芳香类
37	二苯并[a,i]芘	0.50753	85.933	芳香类

5.4.4.6　型焦的反应性及反应后强度

对型焦进行抗压强度、反应性（CRI）和反应后强度测试，型焦与冶金焦（GB/T 1996—2017）性能对比如表 5-15 所示。低变质粉煤 60%、沥青 20%、重质油 10%和焦煤 10%制备出的型焦，其抗压强度远高于兰炭，反应性达到了一级冶金焦的标准。

表 5-15 不同种类型焦的性能对比

试样	抗压强度/MPa	反应性 CRI/%	反应后强度/MPa
60%SJC、20%LQ、10%JM、10%HS	18.08	29.10	6.33
60% SJC、20%HS、15%JM、5%LQ	10.95	60.97	3.41
60%SJC、40%DCLR	18.11	33.6	3.92
一级冶金焦	M25，≥92.0% M40，≥80.0%	≤30	≥55%
二级冶金焦	M25，≥88.0% M40，≥76.0%	≤35	≥50%
兰炭	9.35	—	—

综上所述，低变质粉煤与LQ、HS及JM制备型焦过程中黏结剂的组成对型焦抗压强度、产品收率及组成等有不同程度的影响。LQ含量对产品收率和抗压强度影响显著，LQ含量越高，焦油收率越少而气体收率越大，型焦抗压强度也逐渐增强。热解过程中随着聚合程度提高，β组分和QI含量也会提高，沥青的软化点和结焦值也会随之升高。同时，热解时LQ产生的小分子基团与低变质煤的热解产物结合，抑制小分子基团逸出和大分子缩合，使体系的流动性和稳定性增加，从而提高了型焦的抗压强度，并且给中间相小球体的长大、融并提供了有利的条件，促进了热解过程的芳构化作用，减弱了自由基基团间的缩合反应，增加了热解焦油中芳香烃类物质含量，焦油以中质组分为主，LQ含量增加，轻质焦油比例增加。HS是低变质煤低温热解后焦油中的重质产物，主要成分是长链脂肪烃、酚类物质、芳香烃及其衍生物，在高温下发生二次裂解，产生H_2和CO。煤热解会产生大量的氢自由基，但是这些氢自由基不会优先与氧结合，而是促进重质油发生轻质化，因此，HS比例增加时轻质焦油比例减少，而中、重质焦油比例增加。焦煤在热解过程中会产生较多并且热稳定性很高的胶质体，在低变质煤粒间起到混合黏结的作用，可以提高型焦的抗压强度，但影响不如沥青显著。

5.5 以沥青（LQ）为黏结剂制备型焦

本节以陕北低变质粉煤（SJC）为原料，以煤焦油沥青（LQ）为黏结剂制备型焦，主要研究了成型、热解等工艺参数对型焦抗压强度和收率的影响。

5.5.1 成型热解过程的主要影响因素

5.5.1.1 沥青添加量

选取 LQ（180μm）添加量为 5%、10%、15%、20%、30%、40%及 50%，与粒径 75μm 的 SJC 混合均匀成型，以 6℃/min 的升温速率升温至 750℃，保温 2h，实验结果如图 5-40 所示。

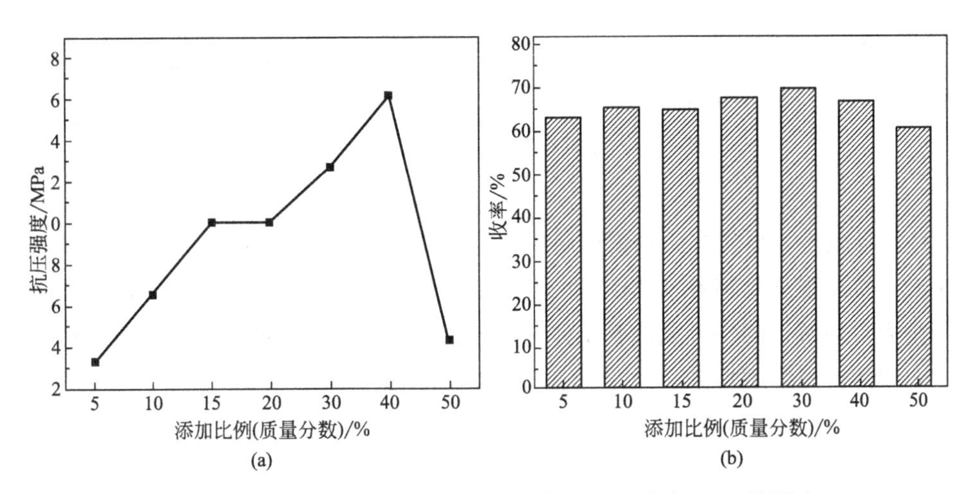

图 5-40　沥青添加比例对型焦抗压强度（a）及收率（b）的影响

由图 5-40 可以看出，型焦收率与抗压强度随 LQ 添加比例增加均呈现出先增后减的趋势。LQ 添加比例为 40%时型焦抗压强度最大为 16.21MPa，收率最大值 69.82%出现在 30%。LQ 添加比例增大至 50%时，型焦收率与抗压强度均出现大幅降低。

5.5.1.2 原料粒度

在 LQ（180μm）添加量为 40%，SJC 粒径为 250μm、180μm、120μm、96μm 及 75μm 的条件下进行热解；在 SJC 为 75μm，LQ 粒径分别为 250μm、180μm、120μm、96μm 及 75μm 的条件下进行热解，结果如图 5-41 所示，原料粒度对型焦收率的影响如图 5-42 所示。

由图 5-41 可以看出，SJC 粒径对型焦抗压强度的影响比沥青显著。随着

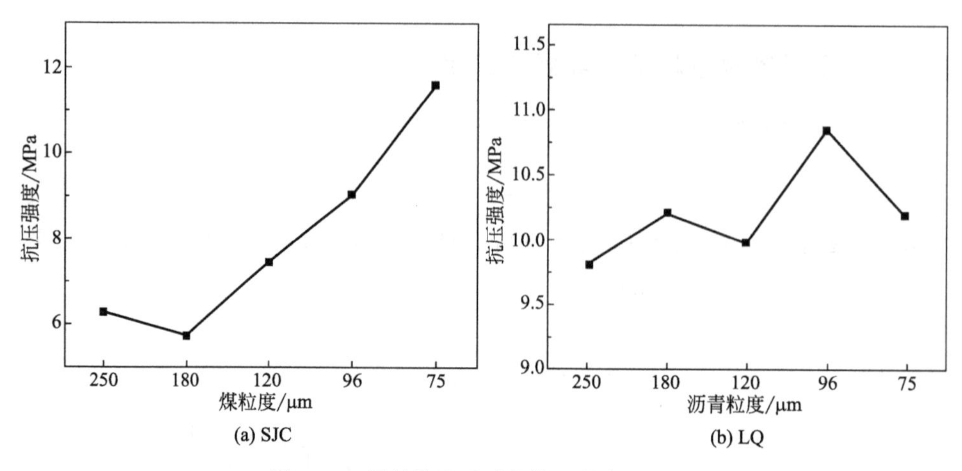

图 5-41　原料粒度对型焦抗压强度的影响

SJC 粒径减小，型焦抗压强度逐渐增大，75μm 时为 11.58MPa。当 LQ 粒径减小时，抗压强度维持在 10MPa 附近，变化不是很大。SJC 颗粒越小，比表面积越大，热解过程中形成的胶质体充分包裹煤颗粒，从而增加了颗粒间的黏结力，型焦抗压强度增大。

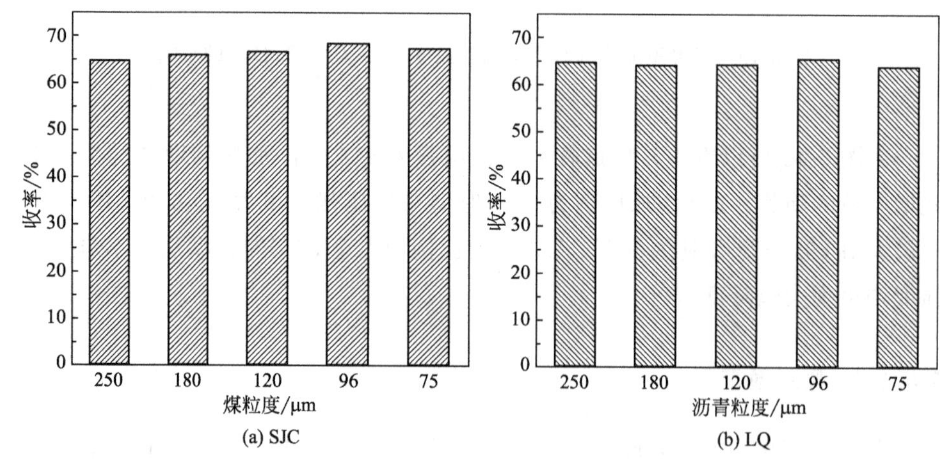

图 5-42　原料粒度对型焦收率的影响

由图 5-42 可以看出，SJC 与 LQ 粒径对型焦收率的影响均不是很明显，基本维持在 64%上下。原料颗粒粒径越小，越有利于颗粒与颗粒之间传热，但不利于热解气体逸出，因此型焦收率有一定的变化，变化幅度不大。

5.5.1.3 热解温度

60%的 SJC（75μm）与 40%的 LQ（96μm）混合成型，在 650℃、700℃、750℃、800℃、850℃及 900℃进行热解实验，结果分别如图 5-43 所示。随着热解温度升高，型焦抗压强度逐渐增大，收率则有所减小。温度过高时挥发分析出以及二次热解反应过于剧烈，造成型焦内部出现大量孔隙，炭化骨架疏松从而导致抗压强度有所降低。

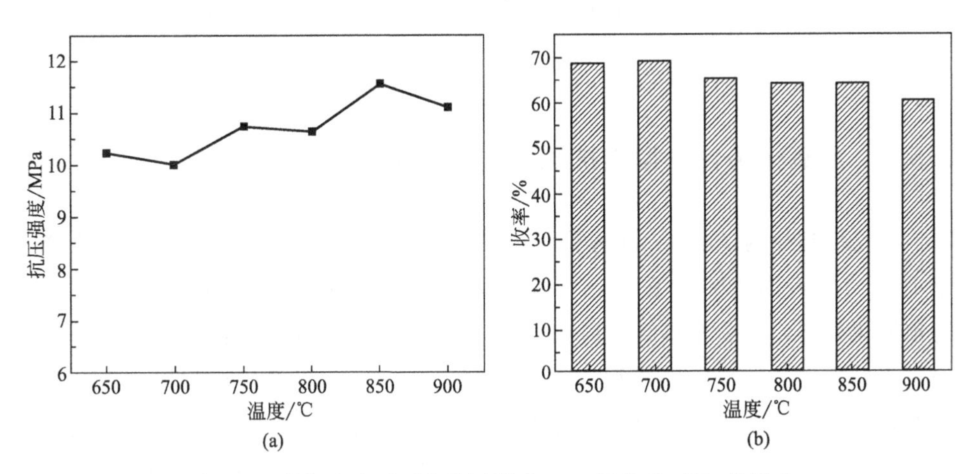

图 5-43　热解温度对型焦抗压强度（a）及收率（b）的影响

5.5.1.4 热解时间

60%的 SJC（75μm）与 40%的 LQ（96μm）混合成型，于 850℃保温 1.0h、1.5h、2.0h、2.5h、3.0h、4.0h、5.0h 及 6.0h，结果如图 5-44 所示。随着热解时间延长，型焦抗压强度呈现出先增后减的趋势，5h 时达到了最大值 18.17MPa。热解时间延长，有利于型焦充分收缩，可有效改善型焦的内部结构，减少内部的气孔和侧壁裂缝，抗压强度逐渐增大。但热解时间过长，型焦持续收缩会产生裂缝，抗压强度反而会降低。

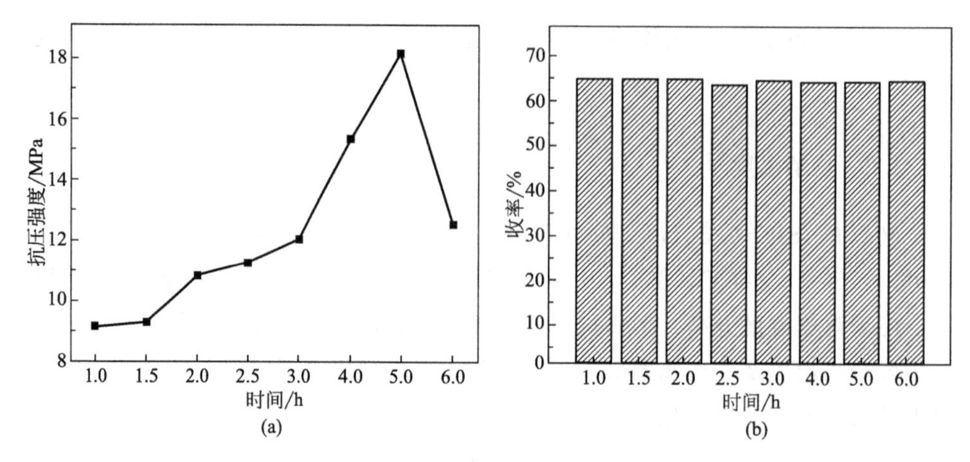

图 5-44 热解时间对型焦抗压强度（a）及收率（b）的影响

5.5.2 预氧化条件对型焦抗压强度的影响

在粉煤粒径为 75μm、沥青粒径为 96μm、沥青添加比例为 40%、空气流量 100L/h、升温速率 10℃/min、氧化温度 200℃、恒温 1.5h 条件下进行型煤的预氧化处理，随后在热解终温 850℃，保温时间 5h 的条件下进行热解实验。预氧化处理与非氧化处理时型焦质量（M）、收率（Y）及抗压强度（R_C）结果如表 5-16 所示。氧化处理的型焦抗压强度平均值为 21.47MPa，明显高于未经氧化处理的。预氧化过程中沥青中的芳香烃与氧气发生脱氢聚合反应，转化为芳香程度更高的稠环芳烃［如式(5-10)］，热解过程中产生大量的胶质体，使型焦抗压强度增大。

$$2 \xrightarrow{+O_2} \quad + 2H_2O \xrightarrow{+O_2} \quad + 2H_2O \tag{5-10}$$

表 5-16 氧化与非氧化条件下型焦的指标变化

方法	组别	型煤		型焦		
		$M_{B.dry}$/g	$M_{B.oxi.}$/g	M_F/g	Y_F/%	R_C/MPa
未氧化	1	14.68	—	9.71	66.14	19.13
	2	14.85	—	9.80	65.99	18.68

续表

方法	组别	型煤		型焦		
		$M_{B.dry}$/g	$M_{B.oxi.}$/g	M_F/g	Y_F/%	R_C/MPa
氧化	1	14.94	14.08	10.15	67.94	21.06
	2	14.82	13.95	10.28	69.37	21.86

以低变质粉煤为主要原料通过成型热解技术生产型焦是科学、高效利用粉煤资源和节约宝贵炼焦煤资源的重要途径之一，既可以解决大量粉煤资源清洁转化、分级提质面临的瓶颈问题，又可以提高煤焦油产率、改善焦油组成，同时可获得性能优良的型焦产品，一定程度上可替代焦炭在钢铁冶炼和铸造、电石等行业中的地位，具有广泛的使用价值和应用前景。研究表明，液化残渣、低温焦油的重质组分以及煤焦油沥青均可作为黏结剂，在获得具有良好抗压强度的型焦产品的同时，也会优化热解煤气与焦油的结构与组成，有助于进一步加工利用。目前，需要重点关注的是低成本、高效率黏结剂的选择及工艺优化。

参考文献

[1] 宋永辉，史军伟，兰新哲，等．以低变质粉煤制备铁合金、电石及气化行业用型焦的方法：ZL201210400639.x [P]. 2013-12.

[2] 宋永辉，贺文晋，马巧娜，等．一种以低变质粉煤、重质油、焦油渣为原料制备型焦的方法：ZL201510047223.8 [P]. 2016-5.

[3] 贺永德．现代煤化工技术手册 [M]．北京：化学工业出版社，2004.

[4] 王燕芳，高晋生，吴春来，等．工艺条件对型焦质量的影响 [J]．煤炭转化，1998，21 (4)：29-33.

[5] 廖汉湘．现代煤炭转化与煤化工新技术新工艺实用全书 [M]．合肥：安徽文化音像出版社，2004.

[6] Shekher Das, Sapna Sharma, Ratna Choudhury. Non-coking coal to coke: use of biomass based blending material [J]. Energy, 2002, 27 (4): 405-414.

[7] 宋永辉，吴春辰，史军伟，等．液化残渣添加量对低变质粉煤制备型焦的影响 [J]．燃烧科学与技术，2015，21 (1)：28-35.

[8] SONG Yong-hui, MA Qiao-na, HE Wen-jin. Effect of extracted compositions of liquefaction residue on the structure and properties of the formed-coke. MATEC Web of Conferences, 2016, 67:1-10.

[9] 宋永辉，李延霞，史军伟，等．液化残渣用量对型焦抗压强度的影响［J］．煤炭转化，2014，37（3）：58-61.

[10] 贺文晋，宋永辉，马巧娜，等．液化残渣灰分对型焦性能与结构的影响［J］．材料导报，2015，29（8）：138-141.

[11] 宋永辉，李延霞，史军伟，等．煤基成型活性炭活化实验研究及性能表征［J］．材料导报，2014，28（10）：25-28.

[12] Yonghui Song，Wenjin He，Qiaona Ma，et al. Effect of binder composition on the preparation of formed coke with low-rank coal［J］. International Journal of Coal Preparation and Utilization，2017:1-13.

[13] 尹宁，宋永辉，贺文晋，等．低温氧化处理对低变质粉煤制备型焦的影响［J］．煤炭学报，2017，42（S2）：518-524.

第6章

煤基电极材料的制备及电吸附处理氰化废水

西安建筑科技大学陕西省黄金与资源重点实验室以低变质粉煤成型、热解、活化制备出的新型煤基吸附材料为电极，并采用电吸附技术处理氰化废水，并于2015年获得了国家发明专利授权[1]。该技术的特点之一是将煤基电极材料引入含氰废水的处理之中，利用电增强技术强化废水中氰化物及重金属离子的扩散传质与吸附动力学特性，实现氰化物与重金属离子的快速有效分离；特点之二，电吸附过程是煤基电极表面吸附、阳极氧化以及体系中多离子富集沉淀协同作用的结果；第三，电吸附技术流程简单、能耗小、处理成本低，无需调节体系pH，也不引入其他杂质离子。电吸附后阳极板上出现了富集的铜、铁、锌，产生的沉淀主要为亚铁氰化铜、铁氰化亚铜、氢氧化锌及少量硫氰化亚铜，表明电吸附过程是一个离子定向迁移、富集沉淀以及电吸附共同作用的过程[2]。因此，以煤基电极材料为阴、阳极，采用电吸附技术处理氰化提金废水是合理、可行的，应用前景广阔。

6.1 概述

6.1.1 煤基电极材料

碳材料因具备化学惰性，可作为吸附电极能够在成分复杂的水体环境中具有较长的使用寿命，同时，碳材料结构易调控，来源广泛，制备方法简单，价格相对便宜，因此在电吸附研究中常作为吸附电极，如活性炭、活性炭纤维、炭气凝胶及石墨等[3]。煤的组成中含有纤维素、丝炭，加热时比较容易形成微晶的杂乱排列和较多的孔隙结构，是制备电极的首选材料。煤基电极材料是指以煤为原料，通过加入黏结剂或导电剂在一定压力条件下通过成型、热解、活化工艺制备的一种具有良好表面结构与电化学性能的电极材料。

煤基电极材料的孔结构和表面基团是决定其性能的两个基本要素，主要受原料煤特性和制备工艺的共同影响。大的比表面积和合理的孔径分布是优化煤基电极材料吸附性能与电化学性能的重要因素，一般情况下低变质煤生产的煤基电极材料中孔结构丰富，而无烟煤生产的微孔更为发达。改变煤基电极材料的表面化学性质可以间接提高电吸附性能。煤基电极材料与表面改性剂接触时发生化学反应，消耗碳元素从而产生新孔，同时也形成新的官能团附着在电极表面，有利于强化电极对所处理溶液的亲水性。煤基电极材料表面含氧官能团主要分为酸性和碱性两种，酸性官能团主要有羧基、羰基、内酯基及酚羟基结构。

6.1.1.1 表面孔结构的调控

煤基电极材料表面孔结构的调控是指通过改变电极材料的比表面积和孔径分布改变其内部的孔隙结构与数量。

(1) 化学活化法

化学活化法是将原料经一定比例的化学药品溶液浸渍后加热，利用化学品将原料中的氧、氢元素以蒸气的方式逸出，制得孔隙率高的煤基电极材料。影响煤基电极材料孔结构的主要因素有原料煤的性能、活化剂的种类、活化剂的浓度、活化温度、活化时间等，其中活化剂的选用具有至关重要的作用，对煤基电极材料的比表面积、孔容积及孔径分布影响极大。Li-Yeh Hsu 等[4] 用 $ZnCl_2$、H_3PO_4、KOH 分别活化烟煤制备电极材料，活化过程包括试剂的浸渍和在不同温度的 N_2 气氛下炭化。热重分析表明，这些试剂在炭化过程中可以抑制焦油物质演变，由于碳氧化和气化机制，使用 KOH 活化剂的炭产率比 $ZnCl_2$、H_3PO_4 低。用 $ZnCl_2$、H_3PO_4、KOH 活化烟煤制备的活性炭的最大比表面积分别为 $960m^2/g$、$770m^2/g$ 和 $3300m^2/g$，说明酸性的 $ZnCl_2$、H_3PO_4 不适合制备高孔隙率的煤基电极材料。煤炭前体粒度增加会导致炭收率和孔隙率减少。化学活化虽然在一定程度上提高了煤基电极材料的性能，但却增加了生产过程的复杂性，同时添加物会腐蚀生产设备。

(2) 物理活化法

物理活化法首先是把原料炭化后，用 H_2O、CO_2、空气、烟道气等在 600～

1200℃对炭化物进行高温热氧化以产生多孔结构。活化过程中活化温度、时间、气体组成、分压及催化剂种类等的选择与控制对煤基电极材料孔结构的影响很大。活化温度对煤基电极材料表面的孔径分布具有重要的影响。Jankowska等[5] 认为温度低时化学反应速率慢，气体活化剂易在孔内和颗粒间达到浓度动态平衡，为均匀造孔创造了条件。活化气体反应性、分子尺寸的不同造成活化时炭化料内孔发育不同。一般地，用水蒸气活化可以得到最好的孔隙结构，并且在较低的水蒸气分压、较长的活化时间条件下能提高微孔数量，CO_2活化有利于中孔形成。Marsh等[6] 认为以CO_2作为活化剂时，加入CO可促进微孔形成，这是由于CO减少碳与CO_2的亲和性使CO_2能扩散入颗粒内部气化而促进微孔形成。另外，活化剂流速较低时，活性炭微孔容积大，高流速时微孔容积反而减少。Wigmans等[7] 发现，为生产微孔发达的高比表面积活性炭，可加入K或Na的化合物，但这不利于煤基电极材料强度提升。

(3) 物理-化学联合法

化学法和物理法制备活性炭在工艺复杂程度、成本以及对孔结构调控能力等方面具有互补性，它们经常被同时应用于孔结构的调控。物理活化前对前驱体进行化学改性，可以灵活调控煤基电极材料的孔结构，甚至可制备出仅含微孔或中孔的电极材料。Hsisheng Teng等[8] 用澳大利亚烟煤制备电极材料，烟煤用H_3PO_4浸渍处理后在400～600℃的N_2气氛中炭化1～3h，煤基电极材料的比表面积和孔体积随H_3PO_4用量增加而增大。H_3PO_4活化后再进行CO_2物理活化适用于生产富含中孔的高孔隙率炭。

6.1.1.2 表面性质的调控

(1) 氧化改性

表面氧化改性是在一定温度条件下，选择适当的强氧化剂对炭化料进行氧化处理，通过增加炭材料表面的酸性含氧官能团和极性来提高其吸附性能。当前用于氧化改性的氧化剂主要有硝酸、双氧水、次氯酸和硫酸等。G. Finqueneisel等[9] 对褐煤热解活性焦进行低温温和氧化，可增加活性焦的孔隙率与表面含氧官能团，提高对4-硝基苯酚和Pb^{2+}的吸附性能。翟玲娟等[10] 研究认为双氧水改性可以增加活性炭表面酸性官能团，从而提高电极材料的表面亲水性。丁春生等[11] 采用不同硝酸改性制备电极材料并去除废水中的铜，硝酸氧化改性可增大比表面积并大大增加了含氧官能团的量，硝酸活化浓度70%

时废水中铜的去除率接近 90%。

（2）还原改性

表面还原改性是指在一定温度下使用还原剂对煤基电极材料表面官能团进行还原改性，增加碱性基团的含量及电极材料表面的非极性，从而提高电极材料对非极性物质的吸附能力。一般使用强还原性气体（H_2）及强还原性碱性溶液（氨水、氢氧化钠）。邢宝林等[12] 采用氢氧化钠活化法制备煤基活性炭，认为碱炭比、活化温度及活化时间是影响活性炭吸附性能与收率的重要因素。E. Mora 等[13] 采用不同碱性氢氧化物为活化剂，中间相沥青为原料制备电极材料，发现增大 KOH/沥青的比值，能有效增加炭材料的孔隙结构。以石油中间相沥青为原料，KOH 与原料质量比为 5∶1，可制得比表面积达 $3000m^2/g$ 的电极材料，但是碱性氢氧化物需求量很大，在增加成本的同时也会腐蚀设备、污染环境。

（3）表面酸碱改性

对煤基电极材料表面官能团进行酸碱改性，可改善其对金属离子的吸附性能。M. J. Bleda-Martinez 等[14] 采用酸性与碱性活化联合法制备出了微孔容电极材料，认为含氧表面官能团不仅能有效改善电极材料对电解质离子的润湿性，还能够提高超级电容器的电容量。

6.1.2 氰化提金废水

氰化物是一种剧毒物质，人的口服致死量为 150～200mg，鱼类和水生生物的致死量更低。我国污水综合排放标准 GB/T 8979—2008 中规定，氰化物属第二类污染物，在总外排口排放标准应该在 0.5mg/L 以下[2]。含氰废水的产生、排放和治理涉及金银冶炼、电镀和煤的转化等多个工业领域，其中以传统氰化提金技术为主导的黄金冶炼行业产生的含氰废水具有典型的复杂性和代表性。

6.1.2.1 氰化提金废水的特点

氰化提金技术自 19 世纪 80 年代使用以来，至今已有 200 多年的历史。氰化法提金不仅可以在常温常压下浸出，而且具有工艺简单、浸出效率高、浸出速度快的优点[2]。众多研究者致力于研究出一种可以代替氰化物的无毒或低毒浸出剂，但至今尚未有突破性的进展，今后几十年氰化法仍然会是主要的提金技术。氰化提金废水中一般均含有CN^-、$Cu(CN)_4^{2-}$/$Cu(CN)_3^{2-}$/$Cu(CN)_2^-$、$Zn(CN)_4^{2-}$、$Fe(CN)_6^{4-}$/$Fe(CN)_6^{3-}$及SCN^-，部分也会含有少量的$Au(CN)_2^-$、$Ag(CN)_2^-$，其组成与性质主要与金矿物及采用的氰化工艺有关[15]。

(1) 高浓度含氰废水

以金精矿为原料，精矿中伴生矿物含量相对较高，氰化过程中氰化钠使用量也较高，废水中氰化物含量可达到4000mg/L。由于回收金的方法不同，氰化废水组分有很大差异，特别是锌、铅浓度。

(2) 中等浓度含氰废水

原矿（氧化矿、混合矿、硫化矿）以及精矿烧渣（除铜、铅后）一般伴生矿物含量较低，浸出过程中氰化物加入量为0.6～4kg/t，废水中氰化物的浓度低于400mg/L。

(3) 低浓度含氰废水

堆浸提金工艺大部分采用的是低品位氧化矿，含金溶液经过炭吸附回收金，同时去除部分其他杂质，产生的贫液/废水量一般为堆浸矿石量的1%～2%，氰化物浓度一般低于100mg/L。

6.1.2.2 氰化提金废水的综合处理

目前，含氰废水的处理主要可分为破坏法与综合回收法两大类[16,17]。破坏法属于消耗型被动式治理方法，工艺成熟但成本高、氰化物损耗大、容易引入其他杂质，化学氧化法、电解氧化法、微生物分解法及自然净化法等均属于此类。综合回收法主要包括酸化法、离子交换树脂法、废水或贫液循环法等，氰化物可综合回收利用，但处理成本较高、工艺复杂，处理后废水难以达标[18～21]。目前已经在我国实现工业应用的酸化法、SO_2-空气法及氯碱氧化法也难以让企业长期维持稳定运行，而是愿意直接排放于尾矿库中去自然降解，这就为人类生存的环境及水体安全带来了潜在的威胁。

6.1.2.3 电吸附处理废水技术及其应用

电解氧化、电沉积、电渗析及电吸附等电化学技术可有效处理含有重金属离子及有机物的工业废水，尤其是电吸附技术是一种不涉及电子得失的非法拉第过程，所需电流仅用于给吸附电极溶液界面的双电层充电，与传统的水处理技术相比具有明显的优势[22]。电吸附技术就是使所要处理的废水在两块或多块并联的电极中间流过，若在两电极或多电极间施加低于废水中所要去除化合物的分解电压的电压时，通电后电极板上分别充满正电荷和负电荷，溶液中的带电粒子在电场的作用下进行迁移，阳离子定向迁移至阴极，阴离子迁移至阳极，废水中的杂质离子在极板上浓缩富集，从而降低极板中间废液的离子浓度。当撤销或施加反向电场时，被吸附到电极周围的离子又会被释放到水溶液中，电极就得到了再生。

电吸附技术的主要特点：①运行能耗低。电极上不会发生剧烈的化学反应，能量主要消耗于溶液中电极双电层充电及溶液中离子的迁移。②水利用率高。电吸附水处理技术有效地将溶液中的溶质离子从水中提取，水利用率特别高。③无二次污染。电吸附水处理过程不使用其他的化学试剂，一定程度上减少甚至避免了二次污染，同时也不会有新的排放物产生，是一种绿色无污染的新型水处理方法。④操作及维护简便。电吸附技术可有效处理高、中、低浓度的废水，废水中的金属离子、有机物及废水的酸碱度并不会对电吸附设备造成破坏。电吸附技术的现代化技术程度高，没有过高的操作技术要求，而且电极可经电脱附后重复利用，并且具有很长的寿命。

有关于电吸附除盐的报道要追溯到20世纪60年代，随后被广泛用于废水中金属离子的去除[23,24]。Abbas Afkhami等[25] 分别用氢氧化钾及硝酸活化纳米孔炭电极，经活化后的电极羟基和羰基官能团都显著增加且数量相当，不仅有效提高了电吸附速率，而且使其吸附容量有所增大。本课题组将电吸附技术应用于氰化提金废水的处理中，以自制煤基电吸附材料为阴、阳极，综合回收提金氰化废水中的游离氰、金属氰络合物及硫氰根等离子。研究表明，电吸附后的阳极板上出现了富集的铜、铁、锌，过程中产生的沉淀物主要为亚铁氰化铜、铁氰化亚铜、氢氧化锌及少量硫氰化亚铜，表明电吸附过程是一个离子的定向迁移、沉淀以及吸附共同作用的过程[26]。因此，采用电吸附技术处理氰化废水是可行的，并以其流程短、易操作、成本低、绿色无污染的优势，拥有广阔的应用前景。

6.2 工艺过程与研究方法

6.2.1 原料

实验所用低变质煤（SJC）与液化残渣（DCLR）如前文所述。氰化提金废水来自中金嵩原黄金冶炼厂，主要组成如表6-1所示。废水中铜、铁、锌、总氰和硫氰根离子的浓度较高，尤其是硫氰根和铜离子的含量达到了 9795mg/L、3380mg/L。沉淀后溶液中的铁离子被完全去除，但仍然含有部分铜、锌离子，直接外排不但会污染环境，而且会造成有价金属损失，需进行深度处理。

表 6-1　废水的主要组成

存在离子	CN_T/(g/L)	CN^-	Cu	Fe	Zn	Au	SCN^-/(g/L)
		mg/L					
提金废水	5.32	186.25	3380	170	370	0.34	9.795
沉淀后液	0.677	1.06	476.8	0	756.0	0.34	9.420

6.2.2　实验步骤

6.2.2.1　煤基电极材料的制备

将 SJC、DCLR 粉碎、细磨、筛分得到粒度为 80 目（90%）的原料，DCLR 用 5%的 HF 溶液去灰后与 SJC 以一定质量比混合，加入 5%的水混合搅拌均匀，置于 FYD-40-A 台式粉末压片机上，在一定压力下压制为 Φ30mm×2mm 的圆柱形成型料，在室温下自然干燥 24h，随后将成型料放在石英反应器中置于马弗炉内进行热解，以 5℃/min 的速率升温至设定温度炭化一定时间，自然冷却至室温后取出样品进行活化处理。

6.2.2.2　电吸附处理氰化废水

取废水 50mL，置于 100mL 烧杯中，将制备好的 3 片电极连接导线后，间隔平行插入溶液中，中间的极片与电源阳极相连，两侧两个极片与阴极相连，极板入水面积保持一致。在给定的电压条件下，开启电源进行电吸附实验，定时取溶液样分析各种离子的浓度，计算离子的去除率。实验结束后，将阴、阳极板及固液分离得到的沉淀物用去离子水洗涤多次，至出水 pH＝7 为止，烘干、取样进行相关分析测试。实验装置连接图如图 6-1 所示。

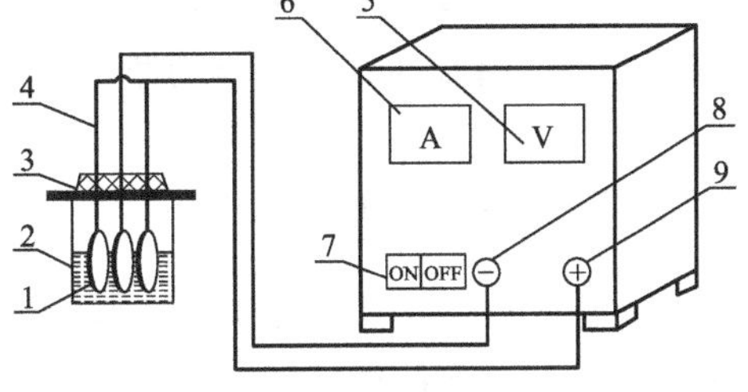

图 6-1　电吸附实验装置示意图

1—电极；2—氰化废水；3—固定板；4—连接导线；5—电压表；6—电流表；7—开关；8—负极接线柱；9—正极接线柱

6.2.3 分析表征

6.2.3.1 离子去除率计算

溶液中离子去除率（η）按式(6-1) 进行计算。

$$\eta=\frac{C_0-C_t}{C_0}\times 100\% \tag{6-1}$$

式中，C_0 为废水中各离子的初始浓度，mg/L；C_t 为电吸附后废水中各离子的浓度，mg/L。

6.2.3.2 铜离子的测定

采用碘量法测定氰化提金废水中的铜。量取 10mL 待测溶液加入 250mL 锥形瓶中，加入 5mL 盐酸及 5mL 硝酸，置于电热炉上低温加热，取下加入 2mL 硫酸，继续加热冒烟至干，取下冷却后再加入 3mL 盐酸与 5mL 蒸馏水，再次加热蒸发至近干，取下加蒸馏水 30mL 后继续加热溶解可溶盐，冷却后加入（1+1）氨水使铜氨络离子的蓝色出现，并用（1+1）乙酸中和至溶液由蓝色变为绿色并过量使溶液为酸性，然后加入过量 20% NH_4HF_2 溶液及过量 20% KI 溶液，使用硫代硫酸钠标准溶液滴定至淡黄色，加入 5%淀粉指示剂继续滴定至浅蓝色，再加入 10%硫氰酸铵溶液并经过充分摇动至蓝色加深，继续滴定至蓝灰色消失为终点。相关计算式如式(6-2) 所示。

$$C_{Cu}=\frac{C_1V_1M}{V_2} \tag{6-2}$$

式中，C_1 为硫代硫酸钠标准溶液浓度，mol/L；V_1 为滴定消耗硫代硫酸钠标准溶液的体积，L；M 为铜的摩尔质量，g/mol；V_2 为待测溶液的体积，L。

6.2.3.3 锌离子的测定

量取 10mL 待测溶液并稀释至 50～100mL，加入 250mL 锥形瓶中，加 2 滴（1+1）盐酸溶液、2g 固体氟化铵和 10mL 无水乙醇，再加入过量 5%硫脲溶液 10mL 以避免铜的干扰，再加水 50mL。加热至 45℃左右，置于电动搅拌器上搅拌 1min，然后使用 2mol/L 氢氧化钠溶液调节溶液 pH 值为 5～6。加入 20mL 乙酸-乙酸钠缓冲溶液和 1～2 滴 0.5%二甲酚橙指示剂至溶液呈鲜红色。立即用EDTA标准滴定溶液滴定至溶液由红色突变为亮黄色，即为终点。相关计算式如式(6-3) 所示。

$$C_{Zn}=\frac{C_1V_1M}{V_2} \tag{6-3}$$

式中，C_1 为EDTA标准溶液浓度，mol/L；V_1 为滴定消耗EDTA标准溶液的体积，L；M 为锌的摩尔质量，g/mol；V_2 为待测溶液的体积，L。

6.2.3.4　总氰的测定

量取10mL待测溶液稀释至50～100mL，加入有玻璃珠的蒸馏瓶中，连接好装置向蒸馏瓶中加入5mL浓度为10g/L的EDTA二钠溶液，并快速加入磷酸5mL（过量使溶液pH<2），迅速拧住瓶塞，打开冷凝水和可调电炉，慢慢调高，用10mL浓度为10g/L的NaOH溶液作为吸收液，吸收至50mL，量取10mL吸收液置于锥形瓶中，滴加KI（5%）溶液5～8滴，用0.01mol/L硝酸银标准溶液（高浓度可用0.02mol/L $AgNO_3$）进行滴定，边滴定边摇晃至出现淡黄色沉淀为终点。相关计算式如式(6-4) 所示。

$$P=\frac{C_1V_1M}{V_2} \tag{6-4}$$

式中，P 为总氰化物的质量浓度，mg/L；C_1 为硝酸银标准溶液浓度，mol/L；V_1 为滴定消耗硝酸银标准溶液的体积，L；M 为氰离子的摩尔质量，g/mol；V_2 为待测溶液的体积，L。

6.2.3.5　游离氰的测定

游离氰的测定与总氰的测定方法有所不同，不需要加EDTA二钠溶液蒸馏释放络合氰。量取10mL待测溶液置于锥形瓶中，滴加KI（5%）溶液5～8滴，将0.01mol/L硝酸标准溶液加入棕色酸式滴定管中进行滴定，滴定时需不断摇晃，直至溶液黄色浑浊为止，读取数据并计算游离氰的浓度，相关计算式如式(6-5) 所示。

$$P=\frac{C_1V_1M}{V_2} \tag{6-5}$$

式中，P 为氰化物质量浓度，mg/L；C_1 为硝酸银标准溶液浓度，mol/L；V_1 为滴定消耗硝酸银标准溶液的体积，L；M 为氰离子的摩尔质量，g/mol；V_2 为待测溶液的体积，L。

6.2.3.6 硫氰根的测定

硫氰根的测定采用7200型分光光度计。用移液管分别移取0mL、0.5mL、1mL、1.5mL的10g/L硫氰酸钠标准溶液置于50mL容量瓶中，并加入6%氯化铁标准溶液2mL，用蒸馏水定容，摇晃至色度均匀。用移液管移取0.1mL待测溶液置于50mL容量瓶中，同样加入6%的氯化铁标准溶液2mL，用蒸馏水定容，摇晃至色度均匀。将配制好的溶液放置5min，使反应充分显色到位后，将预热好的分光光度计波长设定为453.0nm，绘制标准曲线（相关系数大于0.999），测定配制好的待测溶液吸光度值，根据标准曲线计算待测溶液中硫氰根的浓度值。

6.2.3.7 仪器分析

采用BRUKER VERTEX70红外光谱仪研究极板表面官能团，采用AsiQ-MOOOO-3型物理吸附仪研究煤基材料孔径结构，采用CS2350电化学工作站研究煤基电极电化学性质，采用JSM-6360LV型扫描电子显微镜对极板表面形貌及负载元素进行分析表征，采用日本理学D/Max-rBⅡ型X射线衍射仪对电吸附过程产生的沉淀物进行分析表征。

6.3 煤基电极材料的制备及其结构性能优化

煤基电极材料的制备及表面结构优化是电吸附处理氰化提金废水的关键，本节重点就煤基电极材料制备、活化过程影响因素及其对抗压强度、碘吸附值的影响规律进行了研究。采用水蒸气、硝酸、氢氧化钾等活化技术对煤基电极材料进行优化改性，以期为电吸附处理氰化提金废水的研究提供技术支撑[27~31]。

6.3.1 煤基电极材料制备过程影响因素

6.3.1.1 液化残渣添加量的影响

取液化残渣与低变质煤混合物20g，在成型压力6MPa、保压时间10min，热解终温800℃，热解时间90min的条件下，D-DCLR添加量（质量比）分别

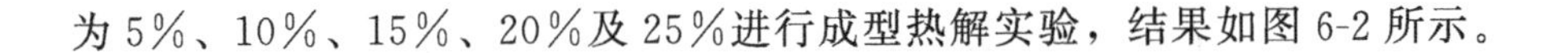
为 5%、10%、15%、20%及 25%进行成型热解实验，结果如图 6-2 所示。

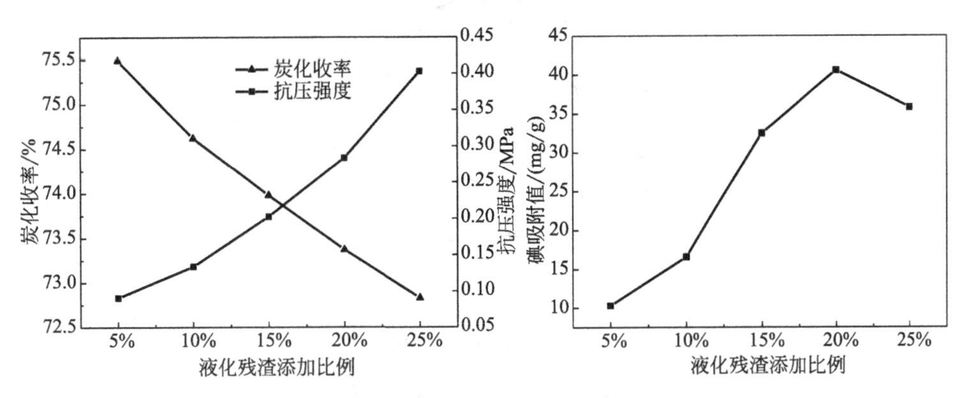

图 6-2　D-DCLR 添加比例对炭化收率、抗压强度及碘吸附值的影响

从图 6-2 可以看出，D-DCLR 添加量逐渐增大，煤基电极材料收率持续降低，抗压强度逐渐增大，碘吸附值呈现出先增后减的趋势。添加比例为 20%时，碘吸附值达到最大值 40.56mg/g，此时抗压强度为 0.284MPa，收率为 73.37%。D-DCLR 在热解过程中产生的胶质体具有良好的黏结性，颗粒之间紧密结合使得炭化料抗压强度逐渐提高。添加比例较低时，其所提供的氢优先与煤中含氧官能团结合生成水，没有足够的氢来稳定热解过程产生的自由基碎片，导致轻质烃类组分逸出量很少，炭化料的收率较高。随着添加比例升高，提供的氢使得自由基碎片被饱和，煤中的芳香环、氢化芳香环以及断裂挥发物加氢裂化使得轻质烃类组分含量显著增加，这些轻质烃大量逸出使得炭化料的收率降低，煤基电极材料表面的孔隙结构增加，比表面积增大，碘吸附值增大。但是，20%后 D-DCLR 添加量进一步增大，炭化过程中产生的大量胶质体会直接影响挥发分析出，导致孔隙率减小，碘吸附值降低。

6.3.1.2　成型压力与水分的影响

D-DCLR 添加量为 20%，在 4MPa、5MPa、6MPa、7MPa、8MPa 及 9MPa 与 1%、4%、7%、10%及 11%水分条件下成型，自然晾 24h 后进行热解实验，结果如图 6-3 所示。

从图 6-3 可以看出，炭化料的抗压强度随着成型压力增加先增大后减小，水分加入量增加时炭化料的抗压强度先增加后减小。成型压力过小时，粉煤颗

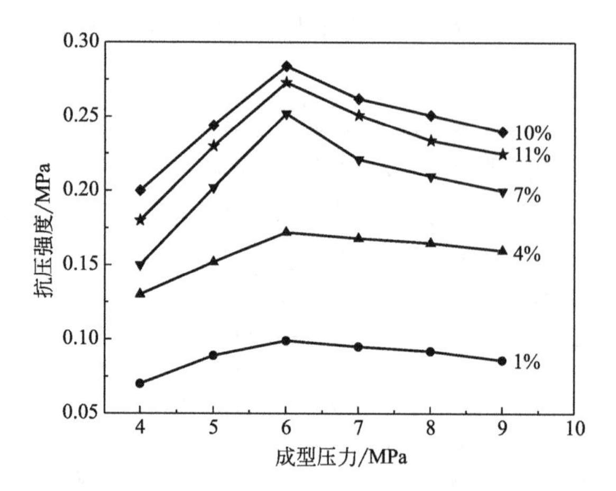

图 6-3　成型压力与水分对抗压强度的影响

粒间相互啮合产生的内聚力过小，致使煤粒不能紧密地堆积为一体，而压力过大时，型煤在脱模时发出声响并出现回胀现象，炭化料也出现多个断层。随着成型压力增加，煤基电极材料的体密度和机械强度都增大。适量的水分可以减少煤料之间的内摩擦力，使黏结剂在煤料内部均匀分布。水分＜10％时型煤表面不光滑，而且呈鳞片状，容易分层，成型率及抗压强度都较低。水分＞10％时煤粒表面被较厚的水膜所包裹，导致煤粒间不能紧密接触，使其抗压强度降低。

6.3.1.3　保压时间的影响

水分为10％，成型压力6MPa，分别保压3min、5min、8min、10min及20min，热解实验结果如图6-4所示。可以看出，保压时间小于5min时，炭化料抗压强度随着时间延长迅速增加，保压时间大于5min时，其抗压强度基本稳定在0.29MPa左右。

碘吸附值随保压时间延长没有太明显的变化，基本维持在41mg/g左右。混合物料受到外部压力后变形，因受力时间长短不同，这种变形以两种状态存在，一种是松弛体，即物料受力发生变形后，若维持其变形量不变，一定时间后，其应力会逐渐消失，即储存在已经变形的料团中的能量会转化为热量而逐渐消失，这时候物料所处的状态就是松弛体，而应力减低到一定数值所需的时间叫松弛期。保压时间小于5min时得到的就是松弛体，如果延长保压时间，

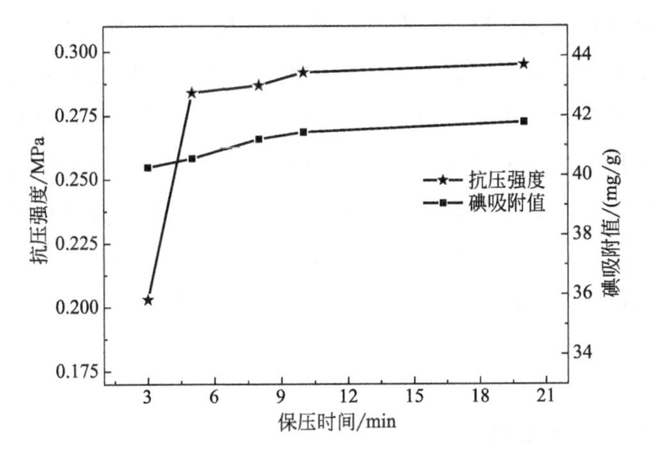

图 6-4 保压时间对抗压强度与碘吸附值的影响

且远远超过松弛期，就会形成塑性体。因此，为了获得成型效果较好的料团，保压时间一般应长于松弛期。

6.3.1.4 热解终温的影响

取液化残渣与低变质煤的质量比为 20%，添加 10%水，在 6MPa 的压力下成型，取热解终温分别为 500℃、700℃、800℃、900℃及 1000℃进行热解实验，结果如图 6-5 所示。随着炭化终温升高，炭化料收率一直在降低，而抗压强度与碘吸附值都呈先增大后减小的趋势。碘吸附最大值为 40.56mg/g，此时炭化终温为 800℃，抗压强度为 0.284MPa，收率为 73.37%。

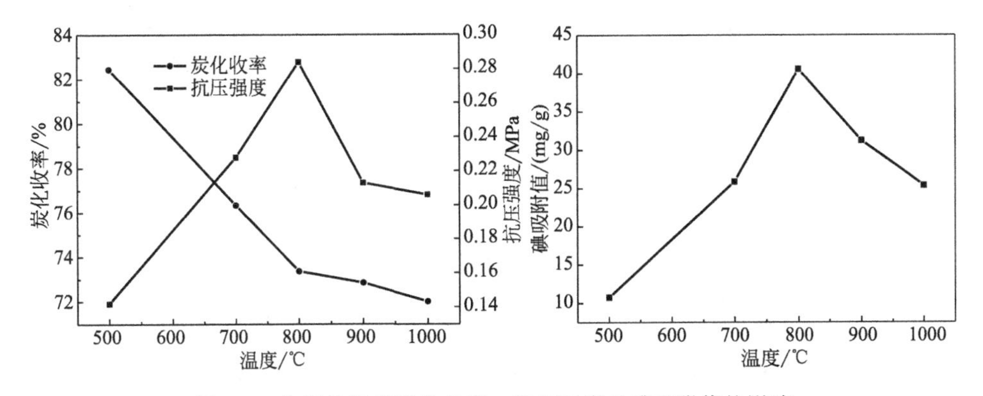

图 6-5 热解终温对炭化收率、抗压强度及碘吸附值的影响

随着炭化终温升高，D-DCLR 产生的胶质体固化后形成 C—C 键，致使抗压强度不断增强。温度继续升高抗压强度有所降低，SJC 与 D-DCLR 都含有大量的挥发分，热解过程中一部分不稳定物质受热后产生气相，气相不断逸出使得炭化料表面形成大量的孔隙结构，比表面积增大，碘吸附值随之增大。当温度较高时，挥发分的逸出逐渐减少，此时交联键的破坏和芳香区域晶体的有序化是主要反应，所以开口孔隙和表面积丧失比较明显。另外，高温下的缩聚反应导致物料内部受热不均匀，较大的温度梯度导致内应力过大，裂纹增多，煤基电极材料的抗压强度与碘吸附值减小。

6.3.1.5 热解时间的影响

取热解时间分别为 15min、30min、60min、90min 及 120min 进行热解实验，结果如图 6-6 所示。随着热解时间延长，炭化料的收率逐渐降低，抗压强度先增大后降低，碘吸附值先增大随后趋于稳定。热解时间 90min 时抗压强度为 0.298MPa，炭化料收率为 73.37%，碘吸附值最大为 40.56mg/g。充分的热解时间可以使炭化料表面与中心的温差减小，炭化料充分收缩、脱氢缩聚，提高了炭化料的抗压强度。时间过长可能会导致炭化料颗粒间桥键断裂，发生聚合脱氢反应产生多孔结构，也可能使大量的挥发分充分逸出，形成附加孔隙结构，从而降低炭化料的抗压强度，但同时比表面积增大，碘吸附值增大。煤料中的支链烃和小分子有机物在炭化前期大量逸出，炭化料收率逐渐减小，随着热解时间延长，逸出速度逐渐减小，收率不再发生太大变化。

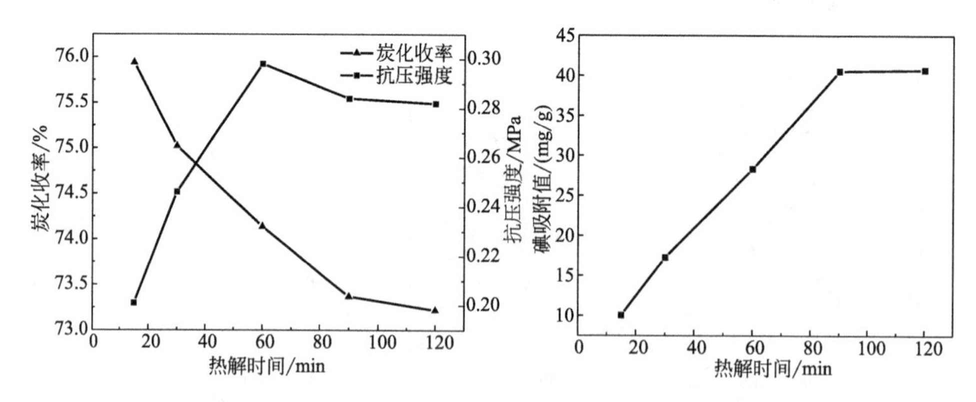

图 6-6 热解时间对炭化收率、抗压强度及碘吸附值的影响

6.3.2　煤基电极材料的水蒸气活化

煤基电极材料的吸附性能取决于自身的孔隙结构及其表面化学性质。对煤基电极材料进行扩孔及表面改性处理，使其吸附容量提高并具有良好的选择性，是其结构性能优化的关键。水蒸气活化法是一种经济、环保的活化方法，过程中无杂质引入，工艺相对简单、成熟，是表面结构与性能优化的主要方法之一。

6.3.2.1　水蒸气流量的影响

控制水蒸气的流量分别为 270mL/h、420mL/h、620mL/h、800mL/h、1020mL/h，将优化工艺条件制备的煤基电极材料在 800℃下活化 90min，结果如图 6-7 所示。随着水蒸气流量增加，煤基电极材料抗压强度与活化收率先迅速降低，后略微上升，而碘吸附值则呈先增后降的趋势，最大值为 820mg/g，此时水蒸气流量为 620mL/h，抗压强度为 0.0768MPa，活化收率为 36.63%。

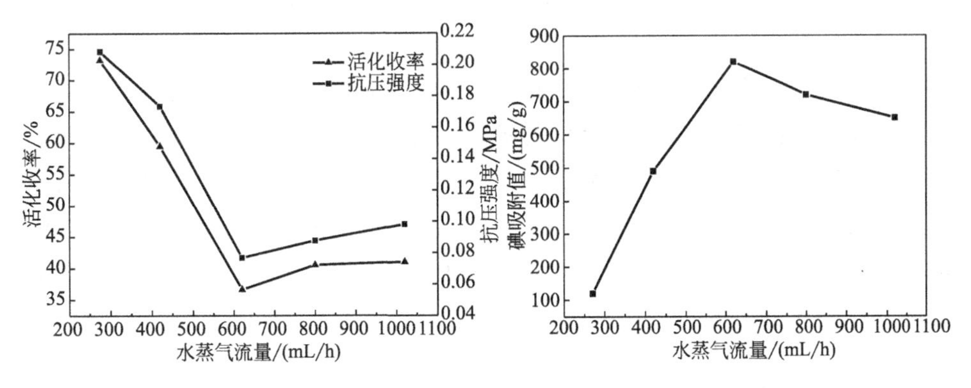

图 6-7　水蒸气流量对活化收率、抗压强度及碘吸附值的影响

水蒸气流量增加，与煤基电极材料表面活性碳原子接触机会增大，活化反应速率与反应强度增大，表面碳颗粒被逐步刻蚀、消耗，形成大量的微孔和中孔，碘吸附值随之增大，活化收率与抗压强度则逐渐降低。然而，水蒸气流量过大时，炭表面温度降低，使得水蒸气与炭的反应活性减小，阻止了部分新微孔与中孔形成，碘吸附值又略微降低，抗压强度与收率稍有增加。

6.3.2.2 活化温度的影响

在水蒸气流量为 620mL/h、活化温度分别为 600℃、700℃、750℃、800℃及 850℃条件下进行活化实验，结果如图 6-8 所示。活化收率和抗压强度随温度升高而减小，而碘吸附值则先增大后减小。活化温度 800℃时碘吸附值最大为 820mg/g，抗压强度为 0.0768MPa，活化收率为 36.63%。

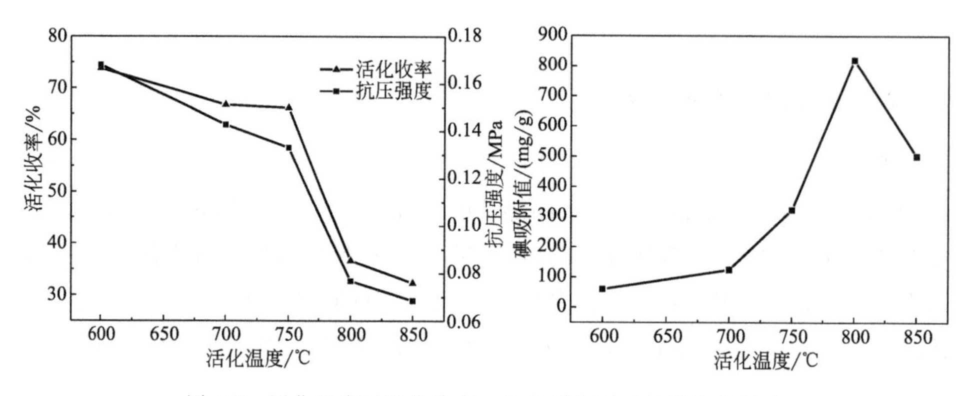

图 6-8 活化温度对活化收率、抗压强度及碘吸附值的影响

活化温度较低时，煤基电极材料表面的活性碳原子较少，主要发生的是水蒸气向炭化料表面的扩散和水蒸气的吸附。随着活化温度升高，碳原子逐渐转变为活性碳原子，较多的活性碳原子与水蒸气发生反应生成 CO，内表面积和孔隙结构得以发展，碘吸附值增加。活化温度继续增大，炭与水蒸气的反应程度加深，大量的微孔和中孔逐渐发展为大孔，比表面积下降，碘吸附值则有所降低。

6.3.2.3 活化时间的影响

在活化温度为 800℃，活化时间分别为 30min、60min、85min、120min 及 150min 的条件下进行活化实验，结果如图 6-9 所示。随着活化时间延长，煤基电极材料抗压强度和活化收率逐渐降低，碘吸附值则呈先增大后降低的趋势，最大值为 820mg/g，此时活化时间为 90min，抗压强度为 0.0768MPa，活化收率为 36.63%。

水蒸气进入煤基电极材料的孔隙中与其表面活性碳原子发生反应，逐步形

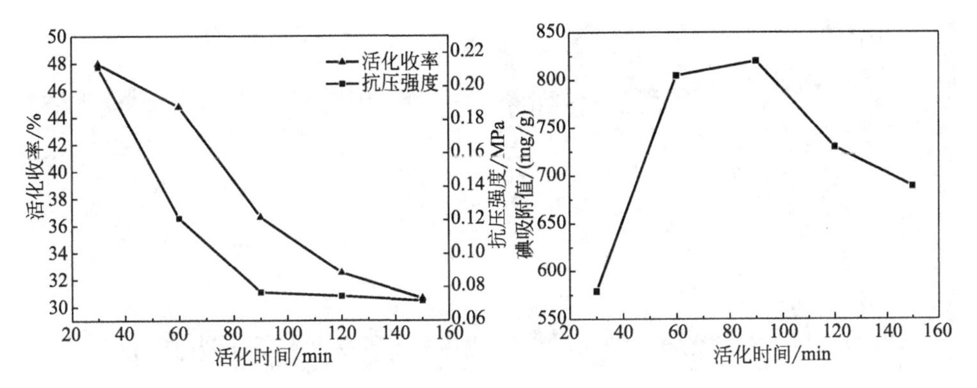

图 6-9　活化时间对活化收率、抗压强度及碘吸附值的影响

成更为丰富的微孔结构。随着活化时间延长，水蒸气充分穿过炭化料层，打开了内部没有被打开的孔道，比表面积和孔隙率逐渐增大，导致碘吸附值逐渐增大。活化时间过长，水蒸气不断穿透炭化料层，刻蚀碳颗粒表面，使得孔径逐渐变大的同时也产生了新的孔道，微孔扩成大孔或烧失，导致比表面积又开始降低，碘吸附值下降，抗压强度与活化收率不断降低。

6.3.2.4　煤基电极材料的分析表征

将水蒸气流量为 620mL/h，活化温度 800℃，活化时间 1.5h 条件下制备的煤基电极材料置于物理吸附仪上，200℃脱气 10h 后，以 N_2 吸附法表征电极材料孔结构。实验结果如图 6-10～图 6-12 所示。

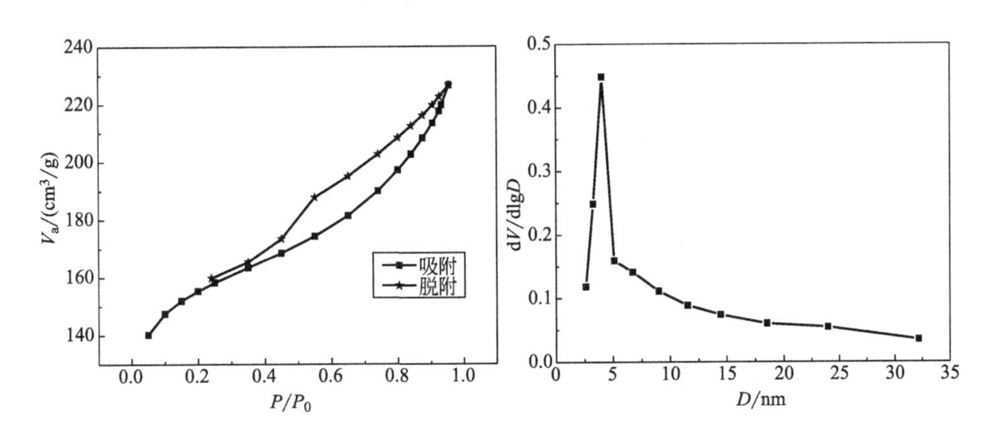

图 6-10　煤基电极材料的 N_2 吸附-脱附曲线及孔径分布

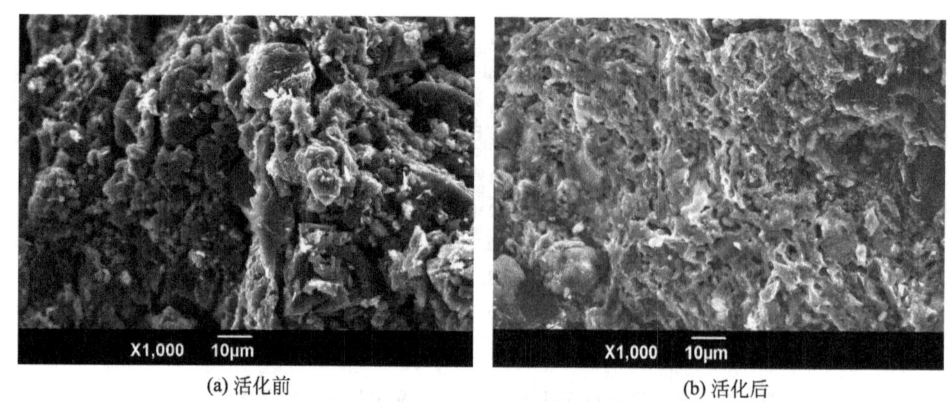

(a) 活化前　　(b) 活化后

图 6-11　水蒸气活化前后电极材料的 SEM 照片

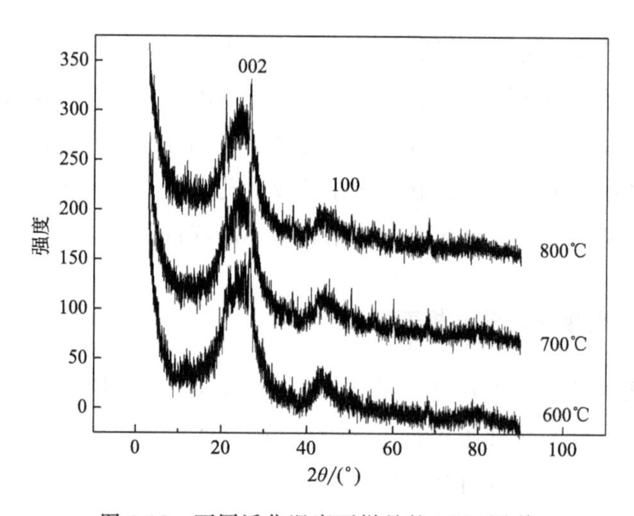

图 6-12　不同活化温度下样品的 XRD 图谱

由图 6-10 可以看出，吸附曲线属于国际纯粹化学和应用化学联合会（IUPAC）吸附曲线分类中的Ⅱ型曲线，这类吸附的特点是吸附剂在低压下发生单分子层吸附，压力逐渐增加产生多分子层吸附，当压力相当高时，吸附气体已开始凝结成液相，吸附容量迅速增加。脱附曲线与吸附曲线不重合，具有明显的吸附回滞环，说明煤基材料中有中孔存在。煤基电极材料的孔径分布比较集中，主要为 2.5～15nm 的中孔，BJH 平均孔径为 27.53nm，BJH 累积孔容积为 0.35cm^3/g，比表面积为 509m^2/g。

由图 6-11 可以看出，煤基电极材料表面颗粒形貌不是很规则，炭化过程中 SJC 与 D-DCLR 的挥发分大量析出，使其内部出现不均匀细长狭缝状孔隙结构，这有利于活化剂充分进入原料内部，为制备具有发达孔隙结构的电极材料奠定了基础，活化过程中水蒸气与活性碳原子发生剧烈的气化反应，形成了大量均匀分布的孔隙结构。

从图 6-12 可以看出，在 $2\theta=26.30^{\circ}$与 $2\theta=43.75^{\circ}$下出现了两个非常明显的衍射峰，分别是 002 峰和 100 峰，说明制备的煤基电极材料具有类石墨微晶结构。活化温度升高时，(002) 与 (100) 面衍射峰均逐渐变弱，而且可以观察到衍射峰不对称程度有所增加，说明这种类石墨微晶结构受到了不同程度的破坏，温度越高，这种破坏作用越大。水蒸气高温活化可导致类石墨微晶结构的有序性遭到破坏，逐渐向无序性或无定形结构转变。高温条件下，煤基电极材料表面的活性碳原子数增多，水蒸气与碳原子接触面积增大，气化反应的剧烈程度也增大，从而形成了丰富的孔隙结构，这将有利于煤基电极材料吸附性能提高。

6.3.3　煤基电极材料的硝酸活化

硝酸改性也是一种常用的氧化改性方法，不仅能改变煤基电极材料表面的化学特性，而且能溶解炭材料中的灰分起到造孔的作用。

6.3.3.1　活化温度的影响

取 40%（质量分数）的硝酸溶液，在 20℃、40℃、60℃、80℃及 100℃对优化工艺条件制备的煤基电极材料进行活化，结果如图 6-13 所示。采用 Boehm 法测定煤基电极材料表面的含氧官能团，结果如表 6-2 所示。

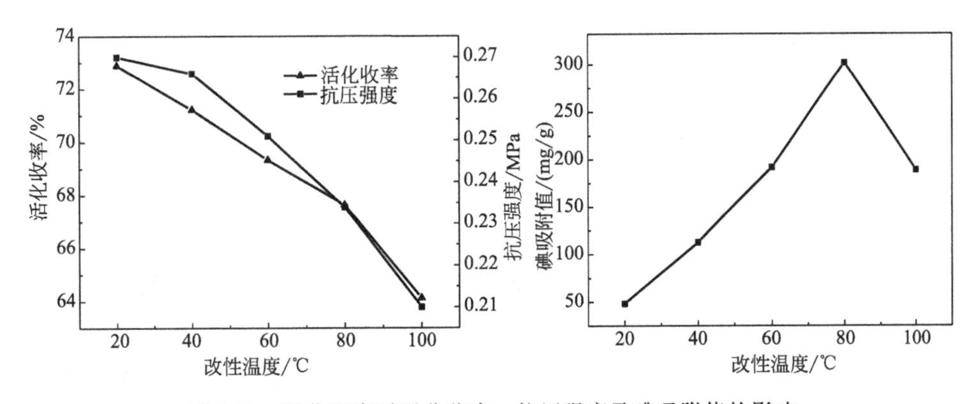

图 6-13　活化温度对活化收率、抗压强度及碘吸附值的影响

表 6-2 煤基电极材料表面基团测定结果

温度/℃	羧基/(mmol/g)	内酯基/(mmol/g)	酚羟基/(mmol/g)	合计/(mmol/g)
20	0.19	0.09	0.14	0.42
40	0.22	0.12	0.16	0.50
60	0.27	0.15	0.23	0.65
80	0.343	0.19	0.35	0.883
100	0.346	0.20	0.37	0.916

从图 6-13 可以看出，随着活化温度升高，活化收率与抗压强度一直呈下降的趋势，碘吸附值则呈现先上升后下降的趋势。活化温度 80℃时，碘吸附值最大为 301.72mg/g，此时活化收率为 67.64%，抗压强度为 0.234MPa。活化温度越高，硝酸的氧化腐蚀作用越强，刻蚀了炭化料的壁面，形成了新的微孔，碘吸附值逐渐增大。当温度高于 80℃时硝酸的氧化腐蚀作用过于强烈，前期形成的微孔扩为大孔，甚至将壁面刻蚀至塌陷，碘吸附值又下降，且收率与强度降低。

从表 6-2 可以看出，煤基电极材料表面出现了含量不等的羧基、内酯基以及酚羟基等含氧官能团。随着活化温度升高，硝酸的氧化改性作用使得煤基电极材料表面含氧官能团含量不断增加。80℃活化后的含氧官能团比 20℃活化增加了 0.463mmol/g，温度继续升高不再发生明显的变化，说明高温可促进含氧基团产生，有利于其吸附性能提升。

6.3.3.2 硝酸浓度的影响

在活化温度 80℃，硝酸质量浓度分别为 2%、5%、10%、20%、40%及 50%条件下进行活化实验，结果如图 6-14，煤基电极材料表面含氧基团的测定结果如表 6-3 所示。

从图 6-14 可以看出，随着硝酸浓度增大，活化收率和抗压强度均不断减小，碘吸附值则呈现先增后减的趋势，最大值为 301.72mg/g，此时硝酸浓度为 40%，收率为 67.64%，抗压强度为 0.234MPa。硝酸浓度较低时对煤基电极材料的氧化腐蚀作用比较缓和，随着浓度增大，氧化程度也逐渐增大，形成的羧基、羟基和内酯基等含氧官能团的数量越多。当硝酸浓度增大到 40%时，炭化料中的非炭成分基本被清除干净，继续增大硝酸浓度，主要以对炭骨架的刻蚀作用为主，致使炭化料表面微孔孔壁塌陷，导致部分微孔和中孔被扩成大孔，抗压强度骤然下降，活化收率下降，碘吸附值降低。

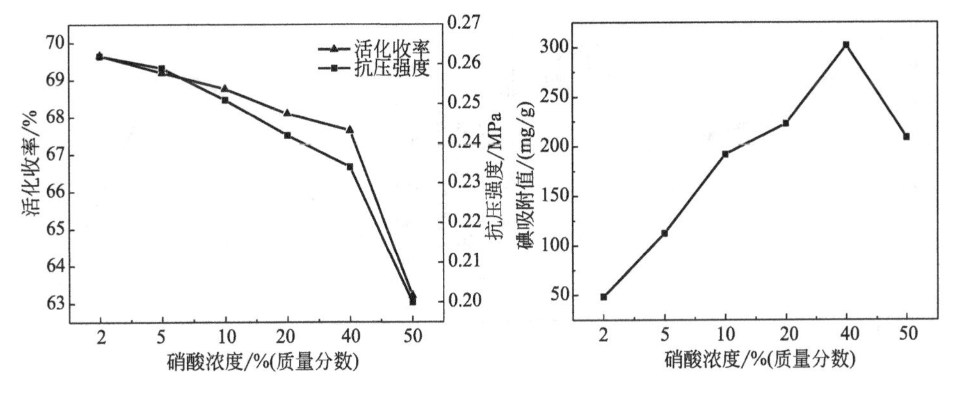

图 6-14　HNO_3 浓度对活化收率、抗压强度及碘吸附值的影响

表 6-3　不同硝酸浓度改性样品表面基团测定

HNO_3 浓度/%	羧基/(mmol/g)	内酯基/(mmol/g)	酚羟基/(mmol/g)	合计/(mmol/g)
2	0.14	0.11	0.16	0.41
5	0.16	0.12	0.17	0.45
10	0.19	0.14	0.21	0.54
20	0.236	0.17	0.28	0.686
40	0.343	0.19	0.35	0.883
50	0.345	0.20	0.37	0.915

从表 6-3 可以看出，随着硝酸浓度增大，煤基电极材料表面含氧官能团的数量逐渐增多，40% HNO_3 溶液处理后羧基和酚羟基增加得较多。但是，煤基电极材料表面空间是一定的，基团之间存在空间阻力甚至是电子作用，高浓度 HNO_3 氧化产生更多的基团，空间阻力和电子作用越来越强，不利于表面官能团稳定存在。

6.3.3.3　活化时间的影响

在硝酸浓度 40%，活化时间分别为 1h、3h、6h、8h 及 12h 条件下进行实验，结果如图 6-15，表面基团测定结果如表 6-4 所示。随着硝酸改性时间延长，煤基电极材料的碘吸附值呈先增大后降低的趋势，而活化收率和抗压强度一直处于下降的趋势。改性时间 8h 时碘吸附值达到 301.72mg/g，抗压强度为 0.234MPa，活化收率为 67.64%。

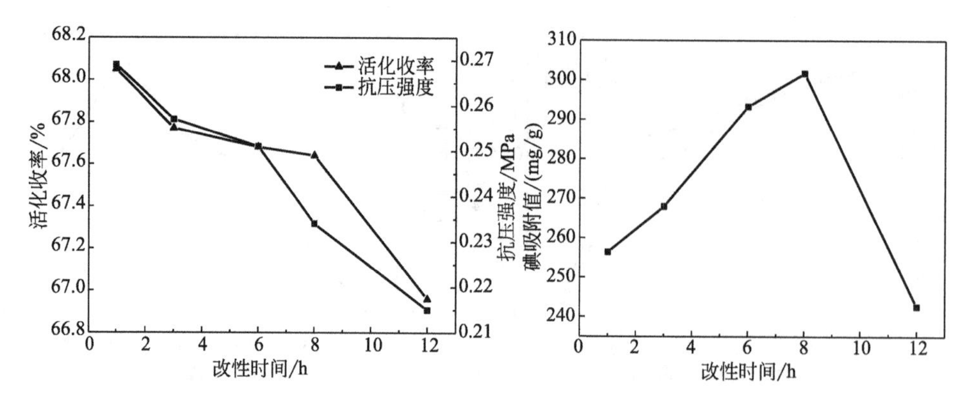

图 6-15 改性时间对活化收率、抗压强度及碘吸附值的影响

表 6-4 HNO_3 溶液改性不同时间后样品表面基团的测定

改性时间/h	羧基/(mmol/g)	内酯基/(mmol/g)	酚羟基/(mmol/g)	合计/(mmol/g)
0	0.12	0.10	0.14	0.36
1	0.15	0.13	0.17	0.45
3	0.23	0.14	0.26	0.63
6	0.31	0.16	0.32	0.79
8	0.343	0.19	0.35	0.883
12	0.346	0.21	0.37	0.926

首先，硝酸会将炭化料中的 Al_2O_3、CaO、MgO 及 Fe_2O_3 等可溶性物质溶解，处理时间越长，溶解越彻底，起到了造孔作用。其次，硝酸对炭化料中本来存在的气孔孔壁表面的氧化刻蚀，逐步打通了封闭的细小微孔，累积的微孔数量越来越多，碘吸附值随之逐步增大，而抗压强度与活化收率逐渐降低。处理时间继续延长，硝酸溶液充满整个炭化料内部，对先前形成的微孔以及中孔具有一定的冲刷作用，导致孔体积增大。同时，硝酸对炭骨架上微孔孔壁的侵蚀作用越来越强，炭化料表面微孔孔壁被刻蚀至塌陷，导致部分微孔和中孔被扩成大孔，使得煤基电极材料抗压强度降低，比表面积减小，碘吸附值降低。

从表 6-4 可以看出，煤基电极材料表面含氧官能团的数量随处理时间延长而增加，羧基数量上升幅度相对较大。处理时间越长，硝酸的氧化程度越深，活化反应更为充分，越来越多的含氧官能团负载于煤基电极材料表面，可能的反应如式(6-6) 所示。

$$+5HNO_3 \longrightarrow \quad \begin{matrix} COOH \\ COOH \end{matrix} \quad +5HNO_2+H_2O \qquad (6\text{-}6)$$

煤基电极材料的红外分析如图 6-16 所示。各官能团特征吸收峰的位置均未出现明显的变化，但吸收强度却各有不同，说明硝酸氧化可改善煤基电极材料表面官能团的分布状况。随着氧化时间延长，3200～3700cm^{-1} 附近归属于—OH 的伸缩振动峰强度逐渐增强，—OH 可能是由样品表面负载的独立羟基、表面物理吸附水分子或羧基引入的，但主要归因于羧基的变化，氧化时间越长，羧基含量越大。1615～1715cm^{-1} 附近是 C═O 或 C═C 的伸缩振动以及 N—H 键的面内弯曲振动引起的，可能是表面存在的羧基、脂肪酮、不饱和烃以及氨基产生的，吸收峰强度随着时间延长逐步增强，这表明煤基电极表面和内部产生了羧基或其衍生基团。1000～1250cm^{-1} 的吸收峰归属为 C—O 键的伸缩振动，可能是含氧的 C—O—C 对称伸缩振动醚键。随着氧化时间延长，吸收峰的强度逐渐降低，说明醚键、内酯基和酚羟基被氧化程度在逐步增大。

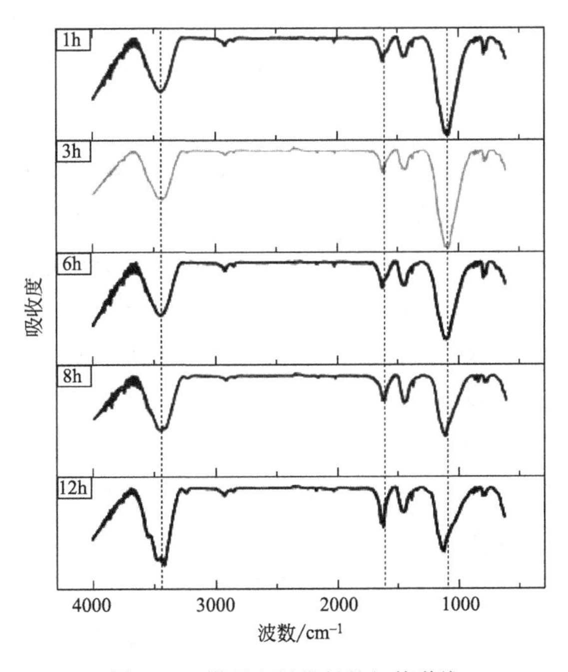

图 6-16　煤基电极材料的红外谱线

6.3.3.4 煤基电极材料的电化学性能测试

煤基电极材料的循环伏安曲线及交流阻抗谱如图 6-17 所示。以煤基电极材料为工作电极，铂片为辅助电极，Ag/AgCl 为参比电极，电解液为 0.1mol/L 的 NaCl 溶液，扫描速率为 20mV/s，扫描电压范围是 0～1.0V，交流阻抗测试频率范围为 0.001～10000Hz。

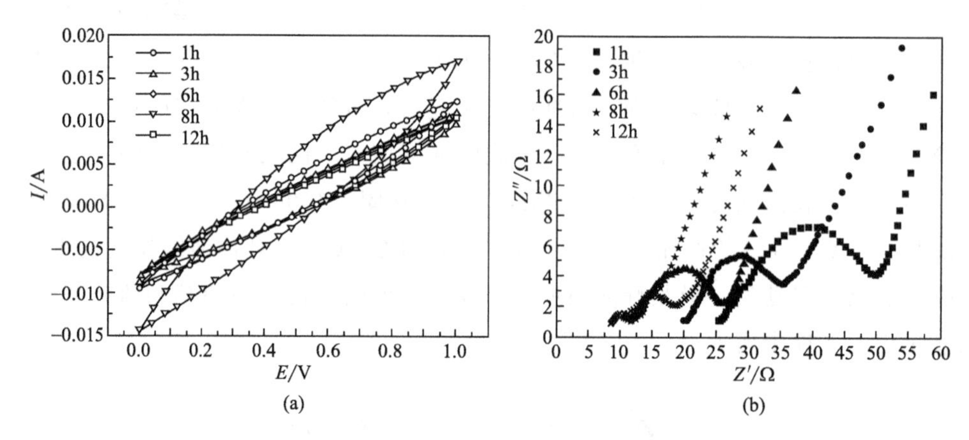

图 6-17 煤基电极材料的循环伏安曲线与交流阻抗谱图

理想状态的循环伏安曲线通常是标准的矩形，煤基电极材料由于孔内离子扩散阻力及电子传递阻力的存在，使得曲线存在一定程度的偏差，循环伏安曲线并不是标准的矩形，但具有类似矩形的特征，并且都具有较好的对称性，说明电吸附过程是可逆的。循环伏安曲线均没有明显的氧化还原峰，说明电容量主要由双电层提供，几乎没有来自法拉第电子转移反应，具有良好的电化学稳定性。硝酸活化后的煤基电极材料具有丰富的微孔结构，使电解液浸润到极板内形成稳定的双电层。8h 活化的曲线较其他更接近于矩形，对称性也较好，曲线所围成的面积最大，说明煤基电极不仅具有丰富的孔径分布，而且其表面含氧官能团数量增加，尤其是对电极电容贡献比较大的羧基和酚羟基增幅较大。

高频区的半圆直径对应的实部阻抗为煤基电极中炭颗粒间的界面阻抗，活化时间越长，半径越小。活化 8h 电极所对应的半圆直径较小，说明煤基电极碳颗粒间电子传递阻力最小。中频区是 45°的斜线，这是多孔电极材料表面粗糙及孔隙不均匀导致的，斜线在 Z' 上的截距代表电解质离子在孔隙内扩散的阻抗，其大小与孔径分布及表面润湿性有关。活化时间 8h 时电极内离子扩散阻力较小，可能是硝酸活化后表面孔结构以及含氧官能团的改变所造成的。在低频区近似于垂直的直线表明活性炭电极的电容特性，活化时间 8h 时斜线近似于垂直，说明煤基电极的电容特性较好。由此可知，活化时间越长，煤基电极材料表面微孔越丰富，亲水性提高，杂质减少，有利于电解质离子迁移，降低了扩散过程的内阻。

6.4　电吸附处理氰化提金废水

课题组以自制的煤基电极材料为阴、阳极，采用二维、三维电吸附体系处理提金氰化废水，系统分析了电吸附过程的影响因素及反应机理[32～38]。本节仅仅阐述了采用二维电吸附体系处理沉淀后氰化废水的部分研究成果，以期为电吸附技术在氰化提金废水处理领域的应用奠定基础。

6.4.1　热解活化条件对吸附过程的影响

6.4.1.1　炭化温度

选择炭化温度为 500℃、700℃、800℃、900℃及 1000℃进行热解，采用一阴两阳的电极体系，在外加电压 2.0V、极板间距 10mm，吸附时间 5h 的条件下进行电吸附实验，结果如图 6-18 所示。

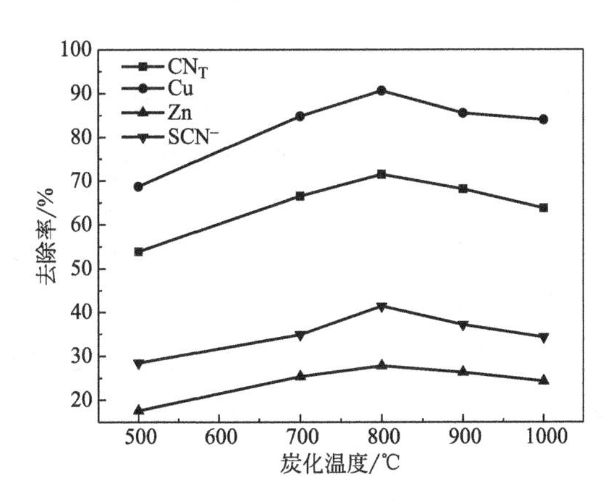

图 6-18　炭化温度对离子去除率的影响曲线

从图 6-18 可以看出，随着热解温度逐渐升高，废水中 CN_T，SCN^- 及 Cu、Zn 离子浓度均呈现出先减小后增大的趋势，800℃时各离子去除率均出现了最大值。炭化过程中大量挥发分从炭骨架中逸出，温度越高，挥发分逸出越充分，煤基电极材料内部孔隙越丰富，比表面积越大。但温度过高，挥发分逸出的同时一些交联键产生一定程度的破坏，使芳香区域变的有序化，导致开口孔隙和比表面积随之下降，从而离子去除率也随之减小。

6.4.1.2 硝酸浓度

将 800℃热解的煤基电极材料置于浓度为 1%、5%、10%、20%及 40%的硝酸溶液中进行活化，随后进行电吸附实验，结果如图 6-19 所示。

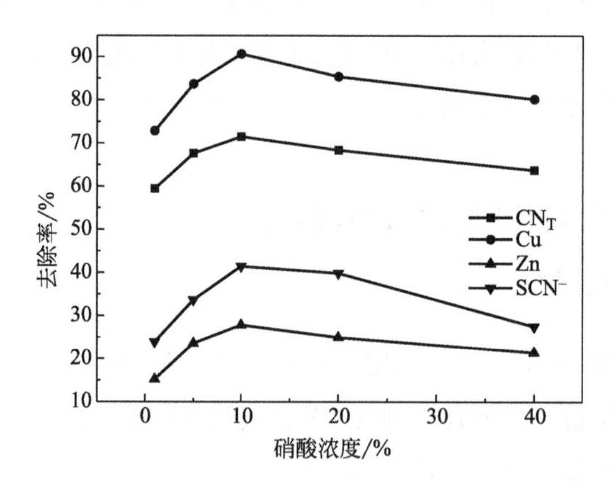

图 6-19　硝酸浓度对离子去除率的影响曲线

从图 6-19 可以看出，随着 HNO_3 浓度逐渐增大，废水中 CN_T，SCN^- 及 Cu、Zn 离子浓度均呈现出先增后减的趋势，HNO_3 浓度 10%为最佳。煤基电极材料表面化学性质主要由表面官能团的种类与数量以及杂原子等决定，而官能团作为活性中心又支配着其表面性质。硝酸不仅能改变其表面化学特性，而且能溶解炭材料中的灰分起到造孔作用。随着硝酸浓度增大，氧化作用随之增强，形成更多的羟基、羧基、内酯基等官能团，并对炭化料中的非炭成分进行清除，但硝酸浓度过高也会侵蚀炭骨架打通微孔，使离子去除率反而有所降低。

6.4.1.3 活化时间

将煤基电极材料置于浓度为10%的硝酸中分别活化1h、5h、8h、16h及24h，随后进行电吸附实验，结果如图6-20所示。

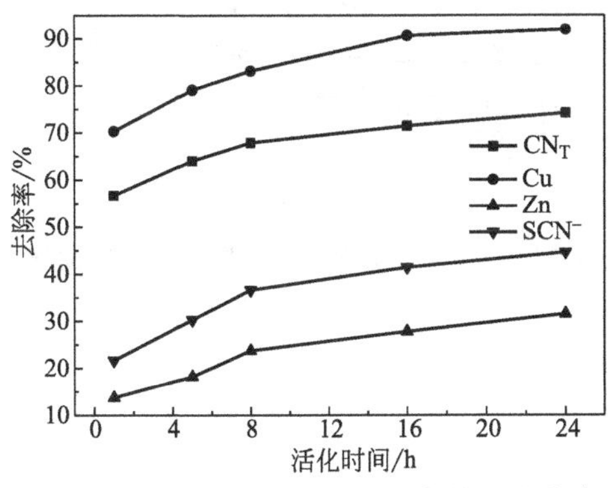

图6-20 活化时间对离子去除率的影响曲线

从图6-20可以看出，随着活化时间延长溶液中各离子去除率均逐渐增大，16h以前去除速率较大，随后逐渐趋于平缓。硝酸对可溶性物质的溶解作用及氧化腐蚀作用能够打通封闭的细小微孔并刻蚀有气孔的孔壁表面形成新的微孔，从而使其比表面积逐渐增大，吸附性能逐渐增强。

6.4.2 电解工艺条件对吸附过程的影响

6.4.2.1 外加电压

在吸附电压为0V、0.5V、1.0V、1.5V、2.0V及2.5V时进行电吸附实验，结果如图6-21所示。

从图6-21可以看出，随着外加电压增加，溶液中CN_T、Cu离子、SCN^-去除率均逐渐增大，CN^-由于含量较小基本没有多大变化。铜离子去除率1V以后突增幅度最大，在2.0V时达到90%左右。煤基电极虽然导电性比较好，但是电阻较大，电极与溶液表面形成了双电层，根据Gouy-Chapman双电层理论，电压增大会导致双电层压缩，减弱了微孔及部分中孔内的双电层叠加效应，电极表面自由电子形成的电荷密度增大，溶液中更多的电解质离子被吸附，因此CN_T、SCN^-、Cu离子浓度逐渐减小。

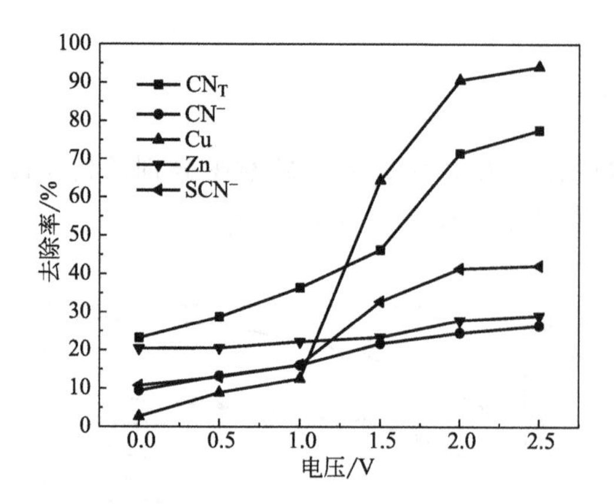

图 6-21　外加电压对离子去除率的影响曲线

6.4.2.2　电吸附时间

外加电压 2.0V，反应时间分别为 0h、1h、5h、10h 及 15h 时进行电吸附实验，各离子去除率随时间的变化如图 6-22，电吸附过程溶液体系实验现象如图 6-23，阳极板表面 SEM-EDS 分析结果如图 6-24，溶液体系中沉淀物的 XRD 分析如图 6-25 所示。

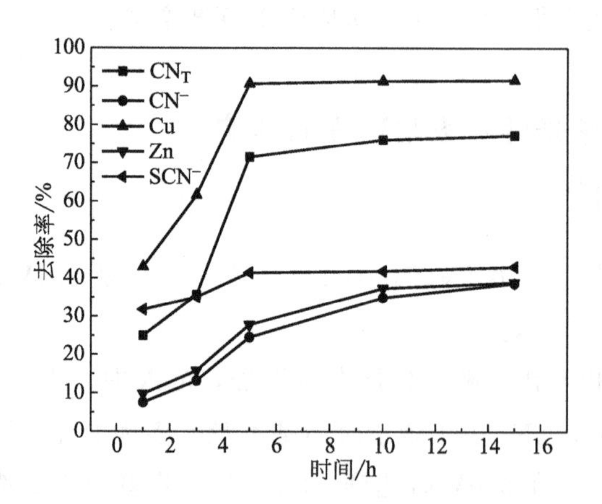

图 6-22　电吸附时间对离子去除率的影响曲线

从图 6-22 可以看出，溶液中各离子浓度随时间延长而逐渐降低，去除率逐渐增大。电吸附时间越长，各离子定向迁移越充分，离子去除率越大，5h

以后去除率不再发生太大变化。初始阶段电容处于充电状态，大量的带电离子被吸附到双电层中，吸附速率相对较快。随着电容充电完成，吸附双电层逐渐达到饱和状态，此时吸附速率逐渐减小，溶液中离子浓度不再发生明显变化。另外，初始阶段溶液中离子浓度较高，吸附速率较快，溶液中离子浓度随电吸附时间延长而降低，吸附速率降低。

图 6-23 可以看出，实验过程中阳极附近出现了大量的白色沉淀悬浮于溶液中，此时阴极表面出现大量气泡，周围的溶液澄清。2h 以后阳极周围的白色絮状物迅速下沉，阳极表面有大量气泡出现，附近溶液变得澄清，此时阴极表面仍然有大量气泡产生，并开始有少量白色沉淀出现。3h 以后阳极表面仍然有气泡产生，但此时溶液变得澄清，而阴极表面仍然有气泡产生，仍有少量白色沉淀出现。

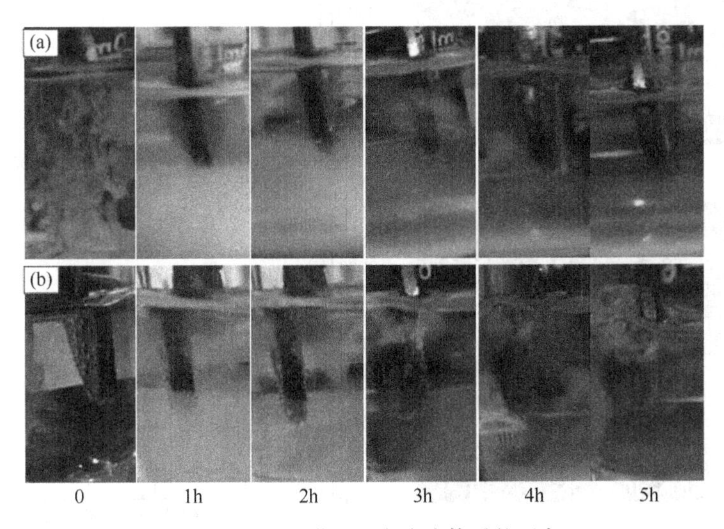

图 6-23　电吸附过程中溶液体系的现象

(a) 阳极；(b) 阴极

由图 6-24 可以看出，随着电吸附时间延长，阳极表面负载的白色物质明显增多且分布均匀。吸附时间越长，表征 C、S、Cu、Zn 元素的峰值逐渐增加，说明 SCN^-、$Cu(CN)_4^{3-}$/$Cu(CN)_3^{2-}$、$Zn(CN)_4^{2-}$ 等阴离子在阳极表面的负载量逐渐增大且分布更加均匀。

由图 6-25 可以看出，沉淀物的主要组成为 CuSCN，随着电吸附时间延长，沉淀组分并未发生明显的变化。由于沉淀并未出现于极板表面，而是主要

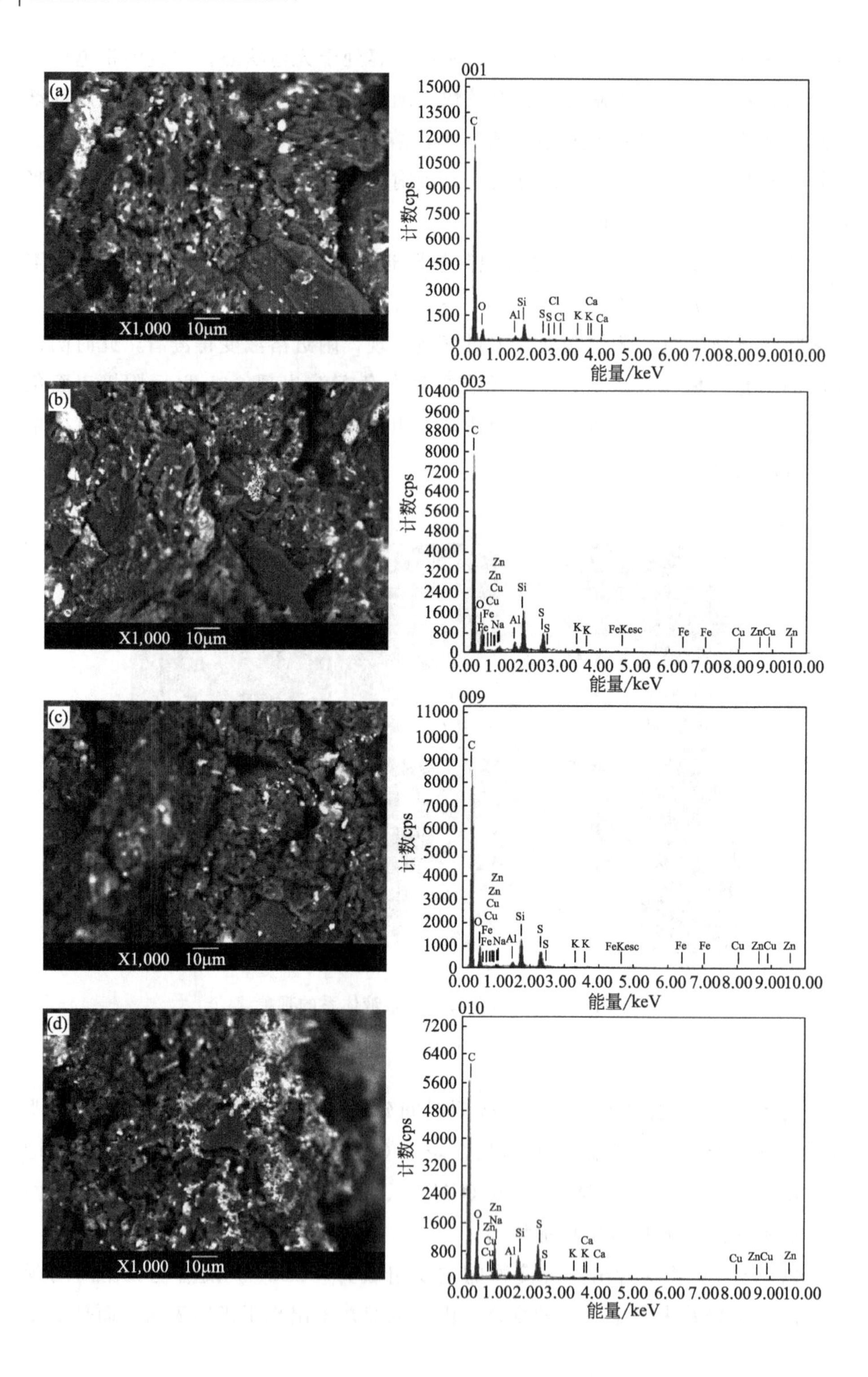
(a)
X1,000 10μm
001
计数cps
能量/keV
(b)
X1,000 10μm
003
计数cps
能量/keV
(c)
X1,000 10μm
009
计数cps
能量/keV
(d)
X1,000 10μm
010
计数cps
能量/keV

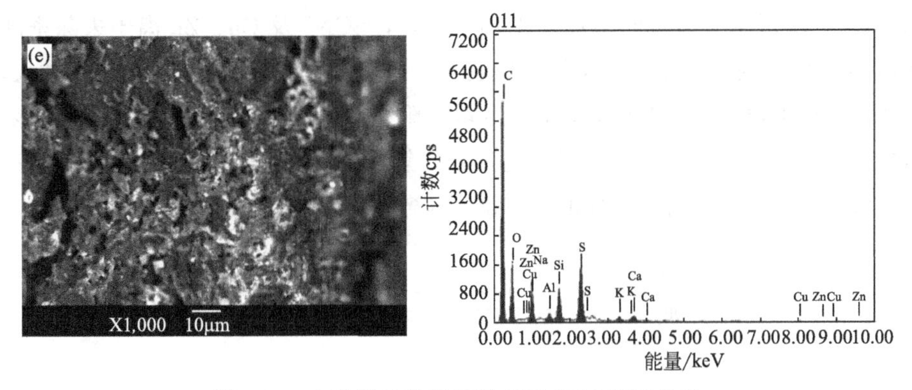

图 6-24　电吸附过程阳极板表面 SEM-EDS 分析

(a) 电吸附前；(b) 1h；(c) 5h；(d) 10h；(e) 15h

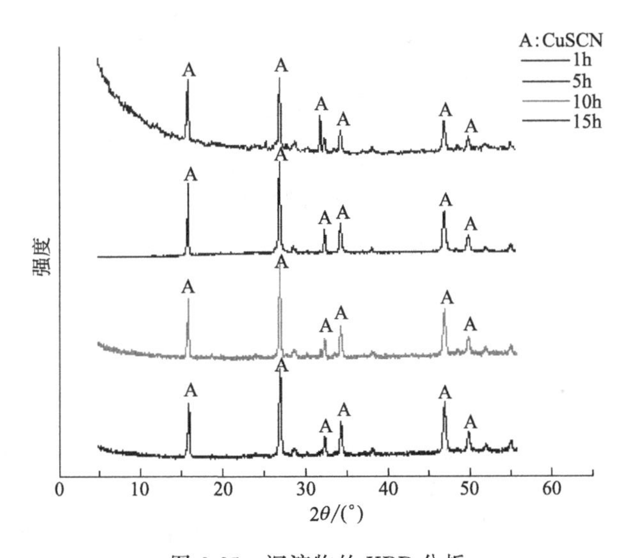

图 6-25　沉淀物的 XRD 分析

集中在靠近阳极的区域，这可能是由于溶液中阴离子在外加电场的作用下发生定向移动，而此时阳极反应使得极板表面氢离子浓度增加，阳极附近区域铜氰络离子与硫氰根逐步富集并发生沉淀反应，生成白色的 CuSCN 沉淀，废水中硫氰根、总氰与铜络合离子去除率显著增大。

6.4.2.3　极板间距

取极板间距为 3mm、5mm、8mm、10mm、13mm 进行电吸附实验，结果如图 6-26 所示。极板间距逐渐增加，CN_T，SCN^- 及 Cu、Zn 离子去除率随之减小，3mm 时各离子去除率均达到最大。极板间距越小，双电层的厚度越大，离子迁移到双电层的距离缩短，表现为电吸附速率增快。然而极板间距太小，随着电吸附反应的进行，阳极周围聚集大量的絮状沉淀物会阻碍溶液中离子迁移，而且沉淀物增多极有可能造成电极短路，导致电耗增加，吸附效率降低。

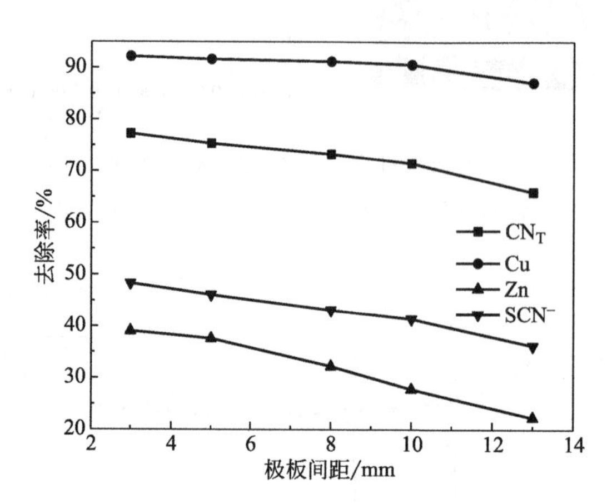

图 6-26　极板间距对离子去除率的影响曲线

6.4.2.4　溶液体积

分别取 30mL、50mL、80mL、120mL、160mL 沉淀后溶液进行电吸附实验，结果如图 6-27 所示。随着溶液体积逐渐增加，溶液中 CN_T，SCN^- 及 Cu、Zn 离子浓度均逐渐增大，各离子去除率下降。溶液体积大意味着总离子量大，也就是说电极片在单位时间内吸附的离子量就大，电极片饱和的速度也就增大，导致吸附效率降低。

6.4.2.5　溶液浓度

分别取稀释倍数为 1、2、3、5 及 10 的沉淀后溶液进行电吸附实验，结果如图 6-28 所示。随着稀释倍数增加，电吸附后溶液中各离子的去除率逐渐减小，稀释倍数 10 倍时，Cu 离子和 CN_T 的去除率仅仅只有 36.48%、50.71%。稀释倍数越小，溶液中 CN_T，CN^-，Cu、Zn 离子量越大，相同容积溶液中各离子的密度就越高，单位时间内吸附速率越大，各离子去除率越大。

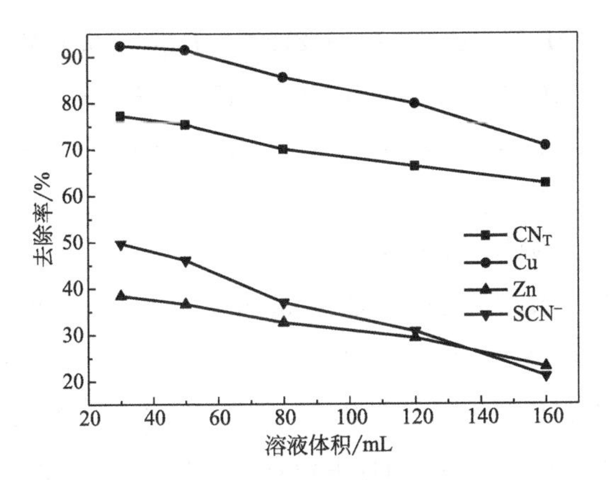

图 6-27　溶液体积对离子去除率的影响曲线

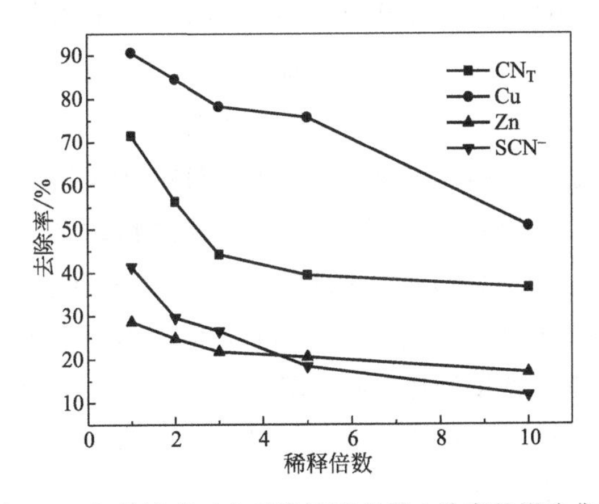

图 6-28　初始浓度对电吸附溶液离子去除率的影响曲线

6.4.3　煤基电极电吸附处理氰化废水过程分析

综上所述，氰化废水沉淀后溶液的电吸附过程可分为两个阶段，第一阶段，在直流电场的作用下，溶液中大量的阴离子定向运动，逐渐向阳极富集。此时，由于阳极上 CN^-/CNO^-、CNO^-/CO_2、N_2 的标准电位比 OH^-/H_2 的标准电位更负，因此可能会有少量 CN^- 被氧化，但由于溶液中 CN^- 含量很少，此时阳极上主要以析出氧气为主。如式(6-7)～式(6-17) 所示。

阳极反应：

$$4OH^- - 4e = O_2 + 2H_2O \quad E^0 = -0.40V \tag{6-7}$$

$$CN^- + 2OH^- - 2e = CNO^- + H_2O \quad E^0 = -0.97V \tag{6-8}$$

$$CNO^- + 2OH^- - 3e = CO_2 + 1/2N_2 + H_2O \quad E^0 = -0.76V \tag{6-9}$$

阴极反应：

$$Cu(CN)_4^{3-} + e = Cu + 4CN^- \quad E^0 = -1.15V \tag{6-10}$$

$$Cu(CN)_3^{2-} + e = Cu + 3CN^- \quad E^0 = -1.09V \tag{6-11}$$

$$Zn(CN)_4^{2-} + 2e = Zn + 4CN^- \quad E^0 = -1.26V \tag{6-12}$$

$$Zn(OH)_4^{2-} + 2e = Zn + 4OH^- \quad E^0 = -1.22V \tag{6-13}$$

$$2H_2O + 2e = H_2 + 2OH^- \quad E^0 = -0.83V \tag{6-14}$$

沉淀生成反应：

$$Cu(CN)_3^{2-} + 2H^+ = CuCN\downarrow + 2HCN\uparrow \tag{6-15}$$

$$Zn(CN)_4^{2-} + 2H^+ = Zn(CN)_2\downarrow + 2HCN\uparrow \tag{6-16}$$

$$CuCN + SCN^- + H^+ = CuSCN\downarrow + HCN\uparrow \tag{6-17}$$

第二阶段为阳极的吸附与富集沉淀。由于阳极为多孔的煤基材料，具有较大的比表面积和良好的吸附性能，溶液中定向移动的 CN^-、SCN^-、$Cu(CN)_4^{3-}/Cu(CN)_3^{2-}$、$Zn(CN)_4^{2-}$ 等阴离子会有部分吸附于极板表面，阳极板的能谱分析结果很好地证明了这一点。同时，电场作用引起的离子定向迁移，导致阳极附近局部离子浓度增加，同时阳极反应导致局部氢离子浓度增加，因此将会发生如式(6-15)～式(6-17) 所示的反应，形成以氰化亚铜、氰化锌及硫氰化亚铜为主的白色沉淀。

以陕北低变质煤为主原料，液化残渣为黏结剂，采用成型热解技术可制备出抗压强度及吸附性能优良的煤基电极材料。在 D-DCLR 添加比例为 20%，水分为 10%，成型压力 6MPa，保压时间 10min 的条件下成型，自然干燥 24h 后，热解终温为 800℃，热解时间 90min，煤基电极材料的抗压强度为 0.298MPa，炭化料收率为 73.37%，碘吸附值最大为 40.56mg/g。基于此电极的电吸附处理技术可有效去除氰化废水中的氰化物并回收有价金属离子，具有很好的应用前景，值得进行系统深入的应用基础研究。氰化废水的电吸附过程是离子的定向迁移、吸附及富集沉淀三者共同作用的结果。阳极和阴极附近均会产生以氰化亚铜、硫氰化亚铜、氰化锌为主的絮状沉淀，其中硫氰化亚铜含量在 90%以上。

参考文献

[1] 宋永辉，雷思明，吴春辰，等．一种采用电吸附技术深度处理氰化提金废水的方法：ZL201410014314.7 [P]．2015-5.

[2] 宋永辉，兰新哲，何辉．提金氰化废水处理理论与方法 [M]．北京，冶金工业出版社，2015，3.

[3] 卞维柏，潘建明．电吸附技术及吸附电极材料研究进展 [J]．化工学报，2021，72 (1)：304-319.

[4] Li-Yeh Hsu，Hsisheng Teng. Influence of different chemical reagents on the preparation of activated carbons from bituminous coal. Fuel Processing Teehnology，2000，64：155-166.

[5] Jankowska H，Swiatkowski A，Choma J. Active Carbon [M]. NewYork：Ellis Horwood，1991.

[6] Marsh H.，Rand B.. Critique and experimental observation of the applicability to microporosity of the Dubinin equation of adsorption [J]. Carbon，1970，8 (1)：7-17.

[7] Wigmans T.，Hoogland A.，Tromp P.，et al. The influence of potassium carbonate on surface area development and reactivity during gasification of activated carbon by carbon dioxide [J]. Carbon，1983，21 (1)：13.

[8] Hsisheng Teng，Tien-Sheng Yeh，Li- Yeh Hsu. Preparation of activated carbon from bituminous coal with phosphoric acid activation. Carbon，1998，36 (9)：1387-1395.

[9] Finqueneisel G.，Zimny T.，Albiniak A.，et al. Weber. Cheap adsorbent Partl：active cokes from lignites and improvement of their adsorptive properties by mild oxidation [J]. Fuel and Energy Abstracts，1998，77 (6)：549-556.

[10] 翟玲娟，郭娟丽，贾建国，等．活性炭的双氧水表面改性及其防护性能 [J]．舰船防化，2012 (2)：39-42.

[11] 丁春生，彭芳，黄燕，等．硝酸改性活性炭的制备及其对 Cu^{2+} 的吸附性能 [J]．金属矿山，2011 (10)：135-138.

[12] 邢宝林，谌伦建，张传祥，等．NaOH 活化法制备煤基活性炭的研究 [J]．煤炭转化，2010，33 (1)：69-72.

[13] Mora E.，Blanco C.，Pajares J. A.，et al. Chemical activation of carbon mesophase pitches. J Coll Interf Sci，2006，298：341.

[14] Bleda-Martinez M J，Lozano-Castello D，Morallon E，et al. Chemical and electro- chemical characterization of porous car-bon materials [J]. Carbon，2006，44 (13)：26-42.

[15] 薛文华，薛福德，姜莉莉，等．含氰废水处理方法的进展与评述 [J]．黄金，2008，4 (29)：45-50.

[16] 兰新哲，张聪慧，党晓娥，等．提金氰化物回收循环再用技术新进展 [J]．黄金科学技术，1999. 7 (3)：40-45.

[17] 宋永辉，屈学化，吴春辰，等．硫酸锌沉淀法处理高铜氰化废水的研究 [J]．稀有金属，2015，

39（4）：356-364.

[18] 王碧侠，屈学化，宋永辉，等．二价铜盐沉淀-树脂吸附处理氰化提金废水的研究［J］．黄金，2013（8）：67-71.

[19] 宋永辉，兰新哲，李秀玲．D301 树脂对铁氰溶液中 Fe（Ⅲ）及 CN^- 的吸附行为及机理［J］．中国有色金属学报，2008，18（1）：160-165.

[20] 宋永辉，李秀玲，兰新哲．201×7 树脂负载 $Fe(CN)_6^{3-}$ 的解吸［J］．黄金，2008，29（11）：43-46.

[21] Feng Xie，David Dreisinger，Fiona Doyle. A Review on Recovery of Copper and Cyanide From waste Cyanide Solutions［J］. Mineral Processing & Extractive Metall. Rev，2013，34: 387-411.

[22] Chia-Hung Hou，Jing-Fang Huang，Hong-Ren Lin，Bo-Yan Wang. Preparation of activated carbon sheet electrode assisted electrosorption process［J］. Journal of the Taiwan Institute of Chemical Engineers，2012: 43（2）473-479.

[23] Kenova T A，IS Vasil'Eva，Kornienko V L. Removal of thiocyanates and heavy metal ions from simulated wastewater solutions by electro- and peroxyelectrocoagulation［J］. Russian Journal of Applied Chemistry，2016，89（9）：1440-1446.

[24] Ahn H. J.，Lee J. H.，Jeong Y.，et al. Nanostructured carbon clothdectrode for desalination from aqueous solutions［J］. Materials Science and Engineering A，2007，449（2）：841-845.

[25] Abbas Afkhami，Brian E. Conway. Investigation of removal of Cr（Ⅵ），Mo（Ⅵ），W（Ⅵ），V（Ⅳ），oxy-ions from industrial waste-water by adsorption and electrosorption at high-area carbon cloth［J］. Journal of Colloid and Interface Science，2002，251（2）：248-255.

[26] Song Y.，Lei S.，Zhou J.，et al. Removal of heavy metals and cyanide from gold mine wastewater by adsorption and electric adsorption［J］. Journal of Chemical Technology and Biotechnology，2016，91（9）：2539-2544.

[27] 宋永辉，田慧，李延侠，等．硝酸浓度对煤基电极材料结构与性能的影响［J］．煤炭转化，2015，38（04）：84-88.

[28] 陈瑶，宋永辉，周军，等．KOH 溶液浸渍法活化处理煤基电极材料的研究［J］．现代化工，2019，39（05）：114-118.

[29] 苏婷，宋永辉，张珊，等．硝酸活化时间对煤基电极材料结构及性能的影响［J］．材料导报，2018，32（04）：528-532.

[30] 姚迪，宋永辉，张珊，等．KOH 添加量对煤基电极材料结构与性能的影响［J］．煤炭转化，2017，40（06）：41-47，55.

[31] Ting Su，Yonghui Song，Xinzhe Lan，et al. Adsorption optimized of the coal-based material and application for cyanide wastewater treatment［J］. Green Processing and Synthesis，8（1）:391-398.

[32] Yonghui Song，Siming Lei，Ning Yin，et al. Treatment cyanide wastewater dynamic cycle

test by three-dimensional electrode system and the reaction process analysis [J] . Environmental Technology, 2019, 42 (14) : 1-15.

[33] Di Yao, Yonghui Song, Shan Zhang, et al. Effect of voltage on the treatment of cyanide wastewater by three-dimensional electrode [J] . Journal of New Materials for Electrochemical Systems, 2017, 20 (4) 151-159.

[34] 宋永辉，姚迪，张珊，等．三维电极处理氰化废水的研究 [J]．黄金科学技术，2017, 25 (05) : 116-121.

[35] 宋永辉，田慧，雷思明，等．电吸附处理氰化废水过程中外加电压的影响研究 [J]．稀有金属，2017, 41 (08) : 904-911.

[36] 宋永辉，吴春辰，田慧，等．高浓度氰化提金废水的电吸附处理实验研究 [J]．稀有金属，2016, 40 (05) : 492-498.

[37] Yonghui Song, Siming Lei, Chunchen Wu, et al. Treatment cyanide-extracting gold wastewater by adsorption and electric adsorption//ICEEP2015, Shen Zhen. DEStech Publications, 2015, 8: 894-902.

[38] 宋永辉，雷思明．含氰废水的电化学处理技术研究进展 [J]．黄金科学技术，2016, 24 (04) : 137-143.